現代数学への入門　新装版

幾何入門

現代数学への入門　新装版

幾何入門

砂田利一

岩波書店

まえがき

本書『幾何入門』では，高校の教育課程で学ぶレベルの初等幾何から説き起こし，幾何学の「思想」を紹介しながら，大学の 2, 3 年までに習得する現代幾何学を目標にして話を進める．そして幾何学のエッセンスを説明する一方で，現代数学を理解するために必要となる主要なテーマ(集合，論理，実数論)を，ストーリーの展開に即して解説することを試みる．

現在，大学では，幾何学の講義は首尾一貫した体系としては行われていない．とくに，直観的な初等幾何学から公理的手法を加味した古典幾何学への移行は，正式な講義としてはほとんどなされていないのが現状である．しかし，幾何学における公理的考え方が純粋数学にとどまらず，広く科学の歴史の中で果たしてきた役割を考えると，人間の精神活動の指標としての幾何学の発展を，1 つのまとまったストーリーとして述べたい欲求に駆られる．すなわち，幾何学という大河の源流にまず溯り，上流から下流にそれを辿ることによって，数学の支流の豊かな水を合わせ最後には現代数学の海に流れ出る様子を描きたいと思うのである．本書は，この大それた企画への小さな試みである．

幾何学は空間を対象とする科学であるといわれる．しかし，物理学も空間(および物質)を研究する科学であり，哲学も人間とそれを取り巻く空間の実在について追究する学問であることは，読者もご承知であろう．では，幾何学が守備範囲にする空間の研究は，何を特徴とするのだろうか．それは，本書で詳述されるように，いったん具体的な対象から離れ，形式的対象を扱う論理の世界に踏み込むことにある．この特徴は，他の科学では見られないものであり，そのためにこそ，幾何学が生み出す概念の多くが，科学の諸分野で有効な働きをするのである．

本書の構成はおおむね次の通りである．本書の前半をなす第 1 章から第 3

章までは，平面や空間の等質・等方性(合同公理)のみに立脚する絶対幾何学と，それに加えて平坦性(平行線の公理)を仮定したユークリッド幾何学を直観的な立場から眺めた後，厳密な論証の前提となる幾何学の公理を提示する．そこで重要なことは，点や直線，平面などがもっている具体的イメージは次第に失われて，それらの間の関係のみで規定される形式的な対象に変化することである．そして，この立場は集合という言葉を通してさらに徹底される．

第1章では，初等幾何の重要な定理(合同定理，3角不等式，3角形の内角の和に関する定理)を取り上げて，その直観的な取り扱いとともに，公理的な考え方への接近を図る．しかし，冒頭からの天下り的な公理の導入は避け，何が幾何学の前提として必要なのかを発見的方法で説明する．第2章において幾何学の公理系の設定と，基本的図形の定義が改めて行われる．第3章では集合論の基本を学ぶ．そして現代的な幾何学を表現するのにもっとも適切な言葉である「写像」や「関係」について習熟するとともに,「無限」というものを扱う集合論の本質を理解する．

後半の主潮は具象性の回復である．といっても，古代ギリシャの数学者が確立した直観的な幾何学に戻るわけではない．形式的対象を扱っていた幾何学に量的な属性をもたらそうというのである．すなわち，これまで合同の言葉を使って展開していた線分や角の相等・大小の理論から発展して，それらの大きさを実数を用いて表すことを考える．歴史的にみれば，このような考え方はすでにデカルトが幾何学に代数的手法を導入したときから始まっているのだが，さらに座標の概念を用いることにより，幾何学の代数化が徹底されることになる．座標を現代的立場から見直すと，これは幾何学の「モデル」を与えることであり，公理系に関する論理的な問題に関連することになるのである．

第4章では自然数とは何かという根源的な発想から出発し，自然数から整数，有理数そして実数にいたる道程をたどっていく．実数の理論は幾何学とは独立に組み立てられるものであり，ここで初めて数と幾何学が結び付くことになる．この章は，数の概念を形式的観点から反省することに主眼があるから，とばしても後の章を読むのに支障はない．第5章では，線分の長さの

定義から始め，幾何学の最後の公理である「連続公理」を述べた後，比例，合同・相似変換，角の大きさについて説明する．「平行線の公理」と並んで，「連続公理」は平面や空間の本質的性格に関わる前提である．第6章は，第5章の結果を踏まえて，座標とベクトルについて解説する．とくに座標については，第7章において幾何学のモデルという観点から扱う．さらに，このモデルの考え方を用いて，「平行線の公理」が他の公理系からは証明できないこと，すなわち，非ユークリッド幾何学がなんら矛盾なく成立することを示す．最後の「現代数学への展望」では，本書の重要な概念の1つである「距離」に焦点を当てて，その現代数学における意味を探る．

なお，本文中の「問」には比較的簡単な証明問題を掲げた．解答はつけていないが，やや難しいものにはヒントをつけてあるので，自力で解いてほしい．

本書の内容は，本シリーズの『代数入門』にも深く関連があり，これもぜひ一読してもらいたい．

筆者は本書の執筆の際，先人の優れた業績から多くのことを学ぶことができた．しかし一方では，長い歴史の中で人間が蓄積してきた幾何学の知識の宝庫から，持ち出すことのできるごく一部の宝石を選び出すために，迷い呻吟する思いでもあった．もし読者がこの美しく深い数学の世界を本書から少しでも感じとることができたとしたら，筆者の望外の喜びとするものである．

　2004 年 8 月

砂 田 利 一

　* 本書は，1996 年に岩波講座『現代数学への入門』の分冊「幾何入門 1, 2」
　として刊行されたものである．

学習の手引き

幾何学を知らざるものは入るべからず
——プラトン
有ることについても無いことについても
人間が万物の尺度である
——プロタゴラス

宇宙と幾何学

日本の都会では，深夜になっても煌々と輝く人工照明のため，天空にまばたく無数の星を感動をもって眺めることはほとんど不可能である．しかし，もし都会の雑踏から離れた小高い山にでも登って，見晴らしの良い所に1日テントを張り，雲ひとつない星のみ輝く夜の空を見る機会があれば，宇宙とその中で生きる人間のこと，また無限に広がるように見える宇宙の果てに何があるかについて，しばし思いを馳せるに違いない．そう，宇宙とは何なのか，空間とは一体どのようなものなのか．

残念ながら，現在この質問に対する答は，最近の科学の大きな進歩にもかかわらず完全には知られていない．しかし，人間の英知は，宇宙空間の幾何学的構造の核心に，限りなく迫りつつある．宇宙空間を知ること，それは科学の大きなロマンであり，古代からつねに人々を魅了してきた主題なのである．

その昔，我々の住む地球は平坦なものだと考えられていた．確かに，日常の人間の行動範囲に限れば，地表はどこまでも平らに続くように思える．しかし，人類のテリトリーがしだいに広がるにつれて，我々の立つ地表は平らではないことに気づき始めた．現在では，この地球全体を宇宙空間から見ることができるので，誰もが地球は丸いことを認めている．

x ——— 学習の手引き

　では，この宇宙空間自身はどうなのだろうか．我々が日常素朴に観察する空間は，3次元の広がりをもち，2次元の平面がそうであるように，いたるところ等方・同質かつ平坦なものである．しかもそれは時間の流れの中で永遠に続くように思われる．しかし，もしこの素朴な観察から，宇宙が「曲がり」のない空間であると短兵急に結論するならば，地球を平らだと思っていた古代の人類の稚拙な思考力を我々は笑うことはできない．地球が丸いように，宇宙も"丸い"のかも知れないのだ．

　でも，ここでちょっと待って欲しい．地球が丸いのは，月にでも行って眺めればすぐに分かることだが（そう簡単ではないが），宇宙空間が何らかの意味で曲がっているのなら，それをどのように判定できるのだろうか．この宇宙空間を離れ，外部から宇宙を観察することは，神（絶対者）でもなければ不可能なことである．では，もし宇宙が球面のように曲がっていることを説明するとすれば，どうすればよいのだろうか．この疑問に答えるのが，数学，特に現代幾何学なのである．

空間の平坦性

　本書および本シリーズ『曲面の幾何』では，紀元前のギリシャの時代から20世紀の現代まで，人間の空間についての認識がどのように発展してきたかを見ることになる．以下，その概観を説明しよう．

　空間を科学的対象として考察することは，人間の抽象的思考能力が十分に発達していることを示す一種の証しであるが，人類の歴史上これが初めてなされたのは，古代ギリシャの時代なのである．この時代の代表的な哲学者であり数学者であったプラトンは，幾何学の中に宇宙の調和を見出そうとした．彼らギリシャの数学者が扱った図形の背景にある空間は，今日ユークリッド空間（平面）と呼ぶものであるが，これはまさに，我々が直観的に見てとる空間や平面そのものを，数学的に書き表したものにほかならない．ギリシャの数学者はこの空間（平面）をベースにした幾何学を構築した．そして，紀元前300年頃に，その集大成といってもよい，ユークリッドの『幾何学原本』（『原本』または『原論』ともいう）に結実した．

『幾何学原本』は，現代の数学が1つのモデルとする基本的考え方をすでに持っている．すなわち，公理主義的立場である．例を1つあげよう．3角形の内角の和が2直角(180°)という命題の証明を試みるとき，図形のもっとも基本的性質である錯角，同位角は等しいという命題を使って証明するのが普通の論証の進め方であるが，このプロセスをたどると，もうそれ以上は他のものに還元できないと思われる性質に行き着く．例えば，直線の性質(2点を通る直線はただ1つ存在する)や平行線についての性質(平面上の直線lとその上にはない点Aが与えられたとき，Aを通り，lとは交わらない直線はただ1つ存在する)などである．幾何学的対象についても同様で，複雑な図形の定義も，いくつかの基本的な図形(点や直線)の定義に還元される．誰もがア・プリオリ(先天的)なものと認める性質や定義を，公理と呼ばれる基本的要請にまとめ，図形の性質をこれらの公理をもとに論証で示していく，これが公理主義である．

　もちろん，現代の立場から見れば，『原本』の議論の進め方には不完全なところも多い．例えば，公理については，それらをもとに進めた論証により，互いに矛盾する結論がでないという**無矛盾性**や，1つの公理が他の公理たちから得られる命題にはならないという**独立性**が問題になる．また，点や直線の定義など，最後は直観的な理解に委ねることもある．しかし，これらの欠点は，数学者が現代までに獲得した方法で補えるものであり，『原本』の考え方の大部分は，今でも十分に通用するのである．

　さて，ユークリッド平面や空間が，我々が感覚的に言うところの平坦さを担うのだが，それを保証するのが上に述べた平行線の一意性についての公理である．この公理が平坦性とどのように結びつくのか数学者が気づくには，歴史上長い時間がかかった．この問題は，平行線の公理が他の公理の帰結ではなく，独立したものかという論理的問題と関連している．長い間数学者は，平行線の一意性が，等質・等方性に関連する他の公理からの帰結ではないかと疑ったのである．しかし，目の前の平面と空間に対する直観的呪縛は強く，多くの有名無名の数学者の努力によっても，実に2000年の長きにわたってこの問題は容易に解ける気配を見せなかった．そして，最終的な解決がなさ

れたのは 19 世紀に入ってからであった(ガウス, ロバチェフスキー, ボーヤイ). すなわち, 平行線の公理が他の公理から独立であることが, 平坦でない平面(非ユークリッド平面)の存在を確認することにより証明されたのである.

この背景には, 数学という, 人間の精神活動の発展を純粋に表す指標が, 19 世紀に飛躍的に伸びたことがある. すなわち, この頃には数学の論理的構造に対する理解が急速に高まり, 証明とは何かを深刻に考える契機として, 非ユークリッド幾何学の登場があったのである.

幾何学と論理

ここで, 論理について言及しておこう. 人間が幾何学を作り上げた歴史では, 脳を通して観察するヴァーチャル・リアリティ(仮想現実)としての空間と, やはり脳を通して作り上げた日常言語の 2 大要素が果たした役割を忘れてはならない. この 2 つの要素は, そのままでは曖昧さを含んでいるが, 人類の長い歴史の中で培われてきた経験が, 仮想現実から客観的現実を取り出し, 日常言語からはそれがもつ論理的機能を切り取ることを可能にした. そして論理の一杯詰まった空間, それが幾何学の主体なのである.

論理については, ギリシャのアリストテレスとその弟子であるテオフラストスが初めて体系的に取り扱ったと言われる. 特に, 三段論法(厳密には定言三段論法と仮言三段論法)についての理論は, 2000 年以上にわたって, 論理学の主要部分と見なされてきた. これは, 日常的に使われる推論の正しさを確認するため, 文章で表された推論の形式を整理し, その基本的型を明確にしたものである. 例えば, 「人間はいつかは死ぬ. ソクラテスは人間である. よってソクラテスもいつかは死ぬ」, 「すべての数学者は人間である. ある豚は数学者である. よって, ある数学者は豚ではない」のような推論の正しさや間違いを指摘するのに, 個々の文章を分析するのではなく, その文章のもつ一般的形式から判断しようとするのである.

ここで指摘しておきたいことは, 「推論の正しさ」ということを問題にするとき, 日常言語による常識的理解を基本としてはいるが, 一方では言語がも

つ微妙なニュアンスを取り除くことも行っているのである．例として，2重否定文「この小説は面白くないことはない」と肯定文「この小説は面白い」を取り上げると，日常的表現ではこれらは意味が異なるが(前者は消極的肯定，後者は積極的肯定)，論理的には同じ意味を持つと規定するのである．言語の持つ情緒的側面が失われることにはなるが，論理的側面を取り出すことによって，諸科学の記述には最適な言語が得られる．

　ギリシャの幾何学の発展には，このような論理の考え方が背景としてあるのだが，実際に幾何学において使われる論理が明確になるには，19世紀まで待たなければならなかった．すなわち，点や直線などの具象的な幾何学的対象から，いったん形式的(抽象的)な対象として点や直線をとらえなおすことが，論理を貫徹するにはどうしても必要なことであった．さもなければ，ユークリッドによる点や直線の曖昧な定義

　　「点とは部分をもたないものである」

　　「線とは，幅のない長さであり，直線とはその上にある点について一様
　　　に横たわる線である」

の呪縛からは逃れられず，その結果，人類は永久に平行線の公理の「証明」を無益に繰り返すことになったであろう．

　形式的対象としての点や直線とは何か．それは，実は個別的には「定義しない」数学的対象である．このきわめて反語的な言い方を，ヒルベルト(Hilbert)の象徴的言明で表すと「点や直線の代わりに，机や椅子ということができる」のである．しかし，形式的対象としての点や直線は，公理の中で，いくつかの関係によって規定される概念として表明される(例えば，「異なる2点を含む直線がただ1つ存在する」).

　実は，人類は1つの形式的概念を早くから獲得していた．それは自然数である．元来，自然数の概念は，具体的なものを数えるという行為から始まった．そして個別的な対象(例えば，指の数や飼育している家畜の数)であった自然数は，共同体の中で共通の意味を表す形式的概念として認識され始めたのである．通常，人類の歴史では，科学技術(火の使用，道具の発達，産業革命，コンピュータの発明等)の側面のみが強調される傾向にあるが，概念

xiv──── 学習の手引き

の形式化がもたらした人類の精神的側面の発達も，決して忘れてはならない
ものである.

　数学的概念の形式性は，人類の精神活動の生産物としての数学のユニーク
な特徴を表している. それは，数学が他の自然科学から分離し，自己運動す
る可能性を生み出した理由でもある. 特に，20世紀の数学の発展は，この形
式化なしには考えられない.

　数学の形式性を表す論理言語の究極的なものが，ブール(Boole)，ド・モル
ガン(De Morgan)の論理代数やフレーゲ(Frege)の概念記法などを経て，ペ
アノ(Peano)，ラッセル(Russell)によって完成された記号論理である. これ
は，数学の体系を記号(例えば $\land, \lor, \lnot, \forall, \exists$)を用いた形式として表現し，命
題や証明を記号列と考えることにより，その具体的意味を明示せずに機械的
な操作により扱おうとする試みである.

　この背景には，幾何学の公理系の無矛盾性を証明しようとする試みがある.
すなわち，幾何学の体系を還元していくと，まず実数論の無矛盾性が必要に
なり，さらに自然数論，集合論のそれに帰着することがわかるが，このよう
な還元主義は，幾何学の無矛盾性を他の数学的体系の無矛盾性に転化してい
るだけである. この還元主義から抜け出す1つの方法が，記号論理による数
学の形式化なのである. ヒルベルトが提唱したこの形式主義は，20世紀の数
学の基本的立場の1つを代表する.

　ここで，違った観点から形式主義を見てみよう. 次の問いかけを行うとす
る.「数学的真理は，人間とは切り離されて存在するものであろうか.」 もし，
今述べた数学の形式化が満足すべき結果をもたらすなら，ある意味でこの問
に対する答は肯定的ともいえる. 実際，形式化された数学は，そのままでは
無意味な記号列として客観的に存在し，人間の恣意的な部分は，その意味付
け(解釈)に限定される. 形式化された体系の中で，他に頼ることなく無矛盾
性が保証されることになるわけである. しかし，この意味の形式主義は，少
なくとも無矛盾性を導くには不完全なものであることが，ゲーデル(Gödel)
によって明らかにされた. さらに，自然数の理論を形式化したとき，真な命
題にもかかわらず，その「証明」ができないこともあるのだ(ゲーデルの不

完全性定理). これは，平行線の問題が数学者に引き起こした困難にもまして深刻な事態である.

しかし，数学の形式化は，数学の自己運動が避けては通れぬものであった．しかも，徹底した有限的立場に立つヒルベルトの意味の形式主義は失敗に終わったとしても，その副産物ともいえるアルゴリズムの考え方が計算機科学にもたらした影響はポジティヴなものである．さらに，形式化の途中段階ともいえる公理主義は，ブルバキによる数学的構造主義を経て，数学の隅々まで影響を与えた.

問いかけ「数学的真理は，人間とは切り離されて存在するものであろうか」に戻ろう．残念ながら，現在筆者には答える能力はない．今言えることは，数学の歴史は，「数学的真理が，客観的な存在」であることを確認しようとして努力してきた過程と思えることである．しかし，この努力とは裏腹に，数学者が数学の諸結果の深さや美しさを語るとき，数学的真理が人間の精神活動と無関係に存在するとは思えないことも確かである.「宇宙が実在するように，数学的真理は実在するかもしれない.」しかし，宇宙の実在が人間の存在と切り離せないと考えるとき，数学的真理も，人間から離れた所にはないとも思えるのである．それは，冒頭に掲げたプロタゴラスの言明に通じている.

空間のミクロな構造

平面や空間の平坦性は，無限遠で直線が交わるかどうかを問題にするという意味でマクロ(大域的)な構造の問題に直結している．一方，古代ギリシャでミクロの構造にこだわる数学者(の集団)がいた．いわゆるピタゴラス学派である(哲学者では「原子論」を思弁的に展開したデモクリトスがいる).

ピタゴラスが率いていた学派(紀元前532年にイタリアのクロトンに開いた学園の子弟からなる集団)はむしろ宗教団体的色彩が強いといわれる．その戒律的生活の中で，宗教的な人生の調和を求めるのに音楽理論をよりどころにし，特に竪琴の音程と弦の長さの関係に神秘的価値をおいていたことが知られている.

学園の重要な学科の1つである数学(算術と幾何学)では，自然数を絶対的

なものとし，音程の理論から導かれる対象として自然数の比，すなわち有理数の研究が自然な到達点であった．このような立場から，線分の長さ（の比）は有理数でなければならないというドグマが生じたのは当然であろう．

　一方，ピタゴラスの自然観には，点が大きさをもち，したがって線分も何らかの意味で有限的な点からなるという考え方があった．これは，前述の有理数こそすべてであるというドグマと整合し，すべてがうまく運ぶように思えた．

　しかし学派にも危機が訪れる．1つの危機はまさに内部から生まれた．彼らの研究は，今でいうピタゴラスの定理に到達したが，これがこのドグマを見事に打ち砕くのである．すなわち無理数の発見である．

　もう1つの危機は外部からもたらされた．エレアのゼノンの逆理が引き起こしたこの危機は，それまで微かな希望をいだいて絶望的なあがきを行っていたピタゴラス学派の夢を完全に潰すものであった．ゼノンの逆理は，静的（static）なものと動的（dynamic）なものを結び付けることによって，点に大きさがあるとすると矛盾が生ずることを明確に宣言したのである（例えば「アキレスは亀に追いつけない」とか「飛んでいる矢は静止している」などが例である）．

　しかし，ピタゴラスの夢は打ち砕かれたとしても，幾何学と算術の整合性（直線上の点と数の関係）は，彼の理論を乗り越える形で生き残るのである．実際，ユークリッドの『原本』では，点が大きさを持つことははっきりと否定され，線も幅のないものと規定される．そして，比例の理論（相似の理論）と作図の理論は有理数を含むより大きい数の範疇で論じられることになる（この数の体系が明確になるのは，20世紀になってからであるが）．

　直線と数の整合性は，19世紀になって再びとりあげられた．直線の直観的な性質の1つである「連続性」の反省がそれである．言い換えれば，直線には「すき間」がないと考えるのは正しいことなのかどうかを問うのである．デデキント（Dedekind）は，もし直線の連続性が正しいのなら，直線は実数の全体（数直線）と自然に同一視されることをみた．一方ヒルベルトは，幾何学の基礎を徹底的に見直すことにより，連続性の仮定がなくとも，ユークリッ

ド幾何学の本質的な部分はすべて成り立つことを示した.

ヒルベルトの直線の「連続性」に対するこだわりは,公理の無矛盾性や独立性を示すことにその主眼があったとしても,当時揺籃期にあった量子力学にまったく無関係とは思えない.すなわち,ヒルベルトが幾何学の基礎づけに熱意を持ち始めたちょうどその頃(1889 年),ニュートン以来の古典力学はパラダイムの変動に直面していたのである.自然現象や物質の素朴な印象から感じられる途切れることのない連続性は,物質が無制限に分割できることと同義語であるが,これがプランク(Plank)によって発見されたエネルギー量子によって否定され(1900 年),物理学はまったく新しい局面に入ることになる.すると,我々はピタゴラスの時代に逆戻りをしてしまうのだろうか.

幸か不幸か量子力学の発展はこの困難を避ける形で発展した.すなわち空間自身は連続的としても,観測される量(エネルギーや運動量,位置等)は離散的であることも許されるというのである.しかし,リーマン(Riemann)も言明しているように,ミクロの世界では本質的に異なる幾何学が存在する可能性を否定できないのであって,それが何であるかを見定めることは今なお我々に突き付けられた問題なのである.

我々は,再びこの空間に思いを馳せ,原点に立ち返って新たな観点から幾何学を創造しなければならない.

*　　　　*　　　　*

最後に一言付け加えてこの長々とした文章を締めくくろう.読者は幾何学というものをイメージするとき,個々の図形の性質の研究を想像していただろうが,実は,その図形の背景にあるもの,すなわち空間を論理的に正しく認識することが,幾何学の主題なのだということを理解していただけたと思う.そしてこれから旅立つ幾何学の世界に,空間の本質に迫った人間たちの努力をかいま見ていただければ,筆者の大いに喜びとするところである.

目　　次

まえがき ・・・・・・・・・・・・・・・・・・ *v*
学習の手引き ・・・・・・・・・・・・・・・ *ix*

第 1 章　古典幾何学 ・・・・・・・・ *1*

§1.1　平面幾何の諸定理 ・・・・・ *2*

§1.2　論理と証明 ・・・・・・・・ *3*

§1.3　合同定理の証明 ・・・・・・ *8*

§1.4　3 角不等式 ・・・・・・・・ *17*

（a）3 角不等式の証明 ・・・・・・ *17*

（b）線分の中点と角の 2 等分線 ・・ *22*

§1.5　3 角形の内角の和 ・・・・・ *24*

§1.6　平行 4 辺形 ・・・・・・・・ *31*

§1.7　非ユークリッド幾何学誕生前夜 ・・・ *37*

（a）サッケリの理論 ・・・・・・・ *37*

（b）サッケリの 4 辺形の性質 ・・・ *39*

（c）3 角形の内角の和 ・・・・・・ *44*

（d）鈍角仮説の否定 ・・・・・・・ *45*

ま と め ・・・・・・・・・・・・・ *52*

演習問題 ・・・・・・・・・・・・・ *53*

第 2 章　幾何学の公理系 ・・・・・ *55*

§2.1　直線公理と順序公理 ・・・・・ *56*

（a）直線公理と順序公理 ・・・・・ *57*

（b）線分と半直線 ・・・・・・・・ *60*

（c）直線の向きと点の順序 ・・・・ *64*

xx——目　次

§2.2　平面公理 · 　*69*

（a）半 平 面 · 　*69*

（b）角 · 　*72*

（c）3 角 形 · 　*80*

§2.3　合同公理 · 　*81*

（a）線分と角の合同公理 · · · · · · · · · · · · 　*81*

（b）線分の和と大小 · · · · · · · · · · · · · · · 　*84*

（c）角の和と大小 · · · · · · · · · · · · · · · · · 　*86*

§2.4　空間の公理系 · · · · · · · · · · · · · · · · 　*90*

§2.5　平面と空間の向き · · · · · · · · · · · · 　*96*

（a）平面の向き · · · · · · · · · · · · · · · · · · · 　*96*

（b）空間の向き · · · · · · · · · · · · · · · · · · · 　*99*

§2.6　幾何学の歴史から · · · · · · · · · · · · 　*100*

ま と め · 　*103*

演習問題 · 　*104*

第 3 章　集合，写像，関係 · · · · · · · · · · 　*107*

§3.1　集　　合 · 　*108*

（a）集　　合 · 　*108*

（b）集合と論理 · · · · · · · · · · · · · · · · · · · 　*111*

（c）集 合 族 · 　*113*

（d）直　　積 · 　*114*

（e）幾何学の公理系と集合論 · · · · · · · · 　*114*

§3.2　写　　像 · 　*116*

（a）写像の定義 · · · · · · · · · · · · · · · · · · · 　*116*

（b）写像のグラフ · · · · · · · · · · · · · · · · · 　*118*

（c）集合の対等と濃度 · · · · · · · · · · · · · 　*120*

§3.3　無限集合 · 　*125*

（a）可算集合 · 　*125*

（b）非可算集合 · · · · · · · · · · · · · · · · · · · 　*129*

§3.4 関　　係 ・・・・・・・・・・・・・・・ *136*

（a）同値関係 ・・・・・・・・・・・・・・ *136*

（b）順序関係 ・・・・・・・・・・・・・・ *139*

ま　と　め ・・・・・・・・・・・・・・・ *141*

演習問題 ・・・・・・・・・・・・・・・・・ *142*

第4章　自然数から実数へ ・・・・・・・ *145*

§4.1　自然数とは何か ・・・・・・・・・・・ *146*

（a）ペアノの公理 ・・・・・・・・・・・・ *146*

（b）加法と乗法 ・・・・・・・・・・・・・ *153*

（c）自然数の順序 ・・・・・・・・・・・・ *157*

§4.2　自然数から整数へ ・・・・・・・・・・ *160*

§4.3　整数から有理数へ ・・・・・・・・・・ *165*

§4.4　有理数から実数へ ・・・・・・・・・・ *167*

（a）実数とは何か ・・・・・・・・・・・・ *167*

（b）実数の定義 ・・・・・・・・・・・・・ *169*

（c）実数の和と積 ・・・・・・・・・・・・ *171*

（d）基　本　列 ・・・・・・・・・・・・・ *175*

§4.5　数を表す──自然数の表記法 ・・・・・ *176*

ま　と　め ・・・・・・・・・・・・・・・ *182*

演習問題 ・・・・・・・・・・・・・・・・・ *184*

第5章　数と幾何学 ・・・・・・・・・・・ *185*

§5.1　線分の長さ ・・・・・・・・・・・・・ *187*

（a）目盛関数 ・・・・・・・・・・・・・・ *187*

（b）目盛関数の一意性 ・・・・・・・・・・ *191*

（c）ユークリッド距離 ・・・・・・・・・・ *194*

（d）連続公理 ・・・・・・・・・・・・・・ *198*

§5.2　線分の比例 ・・・・・・・・・・・・・ *200*

（a）線分の比例 ・・・・・・・・・・・・・ *200*

（b）相　　似・・・・・・・・・・・・・・　204

（c）ピタゴラスの定理・・・・・・・・・　207

（d）線分の内分と外分・・・・・・・・・　210

（e）アフィン関数・・・・・・・・・・・　212

§5.3　合同変換と相似変換・・・・・・・・　215

（a）ユークリッド距離・・・・・・・・・　215

（b）合同変換と相似変換・・・・・・・・　218

（c）合同変換の性質・・・・・・・・・・　220

（d）相似変換の例・・・・・・・・・・・　223

§5.4　変　換　群・・・・・・・・・・・・　224

（a）群・・・・・・・・・・・・・・・・　224

（b）群の作用と変換群・・・・・・・・・　227

§5.5　角の大きさ──円周の長さとは何か・・・　231

（a）円　　周・・・・・・・・・・・・・　231

（b）円周と弧の長さ・・・・・・・・・・　233

（c）円　周　率・・・・・・・・・・・・　239

（d）弧度法──角の大きさの単位・・・・・　240

（e）3角関数・・・・・・・・・・・・・　242

まとめ・・・・・・・・・・・・・・・・・　246

演習問題・・・・・・・・・・・・・・・・・　247

第6章　座標とベクトル・・・・・・・・・・　249

§6.1　座　　標・・・・・・・・・・・・・　250

（a）平面の座標表示・・・・・・・・・・　250

（b）極　座　標・・・・・・・・・・・・　253

（c）座標変換・・・・・・・・・・・・・　255

（d）空間の座標系・・・・・・・・・・・　257

§6.2　ベクトル・・・・・・・・・・・・・　259

（a）幾何ベクトル・・・・・・・・・・・　259

（b）位置ベクトル・・・・・・・・・・・　263

（c）幾何ベクトルの内積・・・・・・・・　264

（d）　内積の図形への応用 ・・・・・・・・・・・・・・・ *266*

（e）　空間ベクトル ・・・・・・・・・・・・・・・・・・ *268*

まとめ ・・・・・・・・・・・・・・・・・・・・・・・・ *269*

演習問題 ・・・・・・・・・・・・・・・・・・・・・・・ *270*

第7章　公理系とモデル ・・・・・・・・・・・・・ *273*

§7.1　有限射影平面 ・・・・・・・・・・・・・・・・・ *275*

§7.2　ユークリッド平面のモデルと連続公理 ・・・・・ *279*

§7.3　平行線の公理の独立性
　　　　——非ユークリッド幾何学の存在 ・・・・・・・ *284*

（a）　準　　備 ・・・・・・・・・・・・・・・・・・・・ *284*

（b）　非ユークリッド平面のモデル ・・・・・・・・・・ *288*

§7.4　非ユークリッド幾何学の発見の歴史 ・・・・・・ *296*

まとめ ・・・・・・・・・・・・・・・・・・・・・・・・ *299*

演習問題 ・・・・・・・・・・・・・・・・・・・・・・・ *300*

現代数学への展望 ・・・・・・・・・・・・・・・・・・・ *303*

参　考　書 ・・・・・・・・・・・・・・・・・・・・・・ *317*

演習問題解答 ・・・・・・・・・・・・・・・・・・・・・ *321*

索　　引 ・・・・・・・・・・・・・・・・・・・・・・・ *339*

数学記号

$\mathbb{N}$	自然数の全体
$\mathbb{Z}$	整数の全体
$\mathbb{Q}$	有理数の全体
$\mathbb{R}$	実数の全体
$\mathbb{C}$	複素数の全体

ギリシャ文字

大文字	小文字	読み方	大文字	小文字	読み方
A	α	アルファ	N	ν	ニュー
B	β	ベータ	Ξ	ξ	クシー
Γ	γ	ガンマ	O	o	オミクロン
Δ	δ	デルタ	Π	π, ϖ	パイ
E	ϵ, ε	イプシロン	P	ρ, ϱ	ロー
Z	ζ	ゼータ	Σ	σ, ς	シグマ
H	η	イータ	T	τ	タウ
Θ	θ, ϑ	シータ	Υ	υ	ユプシロン
I	ι	イオタ	Φ	ϕ, φ	ファイ
K	κ	カッパ	X	χ	カイ
Λ	λ	ラムダ	Ψ	ψ	プサイ
M	μ	ミュー	Ω	ω	オメガ

古典幾何学

1

ほら，やっぱりきみは観察してはいないんだ．
だが見ることは見ている．
その違いが，まさにぼくの言いたいことなんだ
——コナン・ドイル『シャーロック・ホームズの冒険』（鮎川信夫訳）

　私たちの目の前に横たわる平面と空間，それを読者は一切の説明を要しない実在として見ているであろう．そう，現にそこにあるものを読者は見ることは見ている．でもそれだけでは，その背後に隠された本質を容易に私たちには明らかにはしてくれない．

　実は，これから復習する初等幾何学の中に，この空間の平坦性の本質と，それに続く現代幾何学への入り口がおぼろげながら見えている．そして，それをはっきりと見定めるためには，ただ単に空間のあるがままを感覚的に記述するのでは不十分なのである．一体，何が空間の本質なのか，古代ギリシャの数学者が確立した諸定理を見直すことにより，答を出そう．

　本章では，まず読者がすでに学んだ初等幾何の定理をいくつかリストアップすることから始める．その中で，平面や空間に**平行線の公理**「与えられた直線に対して，その上にない点を通る平行な直線はただ1つしか存在しない」を仮定しない幾何学，すなわち等質性・等方性のみを基礎にした**絶対幾何学**の定理を最初に取り上げて，その証明を見直す．平行線の公理を仮定し

ないと，証明は著しく複雑になることもあるが，あえてこうする理由は，「平坦性」の本質がこの平行線の公理に由来することをはっきりと見たいからである．平行線の公理を満足する幾何学は**ユークリッド**幾何学と称され，本章の後半で扱われる．さらに，平行線の公理を「証明」しようとした人々の努力を書くことにより，逆にこの公理の重要性を認識する．

§1.1　平面幾何の諸定理

次の諸定理は，平面幾何学において，重要な位置を占める．

定理 A（3 角形の合同定理）　2 つの 3 角形 △ABC と △A′B′C′ において，対応する 3 辺がそれぞれ合同であるとき（$AB \equiv A'B'$, $BC \equiv B'C'$, $CA \equiv C'A'$），対応する角もそれぞれ合同（$\angle A \equiv \angle A'$, $\angle B \equiv \angle B'$, $\angle C \equiv \angle C'$）である． □

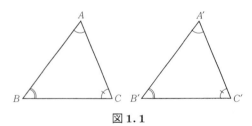

図 1.1

定理 B（3 角不等式）　3 角形の 2 辺の和は，他の 1 辺より大きい． □

定理 C　3 角形の内角の和は 2 直角である． □

定理 D（ピタゴラス）　直角 3 角形の直角をはさむ 2 辺の平方の和は，斜辺の平方に等しい． □

定理 E　円の周と直径の比は一定である． □

これらの定理は，平面幾何学において重要なばかりでなく，これから扱う現代幾何学の出発点となるものである．例えば，定理 A は**変換群**の理論につながり，定理 B は**距離**と**位相**，定理 C は平行線の概念を通じて，曲がった空間の**曲率**に関連する．定理 D は，曲面や曲がった空間の上の**計量**の定義に関連をもち，定理 E は一般の曲線の長さの理論に発展していくのである．

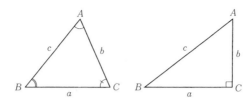

図 1.2 $\angle A + \angle B + \angle C \equiv 2\angle R$, $a < b+c$, $a^2 + b^2 = c^2$

　以下の節で，定理 A〜C の証明の復習と，その現代幾何学における意義について説明しよう．定理 D, E の証明は，第 5 章 §5.2(c)，§5.5(c) に持ち越される．念のため注意しておくと，定理 A と定理 B は平行線の公理を仮定しないで証明できるが，定理 C から定理 E までは，平行線の公理なしでは成り立たない．

§1.2　論理と証明

　前節で述べた諸定理の証明に進む前に，まず証明とは何かについて反省してみよう．

　一般に，その内容が真であるか偽であるかの一方であるような文章を**命題**（proposition）という（主張が偽なものも命題とよぶことに注意）．「夜空に輝く星は，宇宙の神秘へ私を誘う」のような，多分に情緒的な文章は命題ではない．

　一般の命題を p, q, r などの記号で表そう．命題 p の言っていることが真であるとき，「p が成り立つ」とか，「p は正しい」ということもある．

　命題 p の文章の内容を否定したものは新しい命題であるが，これを $\neg p$ により表そう．たとえば，$p=$「直線 l は，点 A を通る」に対して，$\neg p=$「直線 l は，点 A を通らない」である．$\neg p$ は，p が真な命題であるときに限って偽な命題である．

　2 つの命題 p, q に対して，「p ならば q」という文章も命題と考え，これを $p \to q$ あるいは $p \Longrightarrow q$ により表す（この節を除いて，本書では主に後者の記号

4───第1章 古典幾何学

を使う). 命題 $p \to q$ において,p は**仮定**,q は**結論**といわれる. また,$p \to q$ が正しいとき,p を**十分条件**(sufficient condition),q を**必要条件**(necessary condition)ということもある. 命題 $p \to q$ の仮定と結論を入れ替えた命題 $q \to p$ を,もとの命題の**逆**(converse)という.

「p または q」,「p かつ q」という文章も命題であり,それぞれ $p \vee q, p \wedge q$ により表す. 命題 $(p \to q) \wedge (q \to p)$ が真であるとき(すなわち,p ならば q と,q ならば p が両方とも成り立つとき),p と q は互いに**同値**(equivalent) であるといい,$p \leftrightarrow q$ あるいは $p \Longleftrightarrow q$ で表す. また,p と q が同値であるとき,「p が成り立つための**必要十分条件は q である**」ということもある. このような命題において,$p \to q$ を示すときには,(q の)必要性の証明といい,$q \to p$ を示すときは,(q の)十分性の証明という.

証明の機構を考えると,三段論法,対偶,背理法など,ある命題をもとに,他の命題を導く**推論**というものが行われる. いくつか例をあげよう.

例1.1 命題 p があらかじめ真であることがわかっているとき,命題 q が成り立つことを証明するのに(真であることを示すのに),p ならば q が成り立つことを示すことはよく行われる. 例えば,「与えられた2つの3角形が合同」($= q$)であることを示すために,「2つの3角形の2辺夾角は等しい」($= p$)ことが分かっていれば,「2つの3角形の2辺夾角が等しければ,それらは合同である」($= p \to q$)を示せばよい. 論理学では,この推論を図式

$$\frac{p,\ p \to q}{q}$$

により表す. これは,上の2つの命題が真であるとき,q も真であることを表す図式である(実際の証明では,このような書き方はしない). このような推論を,**構成的仮言三段論法**(modus ponens)という. □

例1.2 仮定 p のもとで結論 q が成り立つことが証明され,一方 q の否定が示されれば,仮定 p の否定が成り立つことも,よく使われる推論である. 例えば「自然数 k が奇数ならば,平方 k^2 は奇数である」($= p \to q$)ことと「k^2 が奇数でない(すなわち偶数である)」($= \neg q$)が分かっているとき,「k

§1.2 論理と証明——5

は奇数ではない」($=\neg p$)ことが示される. この推論は**構成的仮言三段論法の否定形**(modus tollens)とよばれ, その図式は

$$\frac{p \to q,\ \neg q}{\neg p}$$

により表される. ⬜

例 1.3 仮定 p のもとで結論 q が成り立つことを証明するのに, 結論 q の否定を仮定して, p の否定が成り立つことを示すことも頻繁に行われる. 例えば, 「整数 k の平方 k^2 が偶数である」($=p$)とき, 「k は偶数である」($=q$)を示すために, 「k が偶数でない」($=\neg q$)を仮定して, $k=2h+1$ とすれば, $k^2=2(2h^2+2h)+1$ となるから, 「k^2 は偶数ではない」($=\neg p$)ことを示す方法である. この推論の図式は

$$\frac{\neg q \to \neg p}{p \to q}$$

となる. 命題 $\neg q \to \neg p$ を $p \to q$ の**対偶**という. ⬜

例 1.4 命題 p が正しいことを証明するのに, p の否定を仮定して**矛盾**(contradiction)($q \wedge (\neg q)$ の形の命題)を導く方法は, **背理法**と言われる. 命題 $q \wedge (\neg q)$ は, 命題 q とその否定が同時に成り立つということであるから, 必ず偽なのである.

例えば「$\sqrt{2}$ が無理数である」($=p$)を示すのに, これを否定すると, $\sqrt{2}$ は有理数であるから, 「$\sqrt{2}=m/n$ となる互いに素な自然数 m,n が存在する」($=q$). このとき, $2=m^2/n^2$, すなわち $m^2=2n^2$ となるから, m は偶数($=2k$), よって $4k^2=2n^2$, $2k^2=n^2$ となって, n も偶数となる. これは m と n が素であることに反するから「$\sqrt{2}=m/n$ となる互いに素な自然数 m,n が存在しない」($=\neg q$). すなわち, $(\neg p) \to (q \wedge (\neg q))$. $q \wedge (\neg q)$ は真にはなり得ないから, $\neg p$ は偽であり, よって p は真になるという推論である. この図式は

$$\frac{(\neg p) \to (q \wedge (\neg q))}{p}$$

となる. ⬜

6———第1章　古典幾何学

例1.5　実際の証明では，よく**場合分け**を行うことがある．例えば，$r=$「奇数 n に対して，n^2 を8で割ると1が余る」を証明するのに，奇数は $4k-1$ または $4k-3$ と書けるから，それぞれの場合に対して証明するのである．実際

$$n=4k-1 \text{ の場合}\quad n^2=16k^2-8k+1=8(2k^2-k)+1$$

$$n=4k-3 \text{ の場合}\quad n^2=16k^2-24k+9=8(2k^2-3k+1)+1$$

となるから，命題 r は正しい．ここで，$p=$「n は $4k-1$ である」，$q=$「n は $4k-3$ である」とすると，$p \vee q$ の仮定のもとで，$p \to r$, $q \to r$ が成り立つことを示し，r が正しいことを証明したことになる．この推論の図式は

$$\frac{p \vee q,\ p \to r,\ q \to r}{r}$$

と表される．　　　　　　　　　　　　　　　　　　　　　　　　　　□

この他に，よく使われる推論の1つに**数学的帰納法**(mathematical induction)がある．これは，自然数 n に関する命題 $P(n)$ を証明するのに，

（1）　$P(1)$ は真

（2）　$P(n-1)$ が真であると仮定するとき，$P(n)$ も真

の2つを証明し，結局任意の自然数 n について，$P(n)$ が真であることを示す方法である．

これは，構成的仮言三段論法を繰り返し使った推論と考えられる．

$$\frac{P(1),\ P(1) \to P(2)}{P(2)},\quad \frac{P(2),\ P(2) \to P(3)}{P(3)},$$

$$\cdots\cdots,\quad \frac{P(n-1),\ P(n-1) \to P(n)}{P(n)}.$$

例1.6　数列 $\{a_n\}$ において，

$$a_1=a_2=1,\quad a_{n+2}=a_{n+1}+a_n\quad(n=1,2,\cdots)$$

が成り立つとき，a_{4n} は3の倍数であることを示そう．$n=1$ のとき，

$$a_4=a_3+a_2=(a_2+a_1)+a_2=3.$$

$a_{4(n-1)}$ が 3 の倍数と仮定して

$$
\begin{aligned}
a_{4n} &= a_{4n-1} + a_{4n-2} \\
&= (a_{4n-2} + a_{4n-3}) + (a_{4n-3} + a_{4n-4}) \\
&= ((a_{4n-3} + a_{4n-4}) + a_{4n-3}) + (a_{4n-3} + a_{4n-4}) \\
&= 3a_{4n-3} + 2a_{4n-4}
\end{aligned}
$$

となることに注意すれば，a_{4n} も 3 の倍数であることがわかる． $\square$

　理論の前提となるいくつかの命題を仮定して，それから上で述べたような推論を有限回使って得られる命題を**定理**という（本書では，補題や例題の形で述べる命題もあるが，これらも定理の一種と考えられる）．

━━ 数学的帰納法と不完全帰納法 ━━

　自然科学では，帰納法の意味が違った形で使われることがある．何かのことを結論するのに，それをいくつかの例で確かめ，その結論が正しいことを主張するのである．実験を行うことにより，理論が正しいことを確認することも，この意味の帰納法と考えられる．これを数学的（完全）帰納法に対して不完全帰納法という．たとえば，クンマー（E. Kummer, 1810–1893）は，次のような例を挙げてそれらの違いを説明している．「120 は，$1, 2, 3, 4, 5$ で割り切れるから，どんな数でも割り切れるのではないかと推測する．さらに試すと，6 でも割り切れる．他の数でも試みると，確かに $8, 10, 12, 15, 20, 24$ でも正しい．もし私が物理学者なら，120 はすべての数で割り切れると主張するだろう．」

　帰納法に対立するものが演繹法である．すなわち，1 つ以上の命題から，それを前提として，経験に頼らず，もっぱら論理の規則に基づいて，必然的な結論を導き出す方法が演繹法なのである．数学で使われる推論（数学的帰納法も含めて）は，この演繹法の代表例である．

　しかし，実際の数学の研究では，結論が正しいかどうかはあらかじめ不明なことが多く，実は数学者も新しい定理を発見するときは不完全帰納法に頼っていることが多い．

問1 ある人が，次のような数学的帰納法を使って，1つの茶碗に米粒を無限個入れることができると主張した．どこに間違いがあるか指摘せよ．
  （1） 茶碗には1つの米粒は入る．
  （2） n 個の米粒が入っているとき，もう1つの米粒を注意深く米粒の山におけば，$n+1$ 個の米粒を入れることができる．よって，任意の個数の米粒を茶碗に入れることができる．

§1.3 合同定理の証明
——2つの3角形はどのようなとき合同か

証明に入る前に，合同定理の背景になる「平面の等質性・等方性」を説明しておこう．

平面は場所あるいは方向にこれといった違いはないように見える．これを幾何学的にいうには，次のように線分と角の**合同**（congruent）の概念を使う．
  （1） 任意の線分 AB と，任意の直線 l_1 およびその上の点 A_1 が与えられたとき，A_1 で分けられる l_1 の2つの側のどちらにも，線分 AB と線分 A_1B_1 が合同になるような点 B_1 が1つ，しかもただ1つ存在する．
  （2） O を頂点とする任意の角 $\angle AOB$ と，始点を O_1 とする半直線 O_1A_1 が与えられたとき，O_1A_1 を延長して得られる直線により分けられる2つの側のどちらにも，角 $\angle AOB$ と $\angle A_1O_1B_1$ が合同であるような半直線 O_1B_1 を1つ，しかもただ1つ引くことができる．

ここで注意しておきたいのは，線分や角にはその長さや大きさ（角度）を表

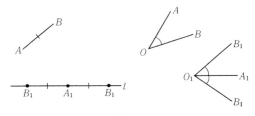

図 1.3

す数がまだ与えられてはいないことである．長さや角度というのは，平面が最初から持っている属性ではなく，あくまで人工的なものであるから，当面それを使うことを避けることにする（第5章において，この問題を考えることになる）．では合同というのは何かということになるが，直観的には「大きさ」を変えない「移動」で移り合うものということである．その厳密な意味は第2章で説明することにして，ここではこれ以上の深入りは避けて先へ進もう．

合同の考え方を使って，線分や角の和を定義することができる．

2つの線分 AB, CD の和 $AB+CD$ は，線分 AB の1つの端点 B において，CD と合同な線分を継ぎ足して得られる線分のことである．

角 $\angle AOB, \angle A_1O_1B_1$ の和 $\angle AOB + \angle A_1O_1B_1$ は，$\angle A_1O_1B_1$ と合同な角を半直線 OB において $\angle AOB$ に継ぎ足して得られる角のことである．

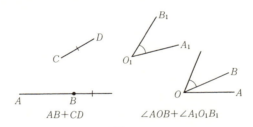

図 1.4

2つの線分 AB, CD が合同であるとき，$AB \equiv CD$ と書くことにする．角についても，$\angle A$ と $\angle B$ が合同であるとき，$\angle A \equiv \angle B$ と記す．合同でないときは記号 $\not\equiv$ を用いる．

合同の直観的な性質から，
$$A_1B_1 \equiv A_2B_2, \quad C_1D_1 \equiv C_2D_2 \implies A_1B_1 + C_1D_1 \equiv A_2B_2 + C_2D_2,$$
$$\angle A_1 \equiv \angle A_2, \quad \angle B_1 \equiv \angle B_2 \implies \angle A_1 + \angle B_1 \equiv \angle A_2 + \angle B_2$$
となることを約束として決めておくのは自然であろう．

線分 AB が線分 CD の中に真に含まれる線分と合同であるとき，CD は AB より大きい，または，AB は CD より小さい，といい，$AB < CD$ と書くことにする．角の大小についても同様に定義する．

この節の目標は，線分と角という基本的な図形の合同を用いて，3 角形の合同について論じることにある．

定義 1.7　2 つの 3 角形 $\triangle ABC, \triangle A'B'C'$ において，$AB \equiv A'B'$, $BC \equiv B'C'$, $CA \equiv C'A'$, $\angle A \equiv \angle A'$, $\angle B \equiv \angle B'$, $\angle C \equiv \angle C'$ であるとき，これら 2 つの 3 角形は**合同**であるといい，$\triangle ABC \equiv \triangle A'B'C'$ と書く． □

定理 A は，「2 つの 3 角形の対応する辺がそれぞれ等しければ，それらは合同である」ことを主張している．この定理の通常の証明は，はじめに次のような前提をおいて行う．

前提 1　2 つの 3 角形 $\triangle ABC$ と $\triangle A'B'C'$ において，$AB \equiv A'B'$, $AC \equiv A'C'$, $\angle BAC \equiv \angle B'A'C'$ が成り立つならば，$\angle ABC \equiv \angle A'B'C'$.

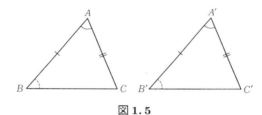

図 1.5

この前提を使って，まず次の 2 つの定理の証明をしておこう．

定理 1.8　**2 等辺 3 角形**(isosceles triangle)の両底角は等しい．すなわち $\triangle ABC$ において，$AB \equiv AC$ とするとき，$\angle B \equiv \angle C$.

[証明]　$A' = A$, $B' = C$, $C' = B$ とおいて $\triangle ABC$ と $\triangle A'B'C'$ を考えれば，$AB \equiv A'B'$, $AC \equiv A'C'$, $\angle A \equiv \angle A'$ であるから，前提 1 により，$\angle B \equiv \angle B' \equiv \angle C$. ∎

定理 1.9　**2 辺夾角**が等しければ合同．すなわち $\triangle ABC$ と $\triangle A'B'C'$ において，$AB \equiv A'B'$, $AC \equiv A'C'$, $\angle A \equiv \angle A'$ とするとき，$\triangle ABC \equiv \triangle A'B'C'$.

[証明]　再び前提 1 により，$\angle B \equiv \angle B'$, $\angle C \equiv \angle C'$ であるから，$BC \equiv B'C'$ を示せば十分である．背理法を使うため，$BC \not\equiv B'C'$ と仮定する．$BC < B'C'$ と仮定して一般性を失わないから($B'C' < BC$ のときは，$\triangle ABC$ と $\triangle A'B'C'$ を取り替えて考えればよい)，線分 $B'C'$ 上に $BC \equiv B'D'$ となるように点 D' をとり，$\triangle ABC$ と $\triangle A'B'D'$ を考える．

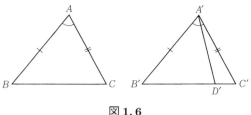

図 1.6

$AB \equiv A'B'$, $BC \equiv B'D'$, $\angle B \equiv \angle B'$ であるから，前提 1 により，$\angle BAC \equiv \angle B'A'D'$. 一方，仮定により，$\angle BAC \equiv \angle B'A'C'$ であるから，$\angle B'A'C' \equiv \angle B'A'D'$. これは矛盾であり，この矛盾は $BC \not\equiv B'C'$ と仮定したことから生じたのであるから，$BC \equiv B'C'$ でなければならない． ∎

［定理 A の証明］ まず，直線 $A'B'$ に関し C' と異なる側に線分 $B'C'''$ を
$$BC \equiv B'C''', \quad \angle B \equiv \angle A'B'C'''$$
を満たすようにとる．

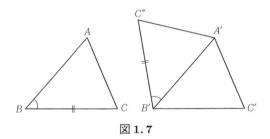

図 1.7

このとき
$$\triangle ABC \equiv \triangle A'B'C''' \quad (2 辺夾角).$$
したがって，$AC \equiv A'C'''$. これと仮定を使えば
$$A'C' \equiv A'C''', \quad B'C' \equiv B'C'''$$
となるから，
$$\angle A'C'''C' \equiv \angle A'C'C''', \quad \angle B'C'''C' \equiv \angle B'C'C'''$$
$$(2 等辺 3 角形の両底角は等しい).$$
よって，
$$\angle A'C'''B' \equiv \angle A'C'''C' + \angle B'C'''C'$$

$$\equiv \angle A'C'C'' + \angle B'C'C''$$
$$\equiv \angle A'C'B'.$$

前提1を，$\triangle C'B'A'$ と $\triangle C''B'A'$ に適用すれば，$B'C' \equiv B'C''$，$A'C' \equiv A'C''$ であるから，$\angle C'B'A' \equiv \angle C''B'A'$．よって，
$$\triangle ABC \equiv \triangle A'B'C' \quad (2\text{辺夾角}).$$
∎

定理 1.9 は**第 1 合同定理**，定理 A は**第 3 合同定理**と言い表されることもある．

次はターレスが証明したといわれる定理である．

定理 1.10（第 2 合同定理） $\triangle ABC$ と $\triangle A'B'C'$ において，$BC \equiv B'C'$，$\angle B \equiv \angle B'$，$\angle C \equiv \angle C'$ が成り立てば，2つの3角形は合同（2角夾辺が等しければ合同）．

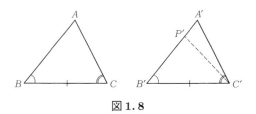

図 1.8

[証明] 背理法で示す．もし合同でなければ，$AB \not\equiv A'B'$ または $AC \not\equiv A'C'$ である．B と C の役割は同じであるから，$AB \not\equiv A'B'$ として矛盾を導けば十分．線分 $B'A'$ またはその延長上に点 P' を $AB \equiv P'B'$ であるようにとる．このとき
$$AB \equiv P'B', \quad BC \equiv B'C', \quad \angle B \equiv \angle B'$$
であるから，$\triangle ABC \equiv \triangle P'B'C'$（2辺夾角）．よって
$$\angle ACB \equiv \angle P'C'B'.$$
ところが $\angle ACB \equiv \angle A'C'B'$ であるから，$\angle P'C'B' \equiv \angle A'C'B'$ となり，矛盾である．
∎

系 1.11 2角の等しい3角形は2等辺3角形である．□

問 2 2つの3角形において，2辺が等しく，それらの夾角ではない1組の対応

する角が等しくても，合同とは限らないことを，例をあげて説明せよ．

合同定理を使って，角の基本的性質を証明しよう．

2つの角が頂点と1辺を共有し，共通でない辺が1直線をなすとき，これらは互いに他の**補角**(supplementary angle)であるという（図1.9において，$\angle AOB$ と $\angle BOC$ は互いに他の補角である）．

定理 1.12 合同な角の補角は合同である．

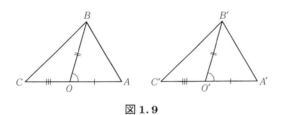

図 1.9

[証明] 図1.9において $\angle AOB \equiv \angle A'O'B', OA \equiv O'A', OB \equiv O'B', OC \equiv O'C'$ とする．このとき $\triangle AOB \equiv \triangle A'O'B'$ となるから(2辺夾角)，$AB \equiv A'B'$, $\angle CAB \equiv \angle C'A'B'$ である．また $AC \equiv A'C'$ であるから，$\triangle ABC \equiv \triangle A'B'C'$ (2辺夾角)．したがって $BC \equiv B'C'$, $\angle BCA \equiv \angle B'C'A'$ が成り立つ．これと $OC \equiv O'C'$ から $\triangle BOC \equiv \triangle B'O'C'$ (2辺夾角)．よって $\angle BOC \equiv \angle B'O'C'$．これは合同な角の補角は合同であることを示している．∎

2つの角が頂点を共有し，一方の角の辺が他の角の辺の延長である半直線であるとき，これらの角は互いに他の**対頂角**(vertical angle)であるという（図1.10参照）．

定理 1.13 対頂角は合同である．

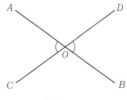

図 1.10

[証明] 図 1.10 において，∠AOC ≡ ∠BOD となることを示す．∠AOC と ∠BOD は ∠AOD の補角となるから，定理 1.12 により ∠AOC ≡ ∠BOD．∎

定理 1.13 により，3 角形の内角に対応する 2 つの外角は合同である (図 1.11)．

図 1.11

ある角がその補角に合同であるとき，この角を**直角** (right angle) という．次の補題は，ユークリッドが前提 (公理) の 1 つとして使っているが，実際は証明できる事柄である (ヒルベルトの注意)．

定理 1.14 すべての直角は合同である．

[証明] O を頂点とする直角 ∠BOC と，O' を頂点とする直角 ∠B'O'C' を考える．直角の定義から

$$\angle AOC \equiv \angle BOC, \quad \angle A'O'C' \equiv \angle B'O'C'$$

である．∠BOC ≡ ∠B'O'C' を示す．これを否定して

(1)　∠BOC > ∠B'O'C'

(2)　∠BOC < ∠B'O'C'

のどちらかを仮定しよう．(1) を仮定すると，∠BOC の内部にあり，∠BOD ≡ ∠B'O'C' を満たす半直線 OD がとれる．

$$\angle BOD < \angle BOC$$

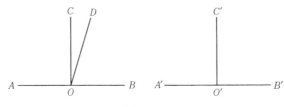

図 1.12

$$\angle BOC \equiv \angle AOC$$
$$\angle AOC < \angle AOD$$
であるから $\angle BOD < \angle AOD$. 一方,
$$\angle BOD \equiv \angle B'O'C' \equiv \angle A'O'C' \equiv \angle AOD.$$
これは矛盾である(最後の部分で,補角の合同についての定理 1.12 を使った). (2)も同様に矛盾. ■

直角を $\angle R$ と書く(R は直角の英語名 right angle の頭文字にちなんでいる)が,上の定理により,すべての直角を $\angle R$ と書くことの正当性が得られたのである. さもなければ,1つの記号で直角を表すことはできないからである.

平角(straight angle)は,角の辺が1直線になるような角のことである.

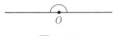

図 1.13

平角は2つの直角の和であるから,上の定理から,すべての平角は合同であることもわかる.

直角より小さい角を**鋭角**(acute angle),直角より大きい角を**鈍角**(obtuse angle)という.

次の定理の証明では,

前提 2 異なる2点を通る直線はただ1つである.

を使う.

定理 1.15(垂線の存在と一意性) 直線 l とその上にない点 A が与えられたとき,l 上の点 B で,線分 AB が B において l に**垂直**(perpendicular)(すなわち,D を B と異なる l 上の点とするとき,$\angle ABD \equiv \angle R$)になるようなものが,ただ1つ存在する. □

直線 AB を,点 A を通る l の**垂線**という. この定理は,**直角が存在する**とも言っている.

[証明] (存在) 2点 O, P を l 上にとり,l に関して A とは異なる側に点 C を $OA \equiv OC$, $\angle AOP \equiv \angle COP$ を満たすようにとる(図 1.14 (a)).

もし AO が O において l に垂直ならば $B = O$ とすればよい. そうでな

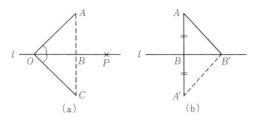

図 1.14

いときは，線分 AC と l との交点を B とする．$\triangle OBA$ と $\triangle OBC$ において，前提1を適用して，$\angle ABO \equiv \angle CBO$．$\angle ABO + \angle CBO \equiv 2\angle R$ であるから，$\angle ABO \equiv \angle CBO \equiv \angle R$．

（一意性）l 上の点 B, B' で，線分 AB, AB' が l に垂直になるようなものがあったとしよう．直線 AB 上にあり，l に関して A と異なる側にある点 A' で，$AB \equiv A'B$ となるものをとる（図 1.14(b)）．このとき，$B \neq B'$ とすれば，$\triangle ABB'$ と $\triangle A'BB'$ は合同である（2辺夾角）．よって $\angle AB'B \equiv \angle A'B'B (\equiv \angle R)$ となり

$$\angle AB'A' \equiv \angle AB'B + \angle A'B'B \equiv 2\angle R \quad (平角).$$

すなわち，A, B', A' は同一直線上にある．これは，A, A' を通る直線が2つあることを意味するから矛盾である（前提2）．したがって，$B = B'$．∎

上の定理において，点 B を A から直線 l に下ろした**垂線の足**という．

これまでのことからもわかるように，定理の証明をさかのぼっていくと，最後には前提として認めなければならないことがらに行き着く．もし無手勝流に証明を行っていると，何を前提として使ってよいのかが分からない．しかも，余計な前提を使ってしまうこともあり得る．そこで，あらかじめ約束事としていくつかの前提を決めておいて，それをもとに推論を繰り返すことにより定理を形づくっていくのが妥当と考えられる．このような，前もって決めておく前提の1組を**公理系**(a system of axioms)とよぶ．我々の使う公理系は次章においてまとめて述べることとし，しばらくのあいだ直観的な立場で話を進める．

注意 1.16 前提1は，他のもっと明白な事柄から証明できるのではないかと

いう疑問をもつ読者もいるだろう．少し試みるとわかることだが，このような努力は堂々巡りに陥る．そこで，それを断ち切るために，前提1を取り出したのである．

§1.4 3角不等式
——3角形の2辺の和はなぜ他の1辺より大きいか

(a) 3角不等式の証明

まず，次の重要な補題の証明から始める．

補題 1.17 3角形の外角は，それに隣接しない内角よりも大きい．すなわち，図 1.15 のような △ABC において，∠C の外角 γ は，内角 ∠A と ∠B よりも大きい．

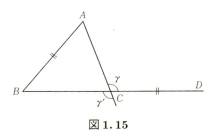

図 1.15

[証明] ∠A<γ を示せば十分である．実際 γ の対頂角 $\gamma'(\equiv 2\angle R - \angle C \equiv \gamma)$ を考えれば，γ' と ∠B の位置関係は γ と ∠A の関係と同じであるから，∠A<γ が示してあれば ∠B<γ'．よって，∠B<γ．

背理法で ∠A<γ を示そう．∠A<γ を否定すると ∠A≡γ または ∠A>γ である．

(1) ∠A≡γ と仮定する．線分 BC の延長上に，CD≡AB となる点 D をとる．このとき，△ACD と △CAB について
$$AC \equiv CA, \quad CD \equiv AB, \quad \angle ACD \equiv \angle CAB (\equiv \angle A)$$
となるから，∠CAD≡∠ACB(2辺夾角)．よって
$$\angle CAD + \angle A \equiv \angle ACB + \angle ACD \equiv 2\angle R.$$

すなわち，3点 B, A, D は同一直線上にあることになり，B, D を通る直線が2つあることになって矛盾．

(2) $\angle A > \gamma$ と仮定する．直線 AC に関して B と同じ側に，A を始点とする半直線 AE を，$\angle EAC \equiv \angle DCA$ となるようにとる(図1.16)．AE を延長して得られる直線 l に関して B と C は異なる側にあるから，線分 BC は l と交わる．この交点を B' とすると，$\triangle AB'C$ は(1)の仮定を満たすことになり，すでにこのようなことは起こり得ないことを証明しているから矛盾．

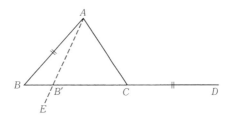

図 1.16

したがって，$\angle A \equiv \gamma$ または $\angle A > \gamma$ を仮定すると矛盾が導かれるから，$\angle A < \gamma$ が証明された． ∎

補題 1.18 3角形の2つの辺が等しくないとき，大きい辺に対する角は小さい辺に対する角より大きい．

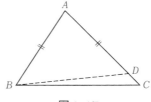

図 1.17

[証明] $\triangle ABC$ において，$AC > AB$ と仮定して，$\angle B > \angle C$ を証明する(図1.17)．辺 AC 上にある点 D で，$AD \equiv AB$ となるものをとる．$\triangle BCD$ について，$\angle ADB$ は $\angle BDC$ の外角であるから，補題1.17により
$$\angle ADB > \angle C.$$
一方，2等辺3角形 ABD の底角が等しいから

$$\angle ADB \equiv \angle ABD.$$
∠B > ∠ABD を利用すれば，
$$\angle B > \angle ABD \equiv \angle ADB > \angle C.$$ ∎

補題 1.19（補題 1.18 の逆） 3角形の2つの角が等しくないとき，大きい角に対する辺は小さい角に対する辺より大きい．

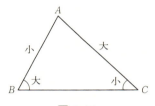

図 1.18

［証明］ △ABC において，∠B > ∠C と仮定して，AC > AB を証明する．
（1）$AC \equiv AB$ と仮定すると，△ABC は2等辺3角形であるから ∠B ≡ ∠C．
（2）$AC < AB$ と仮定すると，補題 1.18 から ∠B < ∠C．
いずれにしても，仮定 ∠B > ∠C に反するから，AC > AB でなければならない． ∎

［定理 B の証明］ AB + AC > BC を示す．

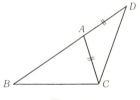

図 1.19

線分 BA の延長上に，$AD \equiv AC$ となる点 D をとる．このとき
$$\angle ACD \equiv \angle ADC, \quad \angle BCD > \angle ACD.$$
よって ∠BCD > ∠ADC．補題 1.19 により，BD > BC であるから
$$AB + AC \equiv BD > BC.$$ ∎

1つの内角が直角であるような3角形を **直角3角形**(right-angled triangle) という．

補題 1.20 $\angle B \equiv \angle R$ である直角 3 角形 $\triangle ABC$ において辺 AC は他の 2 辺より大きい(AC のことを直角 3 角形の**斜辺**という).

[証明] $\angle B$ の外角は直角であるから,補題 1.17 により $\angle A, \angle C$ は直角より小さい.よって補題 1.19 により AB, BC は AC よりも小さい. ∎

定理 1.21 $\angle B \equiv \angle R$ である直角 3 角形 $\triangle ABC$ の線分 BC 上に B, C と異なる点 D が与えられたとき,
(i) $AB < AD < AC$ である.
(ii) $\angle R > \angle ADB > \angle ACB$.

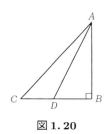

図 1.20

[証明] 補題 1.20 と補題 1.18 より $\angle ADB < \angle ABC \equiv \angle R$.同様に $\angle ACB < \angle R$.最初の不等式から $\angle ADC > \angle R$ である.よって $\angle ACB < \angle ADC$ となる.これと補題 1.19 により $AD < AC$.補題 1.18 により (ii) が成り立つ. ∎

例題 1.22 $\angle B \equiv \angle R$ である直角 3 角形 $\triangle ABC$ の線分 AB, BC 上にそれぞれ点 P, Q が与えられている.$P \neq A$ または $Q \neq C$ であるとき $PQ < AC$ であることを示せ.

[解] 定理 1.21 から,$P \neq A$ のときは $PC < AC$,$PQ \leqq PC$ であるから $PQ < AC$.$Q \neq C$ のときも同様. ∎

例題 1.23 2 つの直角 3 角形 $\triangle ABC, \triangle A'B'C'$ が
$$\angle B \equiv \angle B' \equiv \angle R, \quad AC \equiv A'C', \quad \angle A < \angle A'$$
を満たしているとき $BC < B'C'$ となることを示せ.

[解] 点 P, Q をそれぞれ線分 BA, BC またはその延長上に次の性質を満たすようにとる.

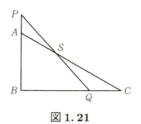

図 1.21

$$BP \equiv B'A', \quad BQ \equiv B'C'.$$

$\triangle PBQ \equiv \triangle A'B'C'$ であるから $AC \equiv A'C' \equiv PQ$. 例題 1.22 により, P, Q が同時に線分 AB, BC 上にあることはない. (もし, P, Q が同時に AB, BC 上にあれば, $AC \equiv PQ$ から $P = A, Q = C$ でなければならないが, このとき $\triangle PBQ$ と $\triangle ABC$ は一致し, $\triangle ABC \equiv \triangle A'B'C'$, $\angle A \equiv \angle A'$ となって矛盾.) また P, Q が同時に線分 AB, BC の外にあることもない.

Q が線分 BC 上にないことを示せばよい. Q が線分 BC 上にあると仮定しよう. このとき, P は線分 AB 上にない. 線分 PQ と線分 AC は交わるから, 交点を S とすると, $\triangle PAS$ に補題 1.17 を適用して, $\angle A \equiv \angle CAB > \angle SPA$. $\angle SPA \equiv \angle A'$ であるから, これは仮定に矛盾する. ∎

次の定理は, 2 つの 3 角形において, 2 角がそれぞれ等しく, それらの夾辺でない 1 組の対応する辺が等しければ, それらが合同であることを示している(問 2 と比較せよ).

定理 1.24 2 つの 3 角形 $\triangle ABC, \triangle A'B'C'$ が

$$AB \equiv A'B', \quad \angle A \equiv \angle A', \quad \angle C \equiv \angle C'$$

を満たすとき, それらは合同である.

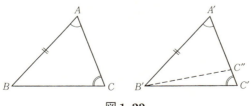

図 1.22

[証明] $AC < A'C'$ と仮定して矛盾を導けばよい．線分 $A'C'$ 上に $AC \equiv A'C''$ となる点 C'' をとれば，$\triangle ABC \equiv \triangle A'B'C''$ である（2辺夾角）．よって
$$\angle A'C''B' \equiv \angle C.$$
ところが $\angle A'C''B'$ は $\triangle B'C'C''$ の外角であるから，補題 1.17 により $\angle A'C''B' > \angle C'$ である．これは $\angle C \equiv \angle C'$ であることに矛盾する． ∎

(b) 線分の中点と角の2等分線

次の定理は直線上の点の分布を知る上での基礎となるものである（第5章参照）．

定理 1.25（中点の存在） 任意の線分 AB に対して，AB 上の点 M で $AM \equiv MB$ となるものがただ1つ存在する． ∎

M のことを線分 AB の**中点**という．

[証明] 直線 AB 上にはない点 S をとり，T を直線 AB に関して S とは異なる側にある点で，$AS \equiv BT$, $\angle SAB \equiv \angle ABT$ となるようにとる．線分 ST と直線 AB が交わる点を M としよう．M が線分 AB の内部にあることを示す．

(a) $M = A$ または B とすると，補題 1.17 に矛盾する（図 1.23(a)）．

(b) M が線分 AB の延長上にあれば，補題 1.17 により
$$\angle AMT < \angle ABT$$
$$\angle SAM < \angle AMT.$$
よって $\angle SAB \equiv \angle SAM < \angle ABT$ となり，これは矛盾である（図 1.23(b)）．

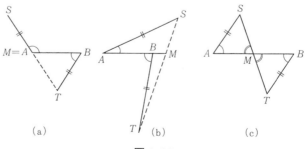

図 1.23

同様に M が線分 BA の延長上にあっても矛盾．したがって M は線分 AB の内部にある．

(c) $\triangle ASM$ と $\triangle BTM$ において
$$AS \equiv BT, \quad \angle SAM \equiv \angle TBM, \quad \angle AMS \equiv \angle BMT \quad (対頂角)$$
であるから，$\triangle ASM \equiv \triangle BTM$（定理 1.24）．よって $AM \equiv BM$ である． ∎

定理 1.26（角の 2 等分線の存在） $\angle AOB$ の内部を通る半直線 OM で，
$$\angle AOM \equiv \angle BOM$$
となるものが存在する． □

半直線 OM を $\angle AOB$ の **2 等分線**という．

[証明] $\angle AOB$ が平角のときは，O からこの平角の内部に半直線 OM を $\angle AOM \equiv \angle R$ となるようにとればよい（直角の定義を参照）．

$\angle AOB$ が平角でないとき，$OA \equiv OB$ として線分 AB の中点 M を考えれば，OM が求める半直線である（定理 A）． ∎

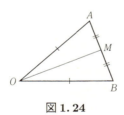

図 1.24

例題 1.27 次のことを示せ．

（1） 2 つの 3 角形 $\triangle ABC, \triangle A'B'C'$ において，$AB \equiv A'B', AC \equiv A'C'$, $\angle A > \angle A'$ であれば $BC > B'C'$ である．

（2） (1)において，逆に $AB \equiv A'B'$, $AC \equiv A'C'$, $BC > B'C'$ であれば $\angle A > \angle A'$ である．

[解] (1) 仮定 $\angle A > \angle A'$ から，直線 AB に関して点 C と同じ側に D をとって $\angle BAD \equiv \angle A'$, $AD \equiv A'C'$ となるようにする．このとき $\triangle ABD \equiv \triangle A'B'C'$（2 辺夾角）であるから $BD \equiv B'C'$．$\angle DAC$ の 2 等分線と直線 BC との交点を E とすると，E は辺 BC 上にある．さらに $\triangle ADE$ と $\triangle ACE$ にお

24——第1章　古典幾何学

いて，$AD \equiv A'C' \equiv AC$，$\angle DAE \equiv \angle CAE$，$AE$ は共通であるから $\triangle ADE \equiv \triangle ACE$，よって $ED \equiv EC$. 一方，定理 B により，$BE + ED > BD$ であるから，$BE + EC > BD$，すなわち $BC > BD$ となり，$BC > B'C'$ を得る.

(2) 背理法による. $\angle A > \angle A'$ を否定して，$\angle A \leqq \angle A'$ とする. $\angle A \equiv \angle A'$ とすると，$\triangle ABC \equiv \triangle A'B'C'$，$BC \equiv B'C'$ となって矛盾. $\angle A < \angle A'$ とすると，(1)から $BC < B'C'$ となって矛盾. ∎

注意 1.28　読者には，すべての平角は何の前提もなしに合同に見えるだろうし，線分の中点や，角の 2 等分線の存在も当たり前と思うだろう. しかしこのような直観が危険なことは，次の節で述べる平行線の公理においてはっきりする.

§1.5　3 角形の内角の和
——3 角形の内角の和はなぜ 2 直角か

定理 C の証明には，新たな前提（公理）が必要である.

前提 3　与えられた直線外の点を通る，この直線と平行な直線はたかだか 1 つしか存在しない（**平行線の公理**）. ここで，平行（parallel）であるとは，2 直線が交わらないことをいう.

この前提の意義については後回しにして，さっそく定理 C の証明に入るため，錯角，同位角，同傍内角の定義を復習しておこう.

2 直線 l_1, l_2 が第 3 の直線 l とそれぞれ A, B で交わっているとする. 直線 l_1 に関して点 B の側に l_1 と線分 AB で作られる 2 つの角（図 1.25 では α, α'）のうち 1 つ（例えば α）をとる. 直線 l に関してこの角と同じ側に l_2 と線分 AB が作る角は 2 つ（β' と β''）あるが，そのうち l_2 に関して A の側にある角（β'）をはじめの角（α）と**同傍内角**であるという. また，同傍内角の辺 AB に関する補角（β）をはじめの角（α）の**錯角**（alternate angle）といい，錯角の対頂角（β''）を**同位角**（corresponding angle）という.

図 1.25 では，α' と β も同傍内角であり，α' と β' は錯角である.

次の補題は前提 3 なしでも成り立つ.

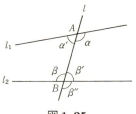

図 1.25

補題 1.29 上で述べた状況で，錯角 α と β が等しければ，l_1 と l_2 は交わらない．同位角についても同様である．

[証明] 同位角と錯角は，定義により対頂角になっているから，錯角の場合を示しておけば十分．

l_1 と l_2 が交わっていると仮定しよう．A を l_1 と l の交点，B を l_2 と l の交点とする．l_1 と l_2 の交点を P とし，l_1 の点 Q を，P に関して A と同じ側に $PB \equiv AQ$ を満たすようにとる．

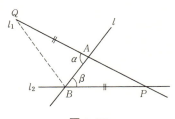

図 1.26

仮定から
$$\angle QAB \equiv \angle PBA. \tag{1.1}$$

さらに $PB \equiv AQ$, $AB \equiv BA$ であるから，$\triangle ABP$ と $\triangle BAQ$ は合同（2辺夾角）．したがって，$\angle BAP \equiv \angle ABQ$．再び (1.1) を使って
$$\angle PBA + \angle ABQ \equiv \angle QAB + \angle BAP \equiv 2\angle R.$$
すなわち，点 P, B, Q は同一直線上にあることになる．これは，P, Q を通る直線が 2 本あることを意味するので矛盾である（前提 2）．よって，l_1 と l_2 は交わらない． ∎

系 1.30 直線 l とその上にはない点 A が与えられたとき，A を通り，l と平行な直線が少なくとも 1 つはある． □

実際，l 上に点 B をとり，A, B を通る直線を l' として，A を通る直線 l'' を，図 1.27 のように錯角が等しいようにとれば，上の命題から l と l'' は平行である．

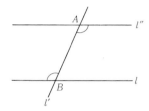

図 1.27

平行線の公理を必要とするのは，補題 1.29 の逆を証明するときである．

補題 1.31 平行線の公理の下で，平行線の錯角は等しい．

［証明］図 1.28 のように，l_1 と l_2 が平行とし，$\alpha \neq \beta$ とする．点 B を通る直線 l_3 を次の性質，2 直線 l_1, l_3 と直線 l に関して，α に対する錯角が α に等しい，を満たすようにとる．

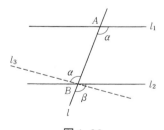

図 1.28

このとき，$l_2 \neq l_3$ であり，補題 1.29 により，l_1, l_3 は平行である．よって，B を通って l_1 に平行な直線が 2 つ (l_2, l_3) 存在することになって，矛盾である． ■

［定理 C の証明］図 1.29 のように，辺 BC の延長線上に点 D をとる．直線 BC に関して A と同じ側に，$\angle B \equiv \angle ECD$ となるように点 E をとる．

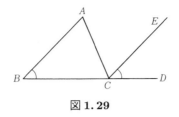

図 1.29

このとき，直線 EC は直線 AB に平行(**同位角が等しければ平行**)であるから，

$$\angle A \equiv \angle ACE \quad (\text{平行線の錯角は等しい}).$$

よって

$$\angle A + \angle B + \angle C \equiv \angle ACE + \angle ECD + \angle C \equiv 2\angle R. \quad \blacksquare$$

結局，平行線の公理の下で，3角形の内角の和が2直角であることが示されたのである．実は，§1.7でみるように，逆に1つの3角形の内角の和が $2\angle R$ であることを仮定すると，平行線の公理が導かれることがわかる．

例題 1.32 平行線の公理を仮定したとき，次のことを示せ．
(1) 2直線 l_1, l_2 が直線 l に平行ならば，l_1, l_2 も平行である．
(2) 2直線 l_1, l_2 が平行ならば，l_1 上の点 A から l_2 に下ろした垂線の足を B とするとき，線分 AB は A によらず，すべて合同である(普通は，A から l_2 への「距離」が A によらず一定という言い方をする)．

[解] (1) l_1, l_2 が交わったとすれば，その交点で l に平行な2直線が存在することになる．

(2) l_1 上の A と異なる点 C から l_2 に下ろした垂線の足を D とするとき，$AB \equiv CD$ を示せばよい．$\triangle ABD$ と $\triangle DCA$ において

$$\angle DAC \equiv \angle ADB \quad (\text{錯角は等しい})$$

であり，内角の和についての定理Cを使えば

$$\angle DAB \equiv 2\angle R - (\angle ADB + \angle ABD)$$
$$\equiv \angle R - \angle ADB$$
$$\equiv \angle R - \angle DAC$$

$$\equiv 2\angle R - (\angle DAC + \angle DCA)$$
$$\equiv \angle ADC$$
となる．2角夾辺が等しいとき合同であるから，$\triangle ABD \equiv \triangle DCA$．よって $AB \equiv CD$ である． ∎

平行線の公理について，もう少し詳しく見てみよう．ユークリッドの『原本』に述べられている平行線に関する公理は次のようなものであった．

「2直線が第3の直線と交わり，その一方の側にできる2つの角（同傍内角のこと，図 1.30 の α, β）の和が2直角よりも小さいときは，それらの2直線はその側において交わる．」

実は，ユークリッドの公理の逆が成り立つ．すなわち，平行線の公理を仮定しないで，3角形 ABC において，$\angle A + \angle B < 2\angle R$ が常に成り立つ．実際，$\angle B$ の外角を γ とすると $\angle A < \gamma$（補題 1.17）．よって $\angle A + \angle B < \gamma + \angle B \equiv 2\angle R$．

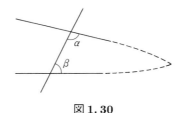

図 1.30

例題 1.33 上に述べたユークリッドの公理は，平行線の公理と同値であることを示せ．

［解］ 最初に平行線の公理を仮定しよう．もし2直線が同傍内角の側で交わらないとすると，平行であるか，または逆の側で交わる．平行であるときは，錯角が等しいから，$\alpha + \beta \equiv 2\angle R$ であり，仮定に反する．

逆の側で交われば，図 1.31 において，$\alpha' + \beta' + \gamma' \equiv 2\angle R$（定理 C）であるから，
$$\alpha + \beta \equiv (2\angle R - \alpha') + (2\angle R - \beta') \equiv 4\angle R - (\alpha' + \beta')$$

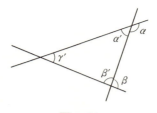

図 1.31

$$\equiv 2\angle R + \gamma' > 2\angle R.$$

これも矛盾である.

次に，ユークリッドの公理を仮定しよう．直線 l とその上にある点 B と，その上にはない点 A を考える．A を通る直線 l_1 で，直線 AB に関して l と l_1 が等しい錯角をもつようにとる．このとき l と l_1 は平行である(補題 1.29).
l_1 とは異なる A を通る直線 l_2 で，l と平行な直線があったと仮定しよう．このとき，l と l_2 の AB に関する同傍内角の和は $2\angle R$ には等しくない．なぜなら，等しいとすると，図 1.32 のように，$\alpha \equiv \beta$ であるから，$\alpha + \alpha' \equiv \beta + \alpha' \equiv 2\angle R$ となって，l_2 と l_1 は一致してしまう．

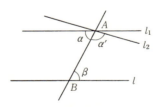

図 1.32

同傍内角の和が $2\angle R$ より小さければ，仮定により l_2 は l と交わる．同傍内角の和が $2\angle R$ より大きいときは，もう一方の同傍内角をとれば，和が $2\angle R$ より小さくなるから，この場合にも l_2 は l と交わる．

いずれにしても，l_2 は l と交わるからこれは矛盾である．すなわち，A を通り l と平行な直線はただ 1 つしかない． ∎

ユークリッドの公理については，その逆の命題が正しいこともあり，これ

までに使った前提から証明できるのではないかとの疑いをもつのは当然である．さらに，『原本』の他の公理と比べてその表現が複雑であっただけではなく，それが主張することを平面の有界な範囲で作図によって検証することが不可能であったこともあって，ユークリッド以後の数学者の批判の対象になったのである．実際，今述べたような疑いから2000年におよぶ長い間「証明」の努力が多くの数学者によってなされた．だが，ユークリッドの公理を「証明」したと主張する内容を検討すると，実際にはユークリッドの公理と同値な前提をおいているのであって，証明すべきことを仮定して証明しているといってもよい．例えば，次の「証明」はプロクルス(Proclus, 410–485)による．

「直線 l_1, l_2 が平行とし，直線 l が点 A のみで l_1 と交わっているとする．l が必ず l_2 と交わることを証明しよう．l_1 に関して l_2 と同じ側にある l 上の点 P と l_1 の距離は，P が A から離れるほどいくらでも大きくなり（定理1.21(i)），l_1 と l_2 の間の距離よりも大きくできるはずである．このような P は l_2 に関して A とは異なる側にあるはずだから，線分 AP は l_2 と交わる．したがって l が l_2 と交わることになる．」

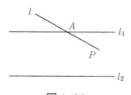

図 1.33

この「証明」のどこに間違いがあるのだろうか．実は，「l_1 と l_2 の間の距離」というところに問題がある．プロクルスは暗に，l_2 の点 B から l_1 への距離が B によらず一定であることを使っているのである．後で見るように，これは平行線の公理と同値な性質であって，結局彼の証明は平行線の公理を使っていることになる．

問3 ティボー(B.F. Thibaut, 1775–1832)は，平行線の公理を使わずに，3角

形の内角の和が $2\angle R$ であることを次のように「証明」した．どこに間違いがあるか指摘せよ．

$\triangle ABC$ において，線分 AB を含む直線 l を点 B を中心に $\angle B$ だけ回転して辺 BC に重ねる．次にこれを点 C を中心に $\angle C$ だけ回転して辺 CA に重ねる．さらにこれを点 A を中心に $\angle A$ だけ回転して辺 AB に重ねる．すると，この直線は元の直線の向きを逆にしたものに一致する．すなわち，直線は $2\angle R$ 回転したことになる．したがって

$$\angle A + \angle B + \angle C \equiv 2\angle R$$

である．

（ヒント．回転の中心が異なることに問題点がある．例えば直線を点 A を中心に θ_1 だけ回転した後，別の点 B を中心に θ_2 だけ回転した結果は，その2つの回転の合成とは限らない．結局暗にではあるが平行線の公理を使っているのである．）

§1.6 平行4辺形

平行線の公理の下では，幾何学の論証は著しく柔軟になり，しかも重要な図形を定義することができる．以下，平行線の公理を仮定しよう．

2つの直線 AB, CD が平行であることを $AB /\!/ CD$ と書くことにする．

4辺形 $ABCD$ は，4つの線分 AB, BC, CD, DA からなる図形のことである（$ABCD$ の並び方に注意）．通常は辺が交わらないもの（図1.34の左側）のみを4辺形として考える．AB と CD，BC と DA をそれぞれ互いの**対辺**という．また，$\angle DAB, \angle ABC, \angle BCD, \angle CDA$ をそれぞれ $\angle A, \angle B, \angle C, \angle D$ により表して4辺形 $ABCD$ の内角という．4辺形の内角の和が $4\angle R$ であること

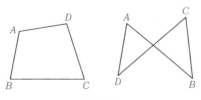

図 1.34

は，それが $\triangle ABC$ と $\triangle ACD$ の内角の和をすべて足したものになっていることから明らかである．

定義 1.34 4 辺形の 2 組の対辺が平行であるようなものを**平行 4 辺形**（parallelogram）と言う． □

定理 1.35 平行 4 辺形は次の性質を満たす．
（i） 2 組の対辺は等しい．
（ii） 2 組の相対する角（$\angle A$ と $\angle C$, $\angle B$ と $\angle D$）は等しい．

［証明］（i）平行 4 辺形 $ABCD$ の対角線 AC を考える．$\triangle ABC, \triangle CDA$ において，$AB \parallel DC$ であることから $\angle BAC \equiv \angle DCA$ である（平行線の公理を利用）．また $AD \parallel BC$ より $\angle BCA \equiv \angle DAC$．辺 AC は共通であるから，合同定理（2 角夾辺）により
$$\triangle ABC \equiv \triangle CDA.$$
したがって $AB \equiv CD, BC \equiv DA$ となり，（i）が成り立つ．
（ii）（i）の証明をみれば明らか． ■

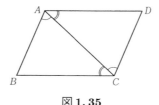

図 1.35

例題 1.36 上の定理で述べたことの逆が成り立つ，すなわち，次の条件の 1 つが成り立つ 4 辺形は平行 4 辺形であることを示せ．
（1） 2 組の対辺は等しい．
（2） 2 組の相対する角は等しい．

［解］（1）4 辺形 $ABCD$ の対角線 AC を考える．$AB \equiv CD, BC \equiv DA$, AC は共通であるから，$\triangle ABC \equiv \triangle CDA$（定理 A）．
よって $\angle BAC \equiv \angle DCA, \angle BCA \equiv \angle DAC$．直線 AC に関して B, D は違う側にあるから（もし同じ側にあれば $ABCD$ は 4 辺形とならない），$AB \parallel DC$,

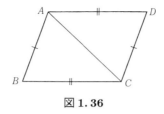

図 1.36

$AD \mathbin{/\mkern-3mu/} BC$ (錯角が等しければ平行).

(2) 4 辺形 $ABCD$ において，$\angle A \equiv \angle C$, $\angle B \equiv \angle D$ であるから
$$\angle A + \angle B + \angle C + \angle D \equiv 2\angle A + 2\angle B.$$

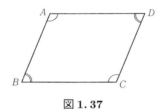

図 1.37

一方，4 辺形の内角の和は $4\angle R$ であるから（平行線の公理を利用）
$$2\angle A + 2\angle B \equiv 4\angle R.$$

ゆえに $\angle A + \angle B \equiv 2\angle R$ となり，$AD \mathbin{/\mkern-3mu/} BC$. 同様に $AB \mathbin{/\mkern-3mu/} DC$ である． ∎

問 4 4 辺形 $ABCD$ において，$AB \mathbin{/\mkern-3mu/} DC$, $AB \equiv DC$ ならば，$ABCD$ は平行 4 辺形であることを示せ．（ヒント．$\triangle ABC$ と $\triangle CDA$ において，定理 1.9 を適用．）

長方形（rectangle, oblong）とはすべての内角が直角な 4 辺形のことをいう．長方形が平行 4 辺形であることは明らかである（錯角が等しければ平行）．長方形が存在することは次の定理による．

定理 1.37 AB, PQ を任意の線分とする．このとき長方形 $ABCD$ で $AD \equiv PQ$ となるものが存在する．

［証明］ 線分 AB の端点 A, B からそれぞれ AB に垂直に直線 l_1, l_2 を引

き，$AD \equiv PQ$ となる点 D を l_1 上にとる．D から l_2 に垂線を引いてその足を C とすると，$AB /\!/ DC$ であり，$ABCD$ は平行4辺形である．$\angle A \equiv \angle C \equiv \angle R$，$\angle D \equiv \angle B \equiv \angle R$ であるから $ABCD$ は求める長方形である． ∎

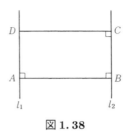

図 1.38

注意 1.38 次節で見るように，長方形が1つでも存在すれば平行線の公理が成り立つ．

定理 1.39 3角形の2つの辺の中点を結ぶ線分は，他の1辺に平行でありその半分に等しい．逆に，3角形の1つの辺の中点を通り，他の辺に平行に引いた直線は残りの辺の中点を通る．

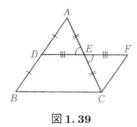

図 1.39

[証明] （前半）$\triangle ABC$ の辺 AB, AC の中点をそれぞれ D, E とする．線分 DE の延長線上の点 F で，直線 AB に関して E と同じ側にあって $DE \equiv EF$ となるものをとれば，合同定理(2辺夾角)から $\triangle ADE \equiv \triangle CFE$．よって $\angle ADE \equiv \angle CFE$，$AD \equiv CF$．したがって AD と FC は平行で等しいから BD と CF は平行で $BD \equiv CF$．$\triangle DBC$ と CFD において，$\angle BDC \equiv \angle FCD$（平行線の錯角は等しい），$DB \equiv CF$，$DC \equiv CD$ であるから，$\triangle DBC$

$\equiv \triangle CFD$ (2辺夾角). よって $FD \equiv BC$. こうして $BCFD$ は平行4辺形である(例題 1.36(1)). ゆえに DF と BC は平行であり, $DF \equiv BC$. すなわち $2DE \equiv BC$ となる.

(後半) 平行線の一意性から明らか. ∎

定理 1.40 平行な直線 l_1, l_2, l_3 とこれらに交わる2直線 l, l' の交点をそれぞれ $A_1, A_2, A_3; B_1, B_2, B_3$ とする. $A_1A_2 \equiv A_2A_3$ が成り立つとき, $B_1B_2 \equiv B_2B_3$ となる.

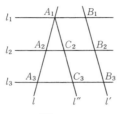

図 1.40

[証明] A_1 を通って l' に平行な直線 l'' を引き l_2, l_3 と交わる点を C_2, C_3 とする. 仮定から A_2 は $\triangle A_1 A_3 C_3$ における辺 $A_1 A_3$ の中点である. 定理 1.39 で証明したことから C_2 は $A_1 C_3$ の中点, すなわち $A_1 C_2 \equiv C_2 C_3$. 一方, 定理 1.35 により $A_1 C_2 \equiv B_1 B_2$, $C_2 C_3 \equiv B_2 B_3$. よって $B_1 B_2 \equiv B_2 B_3$. ∎

定理 1.40 は, 第5章で扱われる線分の比例と図形の相似の理論の基礎となるものである. この定理から導かれる, 線分上の「有理点」の存在について述べて本節を終えることにしよう.

線分 AB が与えられると, その中点が存在することを定理 1.25 において示した. その中点で分けられる2つの線分のそれぞれの中点をとると, AB の内部に都合3点が得られる($3 = 2^2 - 1$). 再び, その3点で分けられる4つの線分の中点をとると, AB の内部には7つの点があることがわかる($7 = 2^3 - 1$). この操作を n 回続けると, AB の内部の点として $2^n - 1$ 個の点を得る. こうして, AB には無限個の点が存在することになるが, AB 上の点はこのようにして得られる点で尽くされるのだろうか.

平行線の公理を仮定すれば, 実はもっと多くの点が存在することが次のよ

36──── 第1章 古典幾何学

うにして示される.

　k を任意の自然数としよう.　線分 AB の k–等分点列とは,　図 1.41 のよう
に並んだ AB 上の点列 $C_0, C_1, C_2, \cdots, C_k$ で

$$C_0 = A, \quad C_k = B,$$
$$C_0 C_1 \equiv C_1 C_2 \equiv \cdots \equiv C_{k-1} C_k$$

を満たすものをいう.

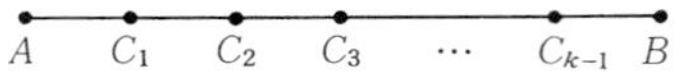

図 1.41

　線分 $C_0 C_1$ に合同な線分 PQ を,　AB を k 等分した線分という.

　上で説明した中点をとる操作を n 回行ったとき得られる点列は,　2^n–等分
点列を与えていることは容易に確かめられる.

　定理 1.41　平行線の公理を仮定すれば,　任意の自然数 k に対して,　線分
AB の k–等分点列が存在する.

　[証明]　A を通り,　直線 AB と異なる直線 l 上に順に点列 $A_1, A_2, \cdots, A_k$ を

$$AA_1 \equiv A_1 A_2 \equiv \cdots \equiv A_{k-1} A_k$$

となるようにとる(結果としては,　$A, A_1, A_2, \cdots, A_k$ は線分 AA_k の k–等分点列
になってはいるが,　端点 A_k を最初に指定するのではなく,　はじめに AA_1 を
とって次々に $A_2, A_3, \cdots, A_k$ を決めていくのである).　直線 BA_k を考え,　それ
に平行な直線 l_i で A_i を通るものをとれば($i = 1, 2, \cdots, k-1$),　l_i と直線 AB の
交点を C_i とおくことにより,　AB の k–等分点列 $C_0, C_1, \cdots, C_k$ ($C_0 = A$, $C_k = B$) が得られる(定理 1.40).　∎

　線分 AB 上の点 P が,　ある自然数 k により AB の k–等分点列の中の 1 つ
の点となるとき,　P を線分 AB の**有理点**という.

　学習の手引きでも書いたように,　ピタゴラスと彼の率いていた学派は,　線
分は有理点のみからなると信じていた.　しかし,　そうでないことは歴史が示
すとおりである.　線分上の点についてのさらに詳しい事柄は第 5 章で扱うこ
とになる.

§1.7 非ユークリッド幾何学誕生前夜

(a) サッケリの理論

 平行線の公理を「証明」しようとする努力は，§1.5で述べたプロクルスやティボーを含め多くの数学者によってなされた．17世紀までに登場したその主な人々の名前を挙げておこう．

　　ポシドニウス(Posidonius, 前1世紀)
　　プトレミー(Ptolemy, 前1世紀)
　　シンプリシウス(Simplicius, 6世紀)
　　ナサル–エディン(Nsir-Eddin, 1201–1274)
　　ヴィタエ(G. Vitae, 1633–1711)
　　ウォリス(J. Wallis, 1616–1703)

しかし，彼らの努力も非ユークリッド幾何学の登場(すなわち平行線の公理を満たさない平面の発見)により最後には水泡に帰するのだが，そのような平面の発見にもう少しで到達した数学者がいる．イタリアの聖職者であったサッケリ(G. Saccheri, 1667–1733)がそうである．この節では彼の理論の詳細を述べることにより，これまでの話の中では扱わなかった平行線の公理を満たさない平面(非ユークリッド平面)の特徴を明らかにしよう．話が進むにつれ次第に平面が平坦とは限らないことを読者は納得していくことであろう．

 もちろん，以下，平行線の公理は仮定しない．

 4辺形$ABCD$において，$\angle A \equiv \angle B \equiv \angle R$, $AD \equiv BC$と仮定する．このような4辺形をサッケリにちなんで(ABを底辺とする)S–4辺形(サッケリの4辺形)とよぶ．

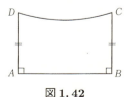

図1.42

平行線の公理を仮定すれば，S–4 辺形は，長方形である．問題は，この 4 辺形がもち得る性質を調べ上げることである．

補題 1.42 4 辺形 $ABCD$ において $\angle A \equiv \angle B \equiv \angle R$ とする．

(ⅰ)　　$AD \equiv BC$ ならば $\angle D \equiv \angle C$.

(ⅱ)　　$AD < BC$ ならば $\angle D > \angle C$.

(ⅲ)　　$AD > BC$ ならば $\angle D < \angle C$.

さらに(ⅰ),(ⅱ),(ⅲ)の逆が成り立つ．

[証明]　(ⅰ) P, Q をそれぞれ AB, DC の中点とする．

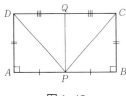

図 1.43

$$\angle DAP \equiv \angle CBP$$
$$\implies DP \equiv CP, \ \angle ADP \equiv \angle BCP \ （2 辺夾角）\qquad ①$$
$$DP \equiv CP, \ QD \equiv QC, \ QP = QP \implies \triangle PQD \equiv \triangle PQC \ （合同定理）$$
$$\implies \angle QDP \equiv \angle QCP \qquad ②$$
$$①, ② \implies \angle D \equiv \angle ADP + \angle QDP \equiv \angle BCP + \angle QCP \equiv \angle C$$

(ⅱ) 辺 BC 上に，$BE \equiv AD$ となる点 E をとる．(ⅰ)で示したことから，$\angle BED \equiv \angle ADE$. $\triangle CDE$ において，内角と外角の大小関係（補題 1.17）から $\angle BED > \angle ECD = \angle C$. よって

$$\angle D > \angle ADE \equiv \angle BED > \angle C.$$

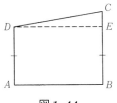

図 1.44

§1.7 非ユークリッド幾何学誕生前夜——— 39

(iii) 証明は(ii)と同様である(AD と BC を取り替える).

逆の証明は背理法による. ∎

1つの S–4 辺形 $ABCD(\angle A \equiv \angle B \equiv \angle R)$ についてサッケリは次のような仮説を考えた.

直角仮説 $\angle D \equiv \angle C \equiv \angle R$

鋭角仮説 $\angle D \equiv \angle C < \angle R$

鈍角仮説 $\angle D \equiv \angle C > \angle R$

平行線の公理が満たされていればすべての S–4 辺形に対して直角仮説が成り立っている.

補題1.43 S–4 辺形 $ABCD$ において

（ i ） 直角仮説 $\implies$ $AB \equiv CD$.

（ ii ） 鋭角仮説 $\implies$ $AB < CD$.

（iii） 鈍角仮説 $\implies$ $AB > CD$.

さらに(i),(ii),(iii)の逆が成り立つ.

［証明］ (i) $ABCD$ を横にして眺めれば, $\angle C \equiv \angle B$ から補題1.42(の逆)により $CD \equiv AB$.

(ii) 補題1.42(i)の証明における PQ は AB, CD に垂直であることがわかる. 補題1.42(の逆)を4辺形 $PQDA$ に適用して

$$\angle D < \angle A \equiv \angle R \implies AP < DQ$$
$$\implies AB \equiv 2AP < 2DQ \equiv CD.$$

(iii) (ii)と同様.

逆は背理法による. ∎

$AB, A'B'$ を底辺とする2つの S–4 辺形 $ABCD, A'B'C'D'$ において, $AB \equiv A'B'$, $AD \equiv A'D'$, $BC \equiv B'C'$ であるとき, それらは合同であるという. このとき, 明らかに $\angle C \equiv \angle C'$ である.

（b） サッケリの4辺形の性質

まず問題にすべきことは, 1つの S–4 辺形について, 上の3つの仮説の1つが満たされているとき, 他の S–4 辺形も同じ仮説を満たすかということで

ある．以下の議論はデーン(M. Dehn, 1900)による(サッケリの議論の進め方はいくぶん複雑であり，余計な前提を必要とするからここでは省略するが，結論については同じことが導かれる)．

直線 l 上に点 B, D をとり，l に関して同じ側に線分 BA, DC を l に垂直でしかも $BA \equiv DC$ となるようにとる(すなわち $ABDC$ は BD を底辺とする S–4 辺形である)．A, C を通る直線を l' とする．このとき補題 1.42(i)により，$\angle BAC \equiv \angle DCA$ である．

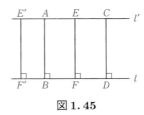

図 1.45

l' 上の点 E, E' を，E は線分 AC 上にあり，E' は AC の外にあるようにとる．

E, E' から l に下ろした垂線の足をそれぞれ F, F' とする．この項を通じて，図 1.45 の状況を考える．

補題 1.44

（ⅰ） $EF \equiv AB$（または $E'F' \equiv AB$）であれば，$\angle BAC \equiv \angle DCA \equiv \angle R$.

（ⅱ） $EF < AB$（または $E'F' > AB$）であれば，$\angle BAC$ と $\angle DCA$ は鋭角．

（ⅲ） $EF > AB$（または $E'F' < AB$）であれば，$\angle BAC$ と $\angle DCA$ は鈍角．

さらに(ⅰ),(ⅱ),(ⅲ)の逆が成り立つ．

[証明]（ⅰ）$EF \equiv AB$ を仮定しよう．このとき

$\angle BAC \equiv \angle DCA$, $\angle BAE \equiv \angle FEA$, $\angle FEC \equiv \angle DCE$ （補題 1.42(i)）．

よって $\angle FEC \equiv \angle DCE \equiv \angle DCA \equiv \angle BAC = \angle BAE \equiv \angle FEA$．すなわち，$\angle FEC \equiv \angle FEA$ となって，$\angle FEC \equiv \angle FEA \equiv \angle R$ になる．こうして $\angle BAC \equiv \angle DCA \equiv \angle R$．

$E'F' \equiv AB$ の場合も同様．

（ⅱ）$EF < AB$ とする(図 1.46 参照)．

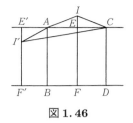

図 1.46

FE の延長上に $FI \equiv BA$ となる点 I をとる. このとき補題 1.42(i) により
$$\angle FIA \equiv \angle BAI, \quad \angle FIC \equiv \angle DCI.$$
補題 1.17 により, $\angle FIA < \angle FEA, \angle FIC < \angle FEC$. よって
$$\angle FIA + \angle FIC < \angle FEA + \angle FEC \equiv 2\angle R.$$
一方
$$\angle BAC + \angle DCA < \angle BAI + \angle DCI.$$
ゆえに
$$\angle BAC + \angle DCA < \angle BAI + \angle DCI \equiv \angle FIA + \angle FIC < 2\angle R.$$
$\angle BAC \equiv \angle DCA$ であるから $\angle BAC$ と $\angle DCA$ は鋭角である.

次に $E'F' > AB$ とする. 線分 $E'F'$ 上の点 I' で $F'I' \equiv AB$ となるものをとる. このとき補題 1.42(i) により
$$\angle F'I'A \equiv \angle BAI', \quad \angle F'I'C \equiv \angle DCI'.$$
さらに
$$\angle I'AE' > \angle I'CE' \quad (補題 1.17),$$
$$\angle F'I'A > \angle F'I'C.$$
よって
$$\angle BAI' > \angle DCI'.$$
この不等式の両辺と不等式 $\angle I'AE' > \angle I'CE'$ の両辺を足せば
$$\angle BAE' > \angle DCE' \equiv \angle BAC$$
を得る. $\angle BAE' + \angle BAC \equiv 2\angle R$ であるから, $\angle BAC < \angle R$ となる.

(iii) も同様に証明できる.

逆は背理法による.

M, N をそれぞれ線分 AC と BD の中点としよう. 補題 1.42 の証明の内

容から，線分 MN は AC, BD に垂直である．さらに今証明したことから

$$\angle BAC \equiv \angle DCA \equiv \angle R \implies MN \equiv AB,$$
$$\angle BAC \equiv \angle DCA < \angle R \implies MN < AB,$$
$$\angle BAC \equiv \angle DCA > \angle R \implies MN > AB$$

となることがわかる．

$E \neq M$ としよう．

補題 1.45 直線 l' 上に $ME \equiv ME''$ を満たす点 E'' を M に関して E と異なる側にとり，E, E'' から l に垂線を引いてその足をそれぞれ F, F'' とする．このとき，$EF \equiv E''F''$, $NF \equiv NF''$ である．

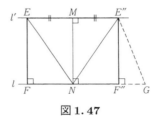

図 1.47

[証明] $\triangle EMN, \triangle E''MN$ は明らかに合同(2辺夾角)．よって $\angle MNE \equiv \angle MNE''$, $\angle FNE \equiv \angle F''NE''$．直線 l 上に，N に関して F'' と同じ側に $NF \equiv NG$ を満たす点 G をとる．このとき $EN \equiv E''N$ であるから，$\triangle EFN$ と $\triangle E''GN$ は合同(2辺夾角)．よって $\angle E''GN \equiv \angle R$ である．もし $F'' \neq G$ とすると，E'' から l に垂線が2本引けることになって矛盾(定理 1.15)．こうして，$NF \equiv NF''$, $EF \equiv E''F''$ となる． ∎

補題 1.46

(i) $\angle BAC \equiv \angle DCA \equiv \angle R \implies \angle FEM \equiv \angle F'E'M \equiv \angle R.$

(ii) $\angle BAC \equiv \angle DCA < \angle R \implies \angle FEM < \angle R, \quad \angle F'E'M < \angle R.$

(iii) $\angle BAC \equiv \angle DCA > \angle R \implies \angle FEM > \angle R, \quad \angle F'E'M > \angle R.$

[証明] (i) 補題 1.44(i)(の逆)により $EF \equiv E'F' \equiv MN$ であるから，
$$\angle NMA \equiv \angle FEM \equiv \angle BAC \equiv \angle F'E'M \quad (補題 1.42(i)).$$

(ii) 補題 1.44(ii)(の逆)により $EF < AB$ である．$\angle FEM \geq \angle R$ とすると，補題 1.44 において $ABCD$ の代わりに $EFE''F''$, $E'F'$ の代わりに AB とす

ると（補題 1.45 の結果に注意），$AB \leqq EF$ となって矛盾．$\angle F'E'M$ についても同様．

（iii）（ii）と同様に示すことができる． ∎

P を半直線 MN 上の点で線分 MN 上にはないものとする．点 P から直線 MN に垂線を立て，その上の点 R をとる．さらに R から直線 BD に垂線を引き，その足を K としよう．さらに，直線 RK と直線 AC の交点を H とする．

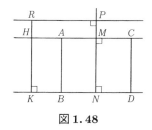

図 1.48

補題 1.47

（i）$\angle BAM \equiv \angle R \implies \angle KHM \equiv \angle KRP \equiv \angle R, \quad RK \equiv PN$.

（ii）$\angle BAM < \angle R \implies \angle KHM < \angle R, \quad \angle KRP < \angle R, \quad RK > PN$.

（iii）$\angle BAM > \angle R \implies \angle KHM > \angle R, \quad \angle KRP > \angle R, \quad RK < PN$.

［証明］（i）補題 1.46(i) から $\angle KHM \equiv \angle R$．補題 1.42(i)（の逆）から $HM \equiv KN$．補題 1.46(i) から（$ABCD$ の代わりに $KNHM$，$E'F'$ の代わりに RP を考えて），$\angle KRP \equiv \angle R$．補題 1.42(i) の逆により $RK \equiv PN$．

（ii）補題 1.46(ii) から $\angle KHM < \angle R$．再び補題 1.46(ii) を（$ABMN$ の代わりに $HMKN$，$E'F'$ の代わりに RP を考えて），$\angle KRP < \angle R$．補題 1.42(ii) の逆により $RK > PN$．

（iii）（ii）と同様に示すことができる． ∎

P が線分 MN 上にあるときも，まったく同じ結論が得られることは容易に証明できる．

定理 1.48（サッケリ） 1 つの S–4 辺形について直角仮説，鋭角仮説，鈍角仮説の 1 つが成立していれば，任意の S–4 辺形について同じ仮説が成立す

る.

[証明] $ABDC$ を $\angle B \equiv \angle D \equiv \angle R$ である S–4 辺形とし，これについて仮説の 1 つが成り立っているものとする．$A'B'D'C'$ を他の S–4 辺形とするとき，必要なら $A'B'D'C'$ に合同なものをとることにより，B' は直線 BD 上にあり，$D' = N$（線分 BD の中点）と仮定してよい．A' から直線 MN に垂線を下ろし，その足を P とする.

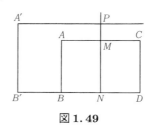

図 1.49

$ABDC$ が直角仮説を満たすとすると，補題 1.47(i) により $A'B' \equiv PN$．よって $P = C'$．$\angle A' \equiv \angle A'PN \equiv \angle R$ であるから $A'B'D'C'$ は直角仮説を満たす．

$ABDC$ が鋭角仮説を満たすとすると，補題 1.47(ii) により $C'N \equiv A'B' > PN$，よって C' は NP の延長上にある．$\triangle A'PC'$ に補題 1.17 を適用して，$\angle R \equiv \angle A'PC' > \angle C'$ となるから $A'B'D'C'$ は鋭角仮説を満たす．

鈍角仮説の場合も同様. ∎

(c) 3 角形の内角の和

定理 1.49

(i) 直角仮説が成り立つなら，任意の 3 角形の内角の和は $2\angle R$ に等しい.

(ii) 鋭角仮説が成り立つなら，任意の 3 角形の内角の和は $2\angle R$ より小さい.

(iii) 鈍角仮説が成り立つなら，任意の 3 角形の内角の和は $2\angle R$ より大きい.

[証明] まず $\triangle ABC$ が $\angle B \equiv \angle R$ であるような 3 角形と仮定しよう．4 辺形 $ABCD$ を，$AD \equiv BC$ で $\angle BAD \equiv \angle R$ であるようにとる.

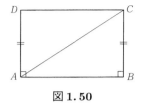

図 1.50

(i) $AD \equiv BC$, $AC \equiv CA$, $AB \equiv CD$(補題 1.43(i))であるから $\triangle ABC \equiv \triangle CDA$. よって $\angle BAC \equiv \angle DCA$ となるから
$$\angle A + \angle B + \angle C \equiv 2\angle R.$$

(ii) $AB < DC$(補題 1.43(ii))$\Longrightarrow \angle ACB < \angle DAC$(例題 1.27(2)). よって
$$\angle A + \angle B + \angle C \equiv (\angle R - \angle DAC) + \angle R + \angle ACB < 2\angle R.$$

(iii) $AB > DC$(補題 1.43(iii))$\Longrightarrow \angle ACB > \angle DAC$(例題 1.27(2)). よって
$$\angle A + \angle B + \angle C \equiv (\angle R - \angle DAC) + \angle R + \angle ACB > 2\angle R.$$

一般の 3 角形については，2 つの直角 3 角形に分割すればよい． ∎

定理 1.49 の逆が成り立つことは，背理法により容易に証明される．

系 1.50(ルジャンドル) 1 つの 3 角形について
（ⅰ） 内角の和が $2\angle R$ に等しい
（ⅱ） 内角の和が $2\angle R$ より小さい
（ⅲ） 内角の和が $2\angle R$ より大きい
のどれかが満たされていれば，任意の 3 角形は同じ性質を満たす． □

(d) 鈍角仮説の否定

ここまで，サッケリの仮説の正否については言及しなかったが，実はある新しい前提の下で鈍角仮説は否定されることがわかる．これを示そう．

$\angle C \equiv \angle R$ である直角 3 角形 $\triangle ABC$ を考える．H を辺 AB の中点とし，K を H から直線 AC に引いた垂線の足，L を H から直線 BC に引いた垂線の足とする．

補題 1.51

(ⅰ) 直角仮説 $\implies AK \equiv KC$.

(ⅱ) 鋭角仮説 $\implies AK > KC$.

(ⅲ) 鈍角仮説 $\implies AK < KC$.

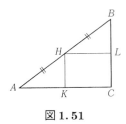

図 1.51

[証明] (ⅰ) $\angle BHL \equiv \angle A$, $\angle B \equiv \angle AHK$(定理 1.49(ⅰ)) $\implies \triangle BHL \equiv \triangle HAK$(2 角夾辺), $HL \equiv KC$ であるから, よって $KC \equiv HL \equiv AK$.

(ⅱ) 4 辺形の内角の和は $4\angle R$ より小さいから, これを 4 辺形 $BCKH$ に適用して, $\angle AHK > \angle HBC$. 直角 3 角形 $\triangle AHK, \triangle HBL$ は等しい斜辺をもっているから $AK > HL$(例題 1.23). 4 辺形 $HKCL$ の 3 つの内角は $\angle R$ であるから, $\angle KHL < \angle R$(鋭角仮説). したがって $HL > KC$ となり(補題 1.42), 結局 $AK > KC$ となる.

(ⅲ)も同様に示される. ∎

定理 1.52 A を始点とする 2 つの半直線 l_1, l_2 を考え, l_1 上に A から順次等間隔に点 $A_1, A_2, A_3, \cdots$ をとる($AA_1 \equiv A_1A_2 \equiv A_2A_3 \equiv \cdots$). A_i から l_2 に垂線を下ろし, その足を B_i とする. このとき

(ⅰ) 直角仮説 $\implies AB_1 \equiv B_1B_2 \equiv B_2B_3 \equiv \cdots$

(ⅱ) 鋭角仮説 $\implies AB_1 > B_1B_2 > B_2B_3 > \cdots$

(ⅲ) 鈍角仮説 $\implies AB_1 < B_1B_2 < B_2B_3 < \cdots$

が成り立つ.

[証明] AB_1 と B_1B_2 の関係は補題 1.51 による. $n > 2$ とする. $B_{n-2}B_{n-1}$ と $B_{n-1}B_n$ の関係をみるのに, 直線 $A_{n-1}B_{n-1}$ に関して A_{n-2}, B_{n-2} と対称な位置にある点をそれぞれ A', B' としよう. B' は明らかに直線 $B_{n-1}B_n$ 上にあり, $A_{n-1}A' \equiv A_{n-1}A_n$.

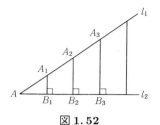

図 1.52

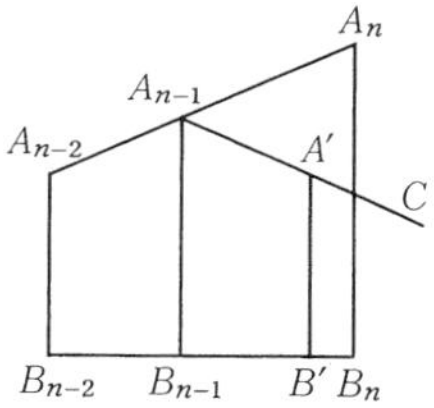

図 1.53

証明すべきことは
(ⅰ) 直角仮説 $\Longrightarrow$ $B' = B_n$
(ⅱ) 鋭角仮説 $\Longrightarrow$ B' は線分 $B_{n-1}B_n$ の外部にある
(ⅲ) 鈍角仮説 $\Longrightarrow$ B' は線分 $B_{n-1}B_n$ の内部にある

である. $A_{n-1}A'$ を延長して, 直線 A_nB_n との交点を C とする.
(ⅰ) 4 辺形 $A_{n-1}B_{n-1}B_nA_n$ の内角の和は $4\angle R$ であるから,
$$\angle B_{n-1}A_{n-1}A_{n-2} \equiv \angle B_nA_nA_{n-1} \equiv \angle CA_{n-1}B_{n-1}.$$
よって
$$\angle CA_{n-1}A_n \equiv 2\angle R - 2\angle CA_nA_{n-1}.$$
$\triangle CA_{n-1}A_n$ の内角の和が $2\angle R$ であることから, $\angle A_nCA_{n-1} \equiv \angle CA_nA_{n-1}$.
よって $\triangle CA_{n-1}A_n$ は 2 等辺 3 角形(系 1.11)となるから, $A_{n-1}C \equiv A_{n-1}A_n$.
したがって $C = A'$ となり, $B' = B_n$.
(ⅱ) 4 辺形 $A_{n-1}B_{n-1}B_nA_n$ の内角の和は $4\angle R$ より小さいから,
$$\angle CA_{n-1}B_{n-1} \equiv \angle B_{n-1}A_{n-1}A_{n-2} > \angle B_nA_nA_{n-1}.$$
一方, 4 辺形 $A_{n-1}B_{n-1}B_nC$ の内角の和が $4\angle R$ より小さいから,
$$(2\angle R - \angle A_nCA_{n-1}) + \angle CA_{n-1}B_{n-1} + 2\angle R < 4\angle R$$

48―――第1章　古典幾何学

$$\implies \quad \angle CA_{n-1}B_{n-1} < \angle A_n CA_{n-1}.$$

よって

$$\angle B_n A_n A_{n-1} < \angle A_n CA_{n-1}$$
$$\implies \quad A_{n-1}C < A_{n-1}A_n \quad (補題 1.19).$$

よって A' は線分 $A_{n-1}C$ の外にあるから，B' は線分 $B_{n-1}B_n$ の外部にある.

（iii）（ii）と同様である. ∎

ここから，次の新しい前提が必要になる.

前提 4　A を始点とする半直線上の点 B と，同じ半直線上に A から順に並ぶ点列 $A_1, A_2, A_3, \cdots$ が次の性質を満たしているとする.

$$AA_1 \equiv A_1 A_2 \equiv A_2 A_3 \equiv \cdots$$

のとき，B が線分 AA_n 上にあるような番号 n が存在する．言い換えれば，$AB < nAA_1$ となる n が存在する（**アルキメデスの公理**）.

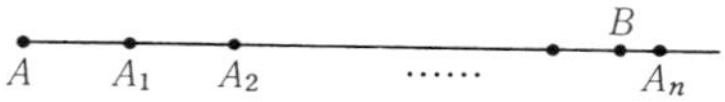

図 1.54

定理 1.53　直角仮説または鈍角仮説が成り立てば，ユークリッドの平行線の公理が成り立つ．詳しく言えば，AB, CD を 2 つの直線とし，$\angle BAC + \angle ACD < 2\angle R$ を満たすとする．このとき AB, CD を延長すれば，必ず交わる.

［証明］　仮定から $\angle BAC, \angle ACD$ のどちらかは鋭角である．$\angle BAC < \angle R$ として一般性を失わない．C から直線 AB に垂線を下ろし，その足を H としよう．$\triangle ACH$ において

$$\angle A + \angle C + \angle H \geqq 2\angle R,$$
$$\angle A + \angle C \geqq \angle R$$

であり，$\angle BAC + \angle ACD < 2\angle R$ であるから，$\angle HCD \equiv \angle ACD - \angle ACH < 2\angle R - \angle BAC - \angle ACH \leqq \angle R$. すなわち，$\angle HCD < \angle R$.

D から垂線を CH に下ろし，E としよう．直線 CD 上に D に続けて $CD = DG_1$ となる点 G_1 をとり，G_1 から CH に垂線を下ろしその足を H_1 とする．定理 1.52 により

§1.7 非ユークリッド幾何学誕生前夜 —— 49

$$CE \leqq EH_1 \implies 2CE \leqq CH_1.$$

次に $CG_1 \equiv G_1G_2$ となるように，直線 CD 上に G_1 に続けて G_2 をとる．そして G_2 から CH に垂線を下ろしてその足を H_2 とする．このとき

$$2CH_1 \leqq CH_2 \implies 4CE \leqq CH_2.$$

この手続きを繰り返せば，直線 CD 上の点 G_n で，G_n から CH に下ろした垂線の足 H_n が

$$2^n CE \leqq CH_n$$

を満たすようにとれる．前提 4 により，n を十分大きくとれば，$CH < 2^n CE$ となるから，$CH < CH_n$．したがって，H は 3 角形 $\triangle CG_nH_n$ の辺 CH_n 上にある．直線 HB は辺 H_nG_n とは交わらない（直線 HH_n に関する錯角は $\angle R$）から，HB は辺 CG_n と交わらなければならない． ∎

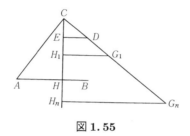

図 1.55

系 1.54 鈍角仮説は成り立たない． ∎

実際，鈍角仮説の下で平行線の公理が成り立つから，3 角形の内角の和は $2\angle R$ でなければならないから，鈍角仮説から出る結論と矛盾するのである．

系 1.55 1 つの 3 角形の内角の和が $2\angle R$ であれば，平行線の公理が成り立つ．

[証明] 鈍角仮説は否定されているから，直角仮説か鋭角仮説のどちらかが成り立つ．しかし鋭角仮説の下ではすべての 3 角形の内角の和は $2\angle R$ より小さいから，仮定の下では鋭角仮説は成り立たない．よって平行線の公理が成り立つ． ∎

サッケリの理論は，この後，鋭角仮説が成り立たないことを証明する努力に費やされるのだが，最後は情緒的な結論「鋭角仮説が正しいとすると，ど

50————第1章 古典幾何学

うみてもおかしな結果を生じるので，この仮説は否定される」ということで
終わってしまった．非ユークリッド幾何学の誕生はあと 200 年近く遅れるこ
とになる．

前提 4 は，直線の無限への延び方を規定している．あまりにも当たり前の
ように思えることもあって，ユークリッドの公理系にははっきりとは述べら
れていない．ヒルベルトは，幾何学の基礎づけの中で，これらを公理として
付け加えているのである．実際，幾何学の基礎づけにおけるこの前提の果た
す役割は大きい(第 7 章参照)．

アルキメデスの公理を言いかえれば，任意の 2 つの線分 AB, CD に対し
て，自然数 n を十分大きくとれば

$$\frac{1}{2^n} AB \leqq CD$$

とできることを意味している(ここで $\frac{1}{2^n} AB$ は AB を 2^n 等分した線分であ
る)．この類似を角の場合に考えてみよう．

定理 1.56　任意の 2 つの角 α, ε に対して，自然数 n を十分大きくとれば

$$\frac{1}{2^n} \alpha < \varepsilon$$

とできる．ここで $\frac{1}{2^n} \alpha$ は α の 2^n 等分である(2^n 等分の存在は定理 1.26 を
使えば明らか)．　　　　　　　　　　　　　　　　　　　　　　　　□

この定理の証明は，線分に対する上で述べた性質に帰着させる．このため
次の補題をまず証明する．

補題 1.57　直角 3 角形 $\triangle ABC$ ($\angle C \equiv \angle R$) において，辺 AC 上の点 P, Q
が

$$\angle ABP \equiv \angle PBQ$$

を満たしていれば $AP > PQ$ である．

[証明]　線分 AB の上の点 D を，$DB \equiv BQ$ となるようにとる．このとき
$\triangle PDB \equiv \triangle PQB$(2 辺夾角)であるから，$\angle BPQ \equiv \angle BPD$, $PQ \equiv DP$．補題
1.17 により

$$\angle DAP < \angle BPQ \equiv \angle BPD < \angle PDA .$$

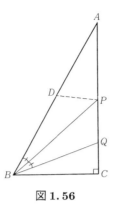

図 1.56

$\triangle ADP$ におけるこの不等式 $\angle DAP < \angle PDA$ を補題 1.19 に適用すれば，$AP > DP \equiv PQ$ を得る． ∎

[定理 1.56 の証明] $\dfrac{1}{2}\alpha \leqq \varepsilon$ なら $n=1$ として成り立つ．$\dfrac{\alpha}{2} > \varepsilon$ としよう．結論が成り立たないとすると，任意の n に対して $\dfrac{1}{2^n}\alpha > \varepsilon$ であるから，任意の自然数 k に対して $\alpha > k\varepsilon$ となる．B を頂点とする $\dfrac{1}{2}\alpha$ の角の 1 辺上の点 A から他の辺に垂線を下ろし，その足を C とする．P_1 から始めて，直線 AC 上の点列 $P_1, P_2, \cdots,$ を

$$\angle P_1 BC \equiv \varepsilon, \quad \angle P_{i+1} B P_i \equiv \varepsilon \quad (i = 1, 2, \cdots)$$

となるようにとる．すると P_i はすべて辺 AC 上にあり，しかも，上の補題

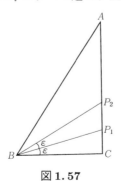

図 1.57

52——第 1 章　古典幾何学

から

$$CP_1 < P_1P_2 < P_2P_3 < \cdots$$

となっている．このとき

$$k\,CP_1 < CP_k \leqq CA$$

がすべての k について成り立つことになって，アルキメデスの公理に矛盾する．　　　　　　　　　　　　　　　　　　　　　　　　　　　　■

《まとめ》

1.1　絶対幾何学 ＝ 平行線の公理を仮定しない幾何学

[絶対幾何学における主な定理]

（ a ）　2 等辺 3 角形の両底角は等しい（定理 1.8）．

（ b ）　2 つの 3 角形において 2 辺夾角が等しければ合同（定理 1.9）．

（ c ）　2 つの 3 角形において 3 辺が等しければ合同（定理 A）．

（ d ）　2 つの 3 角形において 2 角夾辺が等しければ合同（定理 1.10）．

（ e ）　補角，対頂角，直角の合同（定理 1.12，定理 1.13，定理 1.14）．

（ f ）　垂線の存在と一意性（定理 1.15）．

（ g ）　内角と外角の大小（補題 1.17）．

（ h ）　角と辺の大小（補題 1.18，補題 1.19）．

（ i ）　3 角不等式（定理 B）．

（ j ）　線分の中点と角の 2 等分線の存在（定理 1.25，定理 1.26）．

（ k ）　錯角（同位角）が等しければ平行（補題 1.29）．

（ l ）　平行線の存在（系 1.30）．

1.2　ユークリッド幾何学 ＝ 平行線の公理を仮定する幾何学

[ユークリッド幾何学における主な定理]

（ a ）　平行ならば錯角（同位角）が等しい（補題 1.31）．

（ b ）　3 角形の内角の和は $2\angle R$（定理 C）．

（ c ）　平行 4 辺形の 2 組の対辺と相対する角は等しい．逆も成立（定理 1.35，例題 1.36）．

（ d ）　長方形が存在する（定理 1.37）．

1.3　サッケリの 4 辺形 $ABCD$ とは $\angle A \equiv \angle B \equiv \angle R$，$AD \equiv BC$ を満たす 4 辺

形のことである.

　[直角仮説]　$\angle C \equiv \angle D \equiv \angle R$

　[鋭角仮説]　$\angle C \equiv \angle D < \angle R$

　[鈍角仮説]　$\angle C \equiv \angle D > \angle R$

（a）　鈍角仮説は成立しない.

（b）　平行線の公理 $\Longleftrightarrow$ 直角仮説 $\Longleftrightarrow$ 長方形の存在.

（c）　平行線の公理 $\Longleftrightarrow$ 任意の（1つの）3角形の内角の和は $2\angle R$.

（d）　平行線の公理を満たさない平面では，任意の3角形の内角の和は $2\angle R$ より小である.

—————————— 演習問題 ——————————

1.1　2等辺3角形 $\triangle ABC$（ただし $AB \equiv AC$ とする）の頂点 A から辺 BC に下ろした垂線の足は BC の中点であることを証明せよ.

1.2　2つの直角3角形は，斜辺と他の1辺とがそれぞれ等しいとき合同であることを示せ.

1.3　$\triangle ABC$ 内の1点を P とする．このとき $PB + PC < AB + AC$ を証明せよ.

1.4　$\triangle ABC$ の辺 BC の中点を M とするとき，$AB > AC$ ならば $\angle BAM < \angle CAM$ となることを示せ.

1.5　$\triangle ABC$ において $\angle B, \angle C$ の2等分線が辺 AC, AB と交わる点をそれぞれ M, N とする．$BM \equiv CN$ であるとき，$\triangle ABC$ は2等辺3角形であることを示せ.

1.6　平行線の公理を満たす平面では，任意の3角形の3辺の垂直2等分線は1点で交わることを示せ（この点を3角形の**外心**という）．ここで，一般に線分 AB の中点を通り，AB に垂直な直線を AB の**垂直2等分線**という.

1.7　（1.6の逆）任意の3角形の3辺の垂直2等分線が1点で交わるとき，平行線の公理が成り立つことを証明せよ.

1.8　ある人が，次のような理由を挙げてユークリッドの公理は偽であると主張した．どこに間違いがあるか指摘せよ.

　2直線 l_1, l_2 が第3の直線 l と点 A, B で交わり，その一方の同傍内角の和が

$2\angle R$ より小さいとする．線分 AB の中点を E とし，同傍内角のある側の l_1, l_2 上に $AA_1 \equiv BB_1 \equiv AE$ となるように点 A_1, B_1 をそれぞれとる．線分 AA_1, BB_1 は交わらない．なぜなら交わるとすると3角不等式に反するからである(もし P がその交点であれば，$\triangle ABP$ に対して3角不等式を使えば，$AB \equiv AA_1 + BB_1 \geqq AP + BP > AB$ となって矛盾)．次に線分 A_1B_1 の中点を E_1 とし，AA_1, BB_1 の延長上に $A_1A_2 \equiv B_1B_2 \equiv A_1E_1$ となる点 A_2, B_2 をそれぞれとる．同じ理由で線分 A_1A_2 と B_1B_2 は交わらない．このプロセスはいくらでも続けられるから，l_1 と l_2 は同傍内角のある側では決して交わらない．

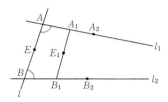

幾何学の公理系

2

神のように宇宙が自由に出来たらよかったろうに,
そしたらこんな宇宙は砕きすてたろうに.
何でも心のままになる自由な宇宙を
別に新しくつくり出したろうに.
　　　──オマル・ハイヤーム 『ルバイヤート』(小川亮作訳)

　前の章では直観的な立場から古典平面幾何学における重要な定理を復習した. 読み進むうちに, 平行線の公理が平面の平坦性を保証している感触も得たに違いない. では, 平行線の公理が他の前提からは証明できないことをいうにはどのようにすればよいのだろうか.

　本章では, この問題に答えるための準備として幾何学の公理系の完全なリストアップを行う. すなわち, これまでに使った諸前提と概念を確固たるものにする. そうすれば問題の所在も明らかになると思うからである.

　まず, 扱った幾何学的対象を明確にしておかなければならないが, そのうち基本的なものは

（1）　点, 直線, 平面
（2）　半直線, 半平面
（3）　線分, 角
（4）　3角形, 4辺形

56——第2章 幾何学の公理系

などであろう. 中でも基本的なものが(1)に属する対象である. 他の対象は, これらを使って定義されるべきものである. 我々は, (1)の対象については定義を行わない(**無定義用語**). それらの間の関係のみで規定することになる.

　幾何学的概念のうち, 基本的なものは

（a）　直線上の点の順序

（b）　直線が分ける平面の2つの部分(側)

（c）　線分と角の合同

（d）　線分と角の大小関係

などであった.

　この章で述べる公理をあらかじめリストアップしておくと, 次のようになる.

（Ⅰ）　点と直線の関係を規定する「直線公理」

（Ⅱ）　直線上の3点の間の関係を規定する「順序公理」

（Ⅲ）　直線と平面の間の性質を規定する「平面公理」

（Ⅳ）　線分や角の合同についての「合同公理」

（Ⅴ）　2直線の関係を規定する「平行線の公理」

（Ⅵ）　直線が無限遠に延びることを保証する「アルキメデスの公理」

これらの公理は, 陰に陽にこれまでの議論の中で前提として使われていたのである. これらに付け加えて, 第5章で述べることになる

（Ⅶ）　直線と数の関係を規定する「連続公理」

を合わせたものが, 幾何学の公理系とよばれるものである. 単に平面といえば, （Ⅴ）,（Ⅶ）を除いた公理系を満たすものをいう.

　我々の公理系はもともとのユークリッドの公理系とは異なり, ヒルベルトが整理し補充した公理系を若干変更したものである.

§2.1　直線公理と順序公理——直線の性質

　本節では, 直線公理(Ⅰ)と順序公理(Ⅱ)について説明する.

　次の記号を使う. 一般に2つの図形 K_1 と K_2 の共通部分を $K_1 \cap K_2$ で表

し，K_1 と K_2 を合わせた図形を $K_1 \cup K_2$ で表す．また，K_1 の任意の点が K_2 の点になっているとき，$K_1 \subset K_2$ と表す．さらに，点 A が図形 K に含まれるとき，$A \in K$ と書き，含まれないとき $A \notin K$ と書く（このような記号は，次章で学ぶ集合論から拝借している）．3つ以上の図形 $K_1, K_2, \cdots, K_n$ についても，それらの共通部分とすべてを合わせた図形を，それぞれ $K_1 \cap K_2 \cap \cdots \cap K_n$，$K_1 \cup K_2 \cup \cdots \cup K_n$ により表す．

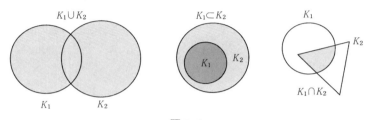

図 2.1

明らかに，
$$K_1 = K_2 \iff K_1 \subset K_2 \quad \text{かつ} \quad K_2 \subset K_1$$
である（実際，2つの図形 K_1, K_2 が一致することを示すのに，$K_1 \subset K_2$ および $K_2 \subset K_1$ を証明することが多々ある）．

問1 次を示せ．
$$K_1 \cap (K_2 \cup K_3) = (K_1 \cap K_2) \cup (K_1 \cap K_3)$$
$$K_1 \cup (K_2 \cap K_3) = (K_1 \cup K_2) \cap (K_1 \cup K_3)$$
$$K_1 \subset K_2 \implies K_1 \cap K \subset K_2 \cap K$$
$$K_1 \subset K_2 \implies K_1 \cap K_2 = K_1$$

（a） 直線公理と順序公理

（I） **直線公理** 点と直線について，次の関係が成り立つ．
（a） 与えられた2点を含む直線が存在し，その2点が異なれば，このような直線はただ1つである．
（b） 任意の直線は，3つ以上の点を含む．

（c） 1つの直線には含まれない3点が存在する． □

2点 A, B を通る直線は，(I–a)によりただ1つ定まるから，この直線を，直線 AB ということにする．(I–a)は §1.3 で述べた前提2そのものである．

補題 2.1　異なる2直線が交われば，それはただ1点を共有する．

[証明]　もし，異なる2点で交われば，その2点を通る直線が2つあることになって，(I–a)に矛盾する． ∎

次の公理は，直線上の点の順序，線分や半直線の概念に関連する．

（II）　**順序公理**　次の性質を満たす関係「**1つの点が他の2点の間にある**」が与えられている．A, B, C を異なる3点とし，B が A と C の間にあることを $A|B|C$ と書くとき，

（a）　$A|B|C$ であれば，3点 A, B, C は同一直線上にある．そして，$A|B|C$ であれば $C|B|A$ である．

（b）　異なる2点 A, C が与えられたとき，$A|B|C$ となる点 B が存在する（間にある点の存在）．

（c）　異なる2点 A, B が与えられたとき，$A|B|C$ となる点 C が存在する（間にない点の存在）．

（d）　直線上の異なる3点 A, B, C について
$$A|B|C, \quad B|C|A, \quad C|A|B$$
のうち1つ，そしてただ1つだけが成り立つ．

（e）　4点 A, B, C, D について

（1）　$A|B|C, B|C|D$ ならば $A|B|D, A|C|D$ が成り立つ．

（2）　$A|B|C, A|C|D$ ならば $B|C|D, A|B|D$ が成り立つ． □

（注意．$A|B|C$ と書いたときには，A, B, C は互いに異なるものと決めておく）．

図 2.2

§2.1 直線公理と順序公理——59

補題2.2 5点 A, B, C, D, P について
$$A|C|B, \quad A|D|B, \quad C|P|D \implies A|P|B.$$

[証明] ① $C|A|D$ は成り立たない. なぜなら, $C|A|D$ が成り立つなら
$$A|C|B(仮定) \implies B|C|A \quad (\text{II–a})$$
$$B|C|A, \quad C|A|D \implies B|A|D \quad (\text{II–e–1})$$
となり, $B|A|D$ と $A|D|B$(仮定)が同時に成り立つことになって矛盾(II–d).

①により, $A|D|C$ または $D|C|A$ のいずれかが成り立つ(II–d)ので, 場合に分けて考える.

② $A|D|C$ の場合
$$A|D|C \implies C|D|A \quad (\text{II–a})$$
$$C|P|D(仮定), \quad C|D|A \implies C|P|A \quad (\text{II–e–2})$$
$$C|P|A \implies A|P|C \quad (\text{II–a})$$
$$A|P|C, \quad A|C|B(仮定) \implies A|P|B \quad (\text{II–e–2})$$

③ $D|C|A$ の場合
$$C|P|D(仮定) \implies D|P|C \quad (\text{II–a})$$
$$D|P|C, \quad D|C|A \implies D|P|A \quad (\text{II–e–2})$$
$$D|P|A \implies A|P|D \quad (\text{II–a})$$
$$A|P|D, \quad A|D|B(仮定) \implies A|P|B \quad (\text{II–e–2})$$

∎

問2 異なる5点 A, B, C, P, Q について
$$A|P|C, \quad C|Q|B, \quad A|C|B$$
が成り立つとき, $P|C|Q, A|P|B, A|Q|B$ が成り立つことを示せ. (ヒント. 図を書いて感触を確かめてから証明に移る.)

補題2.3 同一直線上の4点 A, B, C, D について
$$A|B|C, \quad A|B|D, \quad C|B|D$$
が同時に成り立つことはない.

［証明］ 成り立つと仮定する．A, C に関する D の位置を考えて，(II–d) により次の 3 つの場合に分ける．

① $A|D|C$
② $C|A|D$
③ $A|C|D$

①のときは，$A|D|C$ と $A|B|D$ から，(II–e–2) を使って $B|D|C$ となり，$C|B|D$ に反する．②のときは，$C|A|D$ と $A|B|D$ から，(II–e–2) を使って $C|A|B$ となり，$A|B|C$ に反する．③のときは，$A|C|D$ と $C|B|D$ から，(II–e–2) を使って $A|C|B$ となり，$A|B|C$ に反する． ■

(b) 線分と半直線

「間にある」という関係を使って，線分と半直線を定義しよう．

定義 2.4 異なる 2 点 A, B に対して，$A|C|B$ を満たす点 C の全体と，A, B を合わせたものを A, B を結ぶ**線分**(segment) といい，AB で表す．AB から，A, B を除いたものを線分 AB の**内部**(interior) といい，A, B を線分 AB の**端点**(end point) という．A, B を通る直線上の点で，AB に含まれないものは，AB の**外部**(exterior) にあるという． □

図 2.3

線分 AB が A, B を通る直線上にあること，および $AB = BA$ であることは (II–a) からただちに分かる．

例題 2.5 任意の線分は無限個の点を含むことを示せ．

［解］ (II–b) による．実際，AB を線分とするとき，AB の内部に点 P_1 が存在する．線分 AP_1 の内部から点 P_2 をとる．次に線分 AP_2 の内部から点 P_3 をとる．P_{n-1} までとったとき，P_n は AP_{n-1} の内部の点とする．これを続けて AB に含まれる点列 $P_1, P_2, \cdots, P_n, \cdots$ が AB からとれることになる．これらの点が互いに異なることを示そう．任意の n について，

§2.1 直線公理と順序公理 —— 61

$$A|P_n|P_i, \quad i=1,2,\cdots,n-1$$

を示せばよい．i についての帰納法で示す（ただし，$i=n-1$ から始めて，小さい方へ向かう帰納法である）．定義から $A|P_n|P_{n-1}$ であるから $i=n-1$ のとき正しい．$A|P_n|P_i$ が正しいと仮定する．

$$A|P_n|P_i, \quad A|P_i|P_{i-1} \implies A|P_n|P_{i-1} \quad \text{(II--e--2)}.$$

よって $i-1$ のときも正しい．∎

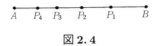

図 2.4

定理 2.6 C,D を線分 AB に属する点とするとき，線分 CD は線分 AB に含まれる．

[証明] 補題 2.2 から明らか． ∎

定義 2.7 直線 l 上の 3 点 O, A, B について，

(ⅰ) $O|A|B$, $O|B|A$ のいずれかが成り立つとき，O に関して，A, B は**同じ側**にあるといい，

(ⅱ) $A|O|B$ であるとき，O に関して A, B は**異なる側**にあるという． □

(II--c) により，直線 l 上の異なる 2 点 O, A に対して，O に関して A と異なる側に点が少なくとも 1 つは存在する．

定理 2.8 任意の直線 l とその上の点 O について，l から O を除いた集合は次の性質を持つ 2 つの部分 l_1, l_2 に分けられる．l 上の 2 点 A, B が l_1 または l_2 のいずれか一方に含まれていれば（すなわち，$A \in l_1, B \in l_1$ または，$A \in l_2, B \in l_2$ であるとき），A, B は O に関して同じ側にあり，そうでないとき（$A \in l_1, B \in l_2$ または $A \in l_2, B \in l_1$）は，A, B は O に関して異なる側にある．（「同じ側」「異なる側」の定義と線分の定義から，前者の場合，O は線分 AB に含まれず（$O \notin AB$），後者の場合，O は線分 AB に含まれる（$O \in AB$））．

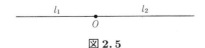

図 2.5

62──────第2章　幾何学の公理系

[証明]　直線 l 上の O と異なる 2 点について，次のような関係 $\equiv$ を定義する．

$$A \equiv B \iff A, B \text{ は } O \text{ に関して同じ側にある．}$$

明らかに

$$A \equiv A,$$
$$A \equiv B \implies B \equiv A$$

である．

$$A \equiv B, \quad B \equiv C \implies A \equiv C \tag{2.1}$$

を示そう．$C = A$ または $C = B$ のときは明らかであるから，$C \neq A$, $C \neq B$ とする．仮定から

$$O|A|B \quad \text{または} \quad O|B|A \quad (\Longleftarrow A \equiv B),$$
$$O|B|C \quad \text{または} \quad O|C|B \quad (\Longleftarrow B \equiv C)$$

である．$O|A|B$, $O|B|C$ であるときは，(II–e–2)によって，$O|A|C$ が成り立つ．$O|A|B$, $O|C|B$ であるとき，もし，$C|O|A$ と仮定すると(すなわち，$A \equiv C$ でないとすると)，(II–e–1)によって $C|O|B$ となり，仮定 $B \equiv C$ に反する．よって $A \equiv C$ である．他の場合も同様である．

直線 l 上に，O と異なる点 A_1 をとり，A_2 を O に関して A_1 と異なる側にある点とする．l_1 を $A \equiv A_1$ となる点 A の全体とし，l_2 を $B \equiv A_2$ となる点 B の全体とする．

l_1 と l_2 は共通部分をもたない．実際，$C \in l_1 \cap l_2$ とすると，$C \equiv A_1$, $C \equiv A_2$ となり，(2.1)により $A_1 \equiv A_2$ となって矛盾．

C を O と異なる l 上の任意の点とすると，C は l_1 か l_2 のどちらかに含まれる(言い換えれば，$C \equiv A_1$ または $C \equiv A_2$ となる)ことを示そう．これは，$C = A_1$ または $C = A_2$ の場合は自明．$C \neq A_1$, $C \neq A_2$ とする．$C \equiv A_1$ でないとき，$C \equiv A_2$ であることを言えば十分である．A_1, A_2 についての仮定から $A_1|O|A_2$. さらに $C \equiv A_1$ ではないから，$A_1|O|C$. 一方，補題 2.3 により，

$$A_1|O|A_2, \quad A_1|O|C, \quad A_2|O|C$$

が同時に成り立つことはないから，$A_2|O|C$ ではない．よって，A_2, C は O に関して同じ側にあり，$C \equiv A_2$ となる．

§2.1 直線公理と順序公理——— 63

こうして構成した l_1, l_2 が，定理に述べた性質を満足することを見よう．$A, B \in l_1$ であるとき，$A \equiv A_1$，$B \equiv A_1$ であるから，$A \equiv B$ となり，A, B は O に関して同じ側にある．$A, B \in l_2$ の場合も同様．$A \in l_1$，$B \in l_2$ であるとき，もし A, B が同じ側にあれば，$A \equiv B$，$A \equiv A_1$，$B \equiv A_2$ であり，(2.1) によって $A_1 \equiv A_2$ が結論されるから矛盾．$A \in l_2$，$B \in l_1$ のときも同様．こうして A, B は O に関して異なる側にある． ∎

注意 2.9 証明で述べたことをまとめると，関係 $\equiv$ は

$$A \equiv A$$
$$A \equiv B \implies B \equiv A$$
$$A \equiv B, \quad B \equiv C \implies A \equiv C$$

の 3 つの性質をもつ．一般に，この性質を満足する，2 つのものの間の関係を，**同値関係**（equivalence relation）という．この後の議論でも，同値関係にはたびたび出会うことになる（詳しくは，次章で述べられる集合論を参照）．

定理 2.8 で述べたように，直線はその上の点 O で 2 つの部分に分けられるが，その 1 つの側と O を合わせたものを，O を始点とする**半直線**（half-line, ray）という．半直線 OA というときには，直線 OA において O に関して A を含む側の半直線を意味する．これを O を始点とし A を含む半直線といい，半直線 OA と言い表す．

直線 AB 上で点 B に関して点 A と異なる側の半直線を線分 AB の**延長**という（ここでは，線分 AB と書くとき，A と B の順序も考えている．したがって，点 A の両側のうち点 B と異なる側は線分 BA の延長ということになる）．

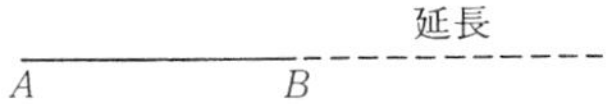

図 2.6

問 3 半直線 l に含まれる 2 点 A, B に対して，線分 AB は l に含まれることを示せ．（ヒント．l の始点を O とするとき，$O|A|B$ または $O|B|A$ である（$A = O$ または $B = O$ のときは自明）．$A|C|B$ として，(II-e-1) を使う．）

─ 図の功罪 ─

　読者は次のような疑問を持つかもしれない．今まで述べた補題や定理は，図から明らかであると．まさにその通りである．しかし，図に頼った証明では，気づかないところで公理以外の前提を使っている可能性を否定できない．すなわち，図には先入観も一緒に入り込むからである．実際，§1.5でも述べたように，平行線の公理の「証明」では，この先入観が間違った論証に導いたのであった．

　しかし，図の効用は決して否定はできない．なぜなら，定理や補題に証明を与えようとするとき，その論証の過程を見通しよく発見するには，図の助けが必要となる（補助線はその代表例である）．もし，それが首尾よく見つけられたら，後は安心して図から離れ，厳密な（論理のみによる）論証を行えばよいのである．同じようなことが，新しい定理の発見の際にも行われる．

　図のもっと積極的な意味を言うと，もともと我々の公理は，現実に目の前にある対象（あるいは現象）の性質を取り出したものなのであるから，幾何学を学ぶときには図から完全に離れてしまう必要はないのである．図と論証は一体にして不可分のものと考えるのが自然であろう．

　図による論証（直観）と，論理のみによる論証は，現代幾何学（微分幾何学，トポロジーなど）の研究においてもまったく同様な役割を果たす．さらに，幾何学以外の分野でも，図（概念を具象化したもの）を通して感触を得ることはよく行われる．

　ただ，以下の議論でも，「図により明らか」とは言わないで，できるだけ論証の側面を表に出すことにする．

（c）　直線の向きと点の順序

　直観的には，直線上の点たちは「順序よく」並んでいると考えられる．これを，数学的に言い表すにはどうしたらよいだろうか．これに答えるために，はじめに直線の向きについて考えよう．

　まず，直線上の 2 つの半直線の配置について調べる．直線 l 上の 2 点 O_1, O_2

をそれぞれ始点とし, l に含まれる 2 つの半直線 l_1, l_2 について, 次のいずれかが成り立つ.

(a) $O_1 \in l_2$, $O_2 \in l_1$.
(b) $O_1 \in l_2$, $O_2 \notin l_1$.
(c) $O_1 \notin l_2$, $O_2 \in l_1$.
(d) $O_1 \notin l_2$, $O_2 \notin l_1$.

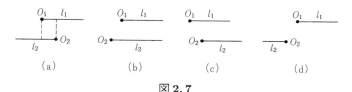

図 2.7

補題 2.10 上の場合分けに応じて, 次のことが成り立つ.

(i) (a) $\Longrightarrow$ $l_1 \cap l_2$ は線分 $O_1 O_2$ と一致する.
(ii) (b) $\Longrightarrow$ $l_1 \subset l_2$.
(iii) (c) $\Longrightarrow$ $l_2 \subset l_1$.
(iv) (d) $\Longrightarrow$ l_1 と l_2 は共通部分をもたない.

[証明] (i) A を $l_1 \cap l_2$ に含まれる点とする. $A = O_1$ または $A = O_2$ のときは, A は線分 $O_1 O_2$ に含まれる. $A \neq O_1, O_2$ とする. 仮定($A \in l_1 \cap l_2$)から, A, O_1 は O_2 に関して同じ側にあり, A, O_2 は O_1 に関して同じ側にある. (II–d) から,

$$O_1 | A | O_2, \quad A | O_2 | O_1, \quad O_2 | O_1 | A$$

のいずれかが成り立つが, 2 番目と 3 番目は今述べたことから除外される. よって, $O_1 | A | O_2$ となり, A は線分 $O_1 O_2$ に含まれる.

A を線分 $O_1 O_2$ の点としよう. $A = O_1$ または $A = O_2$ の場合は, 明らかに $A \in l_1 \cap l_2$. A が線分 $O_1 O_2$ の内点のときは, $O_1 | A | O_2$ だから, O_1, A は O_2 に関して同じ側にある. 一方 $O_1 \in l_2$ だから, $A \in l_2$.

同様にして, O_2, A は O_1 に関して同じ側にあり, $O_2 \in l_1$ だから, $A \in l_1$. よって $A \in l_1 \cap l_2$.

(ii) A を l_1 に含まれる点とする. $A = O_1$ のときは, A は l_2 に含まれる.

66──第2章 幾何学の公理系

$A \neq O_1$ として，もし A が l_2 に含まれていないとすると，O_1, A は，O_2 に関して異なる側にある．よって $O_1|O_2|A$ であり，O_2 は線分 O_1A に含まれる．一方，線分 O_1A は半直線 l_1 に含まれるから，O_2 は l_1 に含まれることになり，矛盾．よって，$A \in l_2$ である．

（iii）証明は(ii)の場合とまったく同様である（l_1 と l_2 をとりかえて考えればよい）．

（iv）$l_1 \cap l_2$ が，ある点 A を含んでいるとする．A は O_1 にも O_2 にも等しくはないことは明らか．$A \in l_1$，$O_2 \notin l_1$ だから，$A|O_1|O_2$．さらに，$A \in l_2$，$O_1 \notin l_2$ だから，$A|O_2|O_1$ となる．$A|O_1|O_2$ と $A|O_2|O_1$ が同時に成り立つことはないから(II–d)，これは矛盾である． ∎

系 2.11 直線 l の異なる 2 点 A, B が与えられ，l_1 を A を始点とし B を含む半直線，l_2 を B を始点とし A を含む半直線とする．このとき $l_1 \cap l_2$ は線分 AB に一致する． ∎

定義 2.12

（ⅰ）直線 l に含まれる半直線を 1 つ選ぶことを，l の**向き**（orientation）を定めるという．

（ⅱ）直線 l に含まれる 2 つの半直線 l_1, l_2 について

$$l_1 \subset l_2, \quad l_2 \subset l_1$$

のどちらかが成り立つとき，l_1, l_2 は直線 l に同じ**向き**を定めるといい，$l_1 \approx l_2$ により表す．この他の場合（$l_1 \cap l_2$ が共通部分をもたないか，線分になる場合）には，l_1, l_2 は**異なる向き**を定めるという． ∎

定理 2.13 直線 l に含まれる半直線 l_1, l_2, l_3 について，次のことが成り立つ．

（ⅰ）$l_1 \approx l_1$．

（ⅱ）$l_1 \approx l_2 \implies l_2 \approx l_1$．

（ⅲ）$l_1 \approx l_2, \quad l_2 \approx l_3 \implies l_1 \approx l_3$．

すなわち，関係 $\approx$ は**同値関係**である．

［証明］ (i),(ii)は定義から明らかだから(iii)を示す．次の 4 つの場合が考えられる．

§2.1 直線公理と順序公理—— 67

（a） $l_1 \subset l_2$, $l_2 \subset l_3$.

（b） $l_2 \subset l_1$, $l_2 \subset l_3$.

（c） $l_1 \subset l_2$, $l_3 \subset l_2$.

（d） $l_2 \subset l_1$, $l_3 \subset l_2$.

（a）の場合は $l_1 \subset l_3$,（d）の場合は $l_3 \subset l_1$ となって，主張が成り立つ.

（b）の場合を示そう．O_1, O_2, O_3 をそれぞれ l_1, l_2, l_3 の始点とする．$O_1 = O_2$（または $O_2 = O_3$）のときは，$l_2 = l_1$（または $l_2 = l_3$）となるから，主張が成り立つ．O_1, O_2, O_3 が異なるときを考える．

$$O_2 \in l_1, \quad O_1 \notin l_2$$
$$O_2 \in l_3, \quad O_3 \notin l_2$$

であるから，$O_1|O_2|O_3$ とはならない（実際，$O_1 \notin l_2$, $O_3 \notin l_2$ により，O_1, O_3 は O_2 に関して同じ側にある）.（II–d）により，$O_2|O_3|O_1$ または $O_3|O_1|O_2$ のいずれかが成り立つ．

$O_2|O_3|O_1$ としよう．$l_3 \subset l_1$ となることを示す．まず，O_1 は O_3 に関して $O_2 (\in l_3)$ と異なる側にあるから，$O_1 \notin l_3$ である．A を l_3 に属する任意の点とする．今述べたことから，A と O_1 は O_3 に関して異なる側にある．よって $A|O_3|O_1$．ここで，$O_2|O_1|A$ を仮定すると

$$O_2|O_3|O_1, \quad O_2|O_1|A \implies O_3|O_1|A \qquad \text{(II–e–2)}$$

となるから，$A|O_3|O_1$ であることと矛盾．したがって $O_2|O_1|A$ ではないが，これは，A と O_2 が O_1 に関して同じ側にあることを意味している．$O_2 \in l_1$ であるから，結局 $A \in l_1$ となる．

$O_3|O_1|O_2$ のときは，l_1 と l_3 をとりかえて考えれば，今の証明から $l_1 \subset l_3$ が結論される．

（c）の場合についても，まったく同じ方法で証明できる（証明の詳細は，読者に委ねる）. ∎

定理 2.14 同じ向きを定める半直線を同一視したとき，直線の向きはちょうど 2 つある．

［証明］ 直線 l 上に点 O をとり，O を始点とし，O に関して異なる側にある半直線を l_1, l_2 とする．l_3 を l に含まれる任意の半直線とすると，$l_3 \approx l_1$ ま

68——第2章 幾何学の公理系

たは $l_3 \approx l_2$ となることを示せばよい．O_3 を l_3 の始点とする．$O_3 = O$ のとき
は，$l_3 = l_1$ または $l_3 = l_2$ である．$O_3 \neq O$ としよう．

（a）$O_3 \in l_1$ の場合．$O_3 \notin l_2$ であるから，$O \in l_3$ のときは，$l_2 \subset l_3$（補題 2.10
(b)）．$O \notin l_3$ のときは，$O_3 \in l_1$ と合わせて，$l_3 \subset l_1$ が結論される．いずれに
しても $l_3 \approx l_2$ か $l_3 \approx l_1$ となる．

（b）$O_3 \in l_2$ の場合．同様な議論で，$l_3 \approx l_2$ または $l_3 \approx l_1$ を示すことができ
る． ∎

　向きの与えられた直線 l において，その上の点 A を始点とする半直線 l_A
で，その向きが与えられた向きに一致するものを，**向きに適合する**半直線と
いう．

　直線 l に向きが定められたとき，l の2点 A, B に次のように関係 $<$ を入
れることができる．

$$A < B \iff \text{半直線 } AB \text{ が与えられた向きと同じ向きを定める．}$$

これは，与えられた向きに適合する，A を始点とする半直線 l_A と，B を
始点とする半直線 l_B に対して

$$l_B \subset l_A$$

が成り立つことと同値である．

　関係 $<$ は，向きを定める半直線の選び方にはよらない．

　定理 2.15　向きの定められた直線 l 上の点について，次のことが成り立
つ．

（ i ）　A, B を異なる2点とするとき，$A < B$，$B < A$ のいずれか一方が成
　　　り立ち，同時に $A < B$，$B < A$ が成り立つことはない．

（ ii ）　$A < B$，$B < C$ であるとき，$A < C$．

［証明］　(i)は直線の向きがちょうど2つあることによる．

(ii) $l_B \subset l_A$，$l_C \subset l_B \implies l_C \subset l_A$． ∎

　注意 2.16　$A = B$ または $A < B$ となることを，$A \leqq B$ により表すと，関係 $\leqq$
は次の性質を満たすことがわかる．

$$A \leqq A,$$
$$A \leqq B, \quad B \leqq A \implies A = B,$$

$$A \leqq B, \quad B \leqq C \implies A \leqq C.$$

一般に，この性質を満たす関係を**順序関係**(order relation)という．数の大小関係が，順序関係の代表的なものである．順序関係も，同値関係と並んで重要な概念である(第3章の集合論参照)．

§2.2 平面公理

(a) 半平面

これまで述べたことは，1つの直線に関する性質であった．いよいよ，平面の特徴に関わる公理を与えよう．

直線 l が与えられたとき，平面から l を除いた部分に属する 2 点 A, B に対して，A, B が l に関して**同じ側に属する**ということを，$A = B$ であるか，または線分 AB が l と交わらないこととして定義する．そして，この関係を $A \approx B$ で表す．明らかに

$$A \approx A,$$
$$A \approx B \quad \text{ならば} \quad B \approx A$$

である．線分 AB が l と交わるときは，l に関して A, B は**異なる側**にあるという．

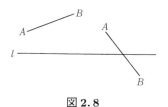

図 2.8

(III) 平面公理

(a) 直線 l に関して A, B が同じ側にあり，B, C が同じ側にあれば，A, C も同じ側にある．言い換えれば，$A \approx B$, $B \approx C$ ならば $A \approx C$(よって，関係 $\approx$ は同値関係である)．

(b) l に関して，A, B が異なる側にあり，A, C も異なる側にあれば，

B, C は同じ側にある. □

この公理は，次のようにも，言い換えられる.

直線 l が 3 点 A, B, C のいずれも通らないときは，l は 3 つの線分 AB, BC, CA のいずれとも交わらないか，または，そのうちの 2 つと交わって他の 1 つとは交わらない.

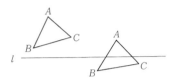

図 2.9

この公理によって，平面から l を除いた集合は，次の性質を持つ 2 つの部分 U, V に分けられる．2 点 A, B が U または V のいずれか一方に含まれていれば，線分 AB は l と交わらず，そうでないときは，AB は必ず l と交わる（証明は，直線の場合と同様である）．

定理 2.17 2 点 A, B が直線 l に関して同じ側にあれば，線分 AB 上の任意の点 C も，A, B と同じ側にある．

[証明] $C = A$ または $C = B$ のときは明らかである．$C \neq A$, $C \neq B$ として，もし C が A, B と異なる側にあるとすると，線分 AC, BC は l と交わるから，それら交点を P, Q とする．$P \neq Q$ であり直線 PQ は l と一致．一方 P, Q は直線 AB 上にあるから l は直線 AB に一致しなければならない（公理 I-a）．こうして，A, B は l に含まれることになって矛盾である．■

平面がその上の直線 l で分けられる一方の側と l を合わせたものを，l を**境界**(boundary)とする**半平面**(half-plane)という．α が半平面であるとき，その境界を $\partial \alpha$ で表すことにする．境界 $\partial \alpha$ に関して α と異なる側にある半平面を $\bar{\alpha}$ と書く．α と $\bar{\alpha}$ の共通部分は境界 $\partial \alpha$ である．半平面からその境界を除いた部分を，半平面の**内部**という．また $\bar{\alpha}$ の内部のことを α の**外部**という．

補題 2.18 半平面 α の境界 $\partial \alpha$ と直線 l が点 O のみで交われば，共通部分 $\alpha \cap l$ は，O を始点とする半直線である．

図 2.10

[証明] まず，$\alpha \cap l$ が，O 以外の点を含むことを見よう．もし，そのような点が存在しなければ，l 上の 2 点 A, B で $A|O|B$ を満たし，しかも A, B が α の外部にあるようなものが存在する．すると線分 AB 上の点 O も外部にあることになるから，これは矛盾である．

O と異なる $\alpha \cap l$ の点を P としよう．明らかに，P は α の内部にある（P が $\partial \alpha$ 上にあれば，2 直線 $\partial \alpha, l$ は O, P を通り，$\partial \alpha = l$ となる）．$\alpha \cap l$ が，O を始点とし P を含む半直線 OP と一致することを見る．まず，$A \in \alpha \cap l$ とする．$A = O, P$ のときは，A は半直線 OP の点である．$A \neq O, P$ としよう．$A|O|P$ とすると線分 AP は $\partial \alpha$ と O で交わるから，A, P は $\partial \alpha$ に関して異なる側にある．よって，A は α に属さないことになって矛盾．こうして，$O|P|A$ または $O|A|P$ となって，A は半直線 OP に属する．

逆に，A が半直線 OP 上にあるとしよう．再び，$A \neq O, P$ のときを考えればよい．もし A が α に属さないとすると，線分 AP は $\partial \alpha$ と交わるが，この交点は O である（2 直線が交われば，交点はただ 1 つである）．よって，$A|O|P$ となり，A は O に関して P と異なる側にあることになるから，A が半直線 OP 上の点であることに矛盾する．こうして $A \in \alpha \cap l$ が証明された．∎

系 2.19 α を半平面，O をその境界上の点，A を α の内部の点とする．このとき，O を始点とし，A を通る半直線は，α に含まれる． □

系 2.20 2 つの異なる半平面 α, β の境界が点 O で交わるとする．共通部分 $\alpha \cap \beta$ に属する点を P すると，P を通り O を始点とする半直線は $\alpha \cap \beta$ に含まれる． □

(b) 角

定義 2.21 2つの異なる半平面 α, β の境界が点 O で交わるとき，図形 $\alpha \cap \beta$ を，O を**頂点**とする**角**(angle)という．$\alpha \cap \beta$ を $\angle(\alpha, \beta)$ により表す．また，半直線 $\partial\alpha \cap \beta, \partial\beta \cap \alpha$ を，角 $\angle(\alpha, \beta)$ の**辺**といい，それぞれ $l_\alpha(\alpha, \beta), l_\beta(\alpha, \beta)$（または，簡単に l_α, l_β）により表す．角 $\angle(\alpha, \beta)$ からその辺を除いた部分を，その角の**内部**という．これは，α の内部と β の内部の共通部分である． □

定義から，$\angle(\alpha, \beta) = \angle(\beta, \alpha)$ である．また，辺 l_α, l_β から始点 O を除いたものは，それぞれ β, α の内部にある．

$\angle(\alpha, \beta)$ と $\angle(\overline{\alpha}, \overline{\beta})$ を互いに他の**対頂角**であるという．$\angle(\alpha, \overline{\beta}), \angle(\overline{\alpha}, \beta)$ をそれぞれ $\angle(\alpha, \beta)$ の直線 $\partial\alpha, \partial\beta$ に関する**補角**という．

$\alpha = \beta$ の場合にも，$\angle(\alpha, \alpha)$ を半平面 α そのものとして定義し，これを**平角**ということにする．このときは，O によって分けられる 2 つの半直線が辺である．

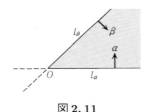

図 2.11

注意 2.22 前にも注意したように，角というとき，それは角度という数値ではなく，上で述べたような図形なのである．

角 $\angle(\alpha, \beta)$ の内部に点が存在することを示そう．辺 l_α 上の点 A と l_β 上の点 B で，頂点 O と異なるものをとる．線分 AB の内部の点を P とすると，B は α の内部にあるから A を始点とする半直線 AB は β 内にあり，よって P も α の内部にある．同様に，B を始点とする半直線 BA を考えれば，P は β の内部にあることもわかる．

定理 2.23 O を頂点とする角 $\angle(\alpha, \beta)$ が平角でないとする．辺 l_α 上の点

§2.2 平面公理 —— 73

A と l_β 上の点 B について，次のことが成り立つ．ただし，A, B は O とは異なるものとする．

（ⅰ） O を始点とする半直線 l が線分 AB の内部と交われば，l は O を除いて $\angle(\alpha, \beta)$ の内部にある．

（ⅱ） 逆に，点 C が $\angle(\alpha, \beta)$ の内部にあれば，O を始点とし，C を通る半直線 l は線分 AB と交わる．言い換えれば，辺 l_α と l_β は，直線 OC に関して異なる側にある．

[証明] （ⅰ）半直線 l と線分 AB の交点を D とする．上で見たように D は $\angle(\alpha, \beta)$ の内部にある．すなわち，D は α の内部にあり，かつ β の内部にもある．よって，半直線 $l = OD$ は，O を除いて α と β の内部にある．

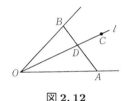

図 2.12

（ⅱ）直線 $OA (= \partial\alpha)$ 上に O に関して A と異なる側に点 D をとる．$\angle(\alpha, \beta)$ の内部の点 C は，直線 OA に関して B と同じ側にあるから，直線 OA 上にはない．同様に直線 OB 上にもない．したがって，直線 OC は 3 点 A, B, D のどれも通らない．一方，直線 OC は線分 DA と点 O で交わる．よって，平面公理 Ⅲ により，直線 OC は線分 AB または線分 BD と交わることになる．

E をその交点としよう．

（a）E が直線 OC と線分 AB の交点の場合．E は直線 OA に関して B と同じ側にある（系 2.19）．C と B は直線 OA に関して同じ側にあるから，C と E も直線 OA に関して同じ側にある．したがって，E は点 O を始点とし C を通る半直線 OC 上にある（系 2.19）．こうして，半直線 OC は線分 AB と E で交わることになる．

（b）E が直線 OC と線分 BD の交点の場合．（ⅰ）により，C は $\angle(\alpha, \overline{\beta})$ の内

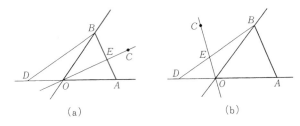

図 2.13

部にある．したがって，直線 OB に関して，C と D は同じ側，言い換えれば C は A と異なる側にある．これは C が $\angle(\alpha,\beta)$ の内部にあることと矛盾する．

こうして，(a)の場合だけが起こるから，定理は証明された． ∎

注意 2.24 上の定理の(b)の証明は，結構難しい（図にとらわれてしまう）．一般に，直線が他の図形と交わることをいうのは容易ではないのである．

補題 2.25 点 O を頂点とする角 $\angle(\alpha,\beta)$ の辺 l_α と l_β が，O を通る直線 l に関して同じ側にあれば，$\angle(\alpha,\beta)$ の内部の各点も，それらと同じ側にある．

［証明］ A, B をそれぞれ l_α, l_β に属する O と異なる点とする．C を $\angle(\alpha,\beta)$ の内部の点とすると，上の補題 2.23 の(ii)により，半直線 OC は線分 AB と交わる．その交点を E とすると，l に関して E は A, B と同じ側にある（定理 2.17）．よって C も l に関して A, B と同じ側にある． ∎

O を始点とする半直線 l, m が与えられ，しかも同一直線上にはないものとする．l を延長した直線を境界とし，m を含む側を α とする．また，m を延長した直線を境界とし，l を含む側を β とする．このとき，$l_\alpha = l$, $l_\beta = m$

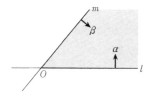

図 2.14

§2.2 平面公理 —— 75

となる. この角 $\angle(\alpha,\beta)$ を, 半直線 l,m により定まる角という. l が半直線 OA, m が半直線 OB であるとき,
$$\angle(\alpha,\beta) = \angle AOB$$
とおくことにする. これは通常使われる記号である.

次は, 角の配置に関する定理である.

定理 2.26 相異なる境界をもつ半平面 α,β,γ が, 次の性質を満たしているとする.
 (a) 境界はすべて点 O を通る.
 (b) $\angle(\alpha,\beta) \subset \gamma$.
このとき,
 (i) $\angle(\overline{\alpha},\overline{\beta}) \subset \overline{\gamma}$
 (ii) $\angle(\overline{\beta},\gamma) \subset \alpha$
が成り立つ.

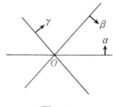

図 2.15

[証明] (i) A を $\overline{\alpha} \cap \overline{\beta}$ に属する点で O とは異なるものとする. A,O を通る直線を考え, O に関して A と異なる側にある点を A' とする. このとき, A' は $\alpha \cap \beta$ に属する. 仮定(b)により A' は γ に属するから, 公理 III により A は $\overline{\gamma}$ に属する.

(ii) ある点 A が $\overline{\beta} \cap \gamma$ に属し, α に属さないと仮定しよう. このとき A は $\overline{\alpha} \cap \overline{\beta}$ に属するから, (i) により $\overline{\gamma}$ の元である. よって A は γ と $\overline{\gamma}$ の共通部分, すなわち γ の境界線 $\partial\gamma$ に属することになる. A' を, 直線 $\partial\gamma$ 上の点で O に関して A と異なる側にある点とする. A' は $\angle(\alpha,\beta)$ の内部に属するから, 定理 2.23(ii) により, 辺 l_α と l_β は, 直線 $\partial\gamma$ に関して異なる側にある. これ

は，l_α, l_β が γ に含まれること($\partial\gamma$ に関して同じ側にあること)に矛盾する. ∎

定理 2.27 半平面 α, β, γ の境界が相異なり，しかも 1 点を共有するとき，次のいずれか 1 つが成り立つ.

(ⅰ) $\angle(\alpha, \beta) \subset \gamma$.

(ⅱ) $\angle(\overline{\alpha}, \beta) \subset \gamma$.

(ⅲ) $\angle(\alpha, \overline{\beta}) \subset \gamma$.

(ⅳ) $\angle(\alpha, \beta) \subset \overline{\gamma}$.

[証明] $\angle(\alpha, \beta)$ の辺 l_α, l_β について，(ⅰ)–(ⅳ)は次のような場合分けができる.

(a) $l_\alpha \subset \gamma, \quad l_\beta \subset \gamma$

(b) $l_\alpha \subset \gamma, \quad l_\beta \subset \overline{\gamma}$

(c) $l_\alpha \subset \overline{\gamma}, \quad l_\beta \subset \gamma$

(d) $l_\alpha \subset \overline{\gamma}, \quad l_\beta \subset \overline{\gamma}$

これらのそれぞれに応じて，定理に述べた場合が対応する．(ⅰ)はすでに扱ってある．(ⅱ)の場合は．

$$l_\beta(\overline{\alpha}, \beta) \subset \gamma, \quad l_{\overline{\alpha}}(\overline{\alpha}, \beta) = l_\alpha(\alpha, \beta) = l_\alpha$$

に注意すれば(ⅰ)に帰着．その他の場合も同様である． ∎

角 $\angle(\alpha, \beta)$ に属さない部分と $\partial\alpha, \partial\beta$ を合わせたものを**優角**といい，$\angle(\alpha, \beta)_c$ と書くことにする．優角の辺も l_α, l_β として定義する．優角に対し，もとの角を**劣角**ということがある．劣角の場合と同様に，辺を除いた部分を，優角の内部という．

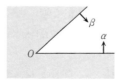

図 2.16

角といえば，通常は劣角をさす.

補題 2.28
$$\angle(\alpha, \beta)_c = \overline{\alpha} \cup \overline{\beta}.$$

[証明]　$\angle(\alpha,\beta)_c$ の内部の点 A は，$\alpha\cap\beta$ には属さない．これは，A が α に属さないかまたは β に属さないかのいずれかを意味するから，$A\in\overline{\alpha}\cup\overline{\beta}$ となる．明らかに，$\angle(\alpha,\beta)_c$ の境界の点は $\overline{\alpha}\cup\overline{\beta}$ に属するから，
$$\angle(\alpha,\beta)_c \subset \overline{\alpha}\cup\overline{\beta}$$
である．逆に，A を $\overline{\alpha}\cup\overline{\beta}$ に属する点とすると，$A\in\overline{\alpha}$ または $A\in\overline{\beta}$ のいずれかである．A が $\overline{\alpha}$ の内部にあれば，A は α には属さないから，$\alpha\cap\beta$ にも属さない．同様に，A が $\overline{\beta}$ の内部にあれば，A は $\alpha\cap\beta$ に属さない．よって，$A\in\angle(\alpha,\beta)_c$．$A$ が α の境界上にあるときは，次のように場合分けされる．

（a）　A が辺 l_α 上にある場合．このときはもちろん A は $\angle(\alpha,\beta)_c$ に属する．

（b）　A が辺 l_α 上にない場合．l_α は β に含まれるから，直線 $\partial\alpha$ 上，頂点に関して l_α とは異なる側にある A は β に属さない．よって，A は $\angle(\alpha,\beta)_c$ に属する．

A が β の境界上にあるときも，同様に $\angle(\alpha,\beta)_c$ に属する．こうして，
$$\overline{\alpha}\cup\overline{\beta} \subset \angle(\alpha,\beta)_c$$
を得る．よって，$\overline{\alpha}\cup\overline{\beta}=\angle(\alpha,\beta)_c$ となる．　∎

次の補題は，角の和を考えるときに有効である．

補題 2.29　半平面 α,β,γ の境界が点 O を通ると仮定する．

（i）　γ が $\angle(\alpha,\beta)$ を含むとき（すなわち $\alpha\cap\beta\subset\gamma$ であるとき），
$$\angle(\alpha,\beta)\cup\angle(\overline{\beta},\gamma)=\angle(\alpha,\gamma).$$

（ii）　γ が $\angle(\alpha,\overline{\beta})$ を含むとき（すなわち $\alpha\cap\overline{\beta}\subset\gamma$ であるとき）
$$\angle(\alpha,\beta)\cup\angle(\overline{\beta},\gamma)=\angle(\overline{\alpha},\overline{\gamma})_c.$$

[証明]　図では一目瞭然だが，記号 $\subset,\cap,\cup$ に慣れるため，図を使わない

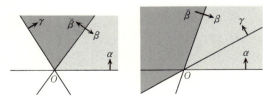

図 2.17

78———第2章 幾何学の公理系

証明を与える.

(i) 仮定から $\alpha \cap \beta = \alpha \cap \beta \cap \gamma$ であるから,

$$(\alpha \cap \beta) \cup (\overline{\beta} \cap \gamma) = (\alpha \cap \beta \cap \gamma) \cup (\overline{\beta} \cap \gamma)$$
$$= \{(\alpha \cap \beta) \cup \overline{\beta}\} \cap \gamma$$
$$= \{(\alpha \cup \overline{\beta}) \cap (\beta \cup \overline{\beta})\} \cap \gamma.$$

$\beta \cup \overline{\beta}$ が全平面であることを使えば,これは次に等しい.
$$(\alpha \cup \overline{\beta}) \cap \gamma = (\alpha \cap \gamma) \cup (\overline{\beta} \cap \gamma).$$
ここで,$\overline{\beta} \cap \gamma \subset \alpha$(定理 2.26)を使えば,$\overline{\beta} \cap \gamma \subset \alpha \cap \gamma$ であるから,上の最後の項は $\alpha \cap \gamma$ に等しいことがわかる.

(ii) $\angle(\overline{\beta}, \alpha) \subset \gamma$ に定理 2.26 を適用して,
$$\angle(\overline{\alpha}, \gamma) \subset \overline{\beta}, \quad \angle(\alpha, \overline{\gamma}) \subset \beta.$$
すなわち,$\alpha \cap \overline{\gamma} \subset \beta$ を得る.同様に,
$$\beta \cap \gamma = \angle(\beta, \gamma) \subset \alpha.$$
もちろん,$\alpha \cap \overline{\gamma} \subset \alpha$, $\beta \cap \gamma \subset \beta$ であるから,
$$\alpha \cap \overline{\gamma} \subset \alpha \cap \beta, \quad \beta \cap \gamma \subset \alpha \cap \beta$$
を得るから,
$$(\alpha \cap \overline{\gamma}) \cup (\beta \cap \gamma) \subset \alpha \cap \beta$$
となる.一方,$\alpha \cap \beta$ の元が γ に含まれていれば,$\beta \cap \gamma$ に属し,含まれていなければ $\alpha \cap \overline{\gamma}$ に属するから,
$$\alpha \cap \beta \subset (\alpha \cap \overline{\gamma}) \cup (\beta \cap \gamma)$$
となり,結局
$$\alpha \cap \beta = (\alpha \cap \overline{\gamma}) \cup (\beta \cap \gamma).$$
さて,今得られた式を使えば,
$$\angle(\alpha, \beta) \cup \angle(\overline{\beta}, \gamma) = (\alpha \cap \beta) \cup (\overline{\beta} \cap \gamma)$$
$$= (\alpha \cap \overline{\gamma}) \cup (\beta \cap \gamma) \cup (\overline{\beta} \cap \gamma).$$

$(\beta \cap \gamma) \cup (\overline{\beta} \cap \gamma) = (\beta \cup \overline{\beta}) \cap \gamma = \gamma$ であるから,これは
$$(\alpha \cap \overline{\gamma}) \cup \gamma = (\alpha \cup \gamma) \cap (\overline{\gamma} \cup \gamma)$$

$$= \alpha \cup \gamma$$
$$= \angle(\overline{\alpha}, \overline{\gamma})_c$$

に等しい．これで証明が終了する．　■

次の補題は，補題 2.29 の角に関する条件を，辺の条件におき直すものである．

補題 2.30　半平面 α, β, γ の境界が点 O を通ると仮定する．このとき，次のことが成り立つ．

$$l_{\overline{\beta}}(\overline{\beta}, \gamma) = l_{\beta}(\alpha, \beta)$$
$$\Longleftrightarrow \quad \angle(\alpha, \beta) \subset \gamma \quad \text{または} \quad \angle(\alpha, \overline{\beta}) \subset \gamma$$

（左側の条件は，$\angle(\alpha, \beta)$ と，$\angle(\overline{\beta}, \gamma)$ が辺 $l_{\beta}(\alpha, \beta)$ を共通にして，隣りあうことを意味している）．

［証明］　（$\Longleftarrow$ の証明）
$$l_{\overline{\beta}}(\overline{\beta}, \gamma) = \partial \overline{\beta} \cap \gamma = \partial \beta \cap \gamma$$

に注意する．

（a）$\angle(\alpha, \beta) \subset \gamma$ とすると，$\partial \beta \cap \alpha = l_{\beta}(\alpha, \beta) \subset \gamma$．よって
$$\partial \beta \cap \alpha \subset \partial \beta \cap \gamma.$$

一方，$\angle(\overline{\beta}, \gamma) \subset \alpha$ であるから（補題 2.26(ii)），$\partial \beta \cap \gamma \subset \alpha$．よって
$$\partial \beta \cap \gamma \subset \partial \beta \cap \alpha$$

となるから，結局，
$$l_{\overline{\beta}}(\overline{\beta}, \gamma) = \partial \beta \cap \gamma = \partial \beta \cap \alpha = l_{\beta}(\alpha, \beta)$$

を得る．

（b）$\angle(\alpha, \overline{\beta}) \subset \gamma$ の場合も同様．

（$\Longrightarrow$ の証明）補題 2.27(の証明)を使う．条件から
$$l_{\beta}(\alpha, \beta) \subset \gamma$$

であり，$l_{\alpha}(\alpha, \beta) \subset \gamma$, $l_{\alpha}(\alpha, \beta) \subset \overline{\gamma}$ に応じて，$\angle(\alpha, \beta) \subset \gamma$ または $\angle(\alpha, \overline{\beta}) \subset \gamma$ となる．　■

(c) 3 角 形

いくつかの半平面(無限個でもよい)の共通部分として表される図形を**凸**な図形という.

例題 2.31 K を凸な図形とするとき,K の中の任意の 2 点を結ぶ線分は K の中にある.

[解] K が半平面 α_i たちの共通部分として表されるものとしよう.A, B を K の任意の 2 点とするとき,A, B は α_i に含まれるから,線分 AB は α_i の中にある.よって,AB は α_i たちの共通部分 K に含まれる. ∎

A, B, C を平面上の 3 点とし,同一直線上にはないものとする.半平面 α, β, γ を

α はその境界が B, C を通り,A を含むもの,
β はその境界が C, A を通り,B を含むもの,
γ はその境界が A, B を通り,C を含むもの

とする.

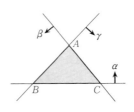

図 2.18

α, β, γ の共通部分を A, B, C を頂点とする **3 角形**といい,$\triangle ABC$ と書く.線分 AB, BC, CA を $\triangle ABC$ の**辺**という.$\triangle ABC$ から辺たちを除いたものを,$\triangle ABC$ の**内部**という.上の例題から,3 角形は凸な図形である.習慣上,

$$\angle(\beta, \gamma) = \angle A = \angle CAB$$
$$\angle(\gamma, \alpha) = \angle B = \angle ABC$$
$$\angle(\alpha, \beta) = \angle C = \angle BCA$$

§2.3 合同公理 —— *81*

と書いて，$\triangle ABC$ の**内角**という．また，**外角**が次のように定義される．

$$\angle A \text{ の外角は } \angle(\overline{\beta}, \gamma),\ \angle(\beta, \overline{\gamma})$$
$$\angle B \text{ の外角は } \angle(\overline{\gamma}, \alpha),\ \angle(\gamma, \overline{\alpha})$$
$$\angle C \text{ の外角は } \angle(\overline{\alpha}, \beta),\ \angle(\alpha, \overline{\beta})$$

2 つの外角は互いに対頂角であることに注意.

定理 2.32 $\triangle ABC$ の辺 BC 上の 1 点を通り，頂点 A, B, C のどれも通らない直線は辺 AB 上または辺 AC 上の 1 点を通る．

[証明] 直線を l としよう．順序公理(II)により点 B, C は l に関して異なる側にある．l に関して A が B と同じ側にあれば A と C は異なる側にあり，l は辺 AC と交わる(平面公理(III–b))．また A と B が異なる側にあれば l は辺 AB と交わる． ∎

注意 2.33 この定理は，ヒルベルトにより公理として採用されている(パッシュの公理)．実は，この公理を仮定すると，順序公理(II–e)と平面公理(III)が不必要であることがわかる．本書でこの公理を採らなかった理由は，直線自身にかかわる順序公理を，平面の性質に帰着することに躊躇したからである．

§2.3 合同公理

（a） 線分と角の合同公理

次に，線分と角の合同について規定した公理を述べよう．

(IV–A) 線分の合同公理

（a） 次の性質を満たす関係「2 つの線分は**合同**」が与えられている．A_1B_1, A_2B_2 を線分とし，A_1B_1, A_2B_2 が合同であることを

$$A_1B_1 \equiv A_2B_2$$

と書くとき，

（1） $AB \equiv AB$

（2） $A_1B_1 \equiv A_2B_2$ ならば $A_2B_2 \equiv A_1B_1$

（3） $A_1B_1 \equiv A_2B_2,\ A_2B_2 \equiv A_3B_3$ ならば $A_1B_1 \equiv A_3B_3$

すなわち，線分の合同関係 ≡ は**同値関係**である．

（b） 線分 AB と，直線 l_1 および l_1 上の点 A_1 が与えられているとする．このとき，A_1 によって分けられる l_1 の2つの側のどちらにも，$AB \equiv A_1B_1$ となるような点 B_1 がそれぞれただ1つ存在する．

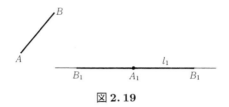

図 2.19

（c） $A|B|C$, $A'|B'|C'$, $AB \equiv A'B'$, $BC \equiv B'C'$ であるとき，$AC \equiv A'C'$ である． □

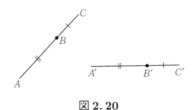

図 2.20

補題 2.34 $A|B|C$, $A'|B'|C'$, $AB \equiv A'B'$, $AC \equiv A'C'$ であるとき，$BC \equiv B'C'$ である．

［証明］ （IV–A–b）より，$B'C' \equiv BC'''$, $A|B|C'''$ となるような C''' が存在する．このとき（IV–A–a3）により，$AC''' \equiv A'C'$．よって $AC \equiv AC'''$, $C = C'''$ （(IV–A–b)における一意性）となるから，$B'C' \equiv BC$ である． ∎

（IV–B） **角の合同公理**

（a） 次の性質を満たす関係「2つの角は**合同**」が与えられている．2つの角 $\angle(\alpha_1, \beta_1)$, $\angle(\alpha_2, \beta_2)$ が合同であることを
$$\angle(\alpha_1, \beta_1) \equiv \angle(\alpha_2, \beta_2)$$
と書くとき，

（1） $\angle(\alpha, \beta) \equiv \angle(\alpha, \beta)$

```
┌─── 合同ということ ────────────────────────────┐
│                                                      │
│   2つの図形が合同であることの直観的な理解は,「1つの図形を, 形を変    │
│  えずに他の図形に重ね合わせること」であろう. しかし, この「形を変え    │
│  ず重ね合わせる」に, 厳密な意味を与えようとすると,「形」とは何か, そ   │
│  れを「変えない」とは何か, さらに「重ね合わせる」とは何かについて考    │
│  えなければならず, いつまでたってもその答は得られない. そこで, 合同   │
│  公理では一応そのような直観的立場から離れ, 同値関係という言葉で表す    │
│  ことにしたのである.                                        │
│   このように, 日常的に使われる(物理的といってもよい)言葉を, 数学的   │
│  に厳密な形で表現しようとするときは, 概念を形式化(今の場合は, 同値    │
│  関係の概念に転化)することが必要である. 次の章で述べる集合の概念を    │
│  用いれば, この形式化はさらに徹底される.                        │
│   しかし, この図形の「重ね合わせ=移動」の考え方は, 第5章において    │
│  集合と写像の言葉を用いることにより, 合同変換という概念により復権す    │
│  る.                                                   │
│                                                      │
└──────────────────────────────────────────────┘
```

（2）　$\angle(\alpha_1, \beta_1) \equiv \angle(\alpha_2, \beta_2)$ ならば $\angle(\alpha_2, \beta_2) \equiv \angle(\alpha_1, \beta_1)$

（3）　$\angle(\alpha_1, \beta_1) \equiv \angle(\alpha_2, \beta_2)$, $\angle(\alpha_2, \beta_2) \equiv \angle(\alpha_3, \beta_3)$ ならば $\angle(\alpha_1, \beta_1) \equiv \angle(\alpha_3, \beta_3)$
すなわち, 角の合同関係 ≡ は**同値関係**である.

（b）　O を頂点とする角 $\angle(\alpha, \beta)$ と, 半直線 l_1 が与えられているとき, l_1 を
延長して得られる直線の両側に

$$\angle(\alpha_1, \beta_1) \equiv \angle(\alpha, \beta)$$
$$l_{\alpha_1}(\alpha_1, \beta_1) = l_1$$

となる角 $\angle(\alpha_1, \beta_1)$ がそれぞれただ1つ存在する. 　　　　　□

(IV–B–b)は次のように言ってもよい. 2つの半直線 OA, OB, および O_1
を始点とする半直線 $O_1 A_1$ が与えられているとする. このとき, $O_1 A_1$ を延長
して得られる直線により分けられる平面の2つの側のどちらにも, $\angle AOB \equiv$
$\angle A_1 O_1 B_1$ となるような半直線 $O_1 B_1$ がただ1つ存在する.

(IV–C)　2つの3角形 $\triangle ABC$ と $\triangle A'B'C$ において, $AB \equiv A'B'$, $AC \equiv$

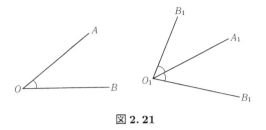

図 2.21

$A'C'$, $\angle BAC \equiv \angle B'A'C'$ が成り立つならば，$\angle ABC \equiv \angle A'B'C'$. □

　この公理は，線分の合同と角の合同を結び付けるものであり，§1.3で利用した前提1にほかならない．

（b）　線分の和と大小

　前章で述べた幾何学の定理の証明では，線分や角の和と大小について直観的な理解の下で使った．ここで，まず線分の和についてその定義を復習しよう．

　線分 AB と CD の和は次のように定義される．AB の延長上に点 E を $BE \equiv CD$ となるようにとるとき

$$AB + CD \equiv AE$$

とする．すなわち，合同な線分を継ぎ足すことにより，和を定義するのである．

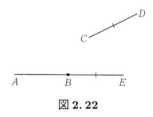

図 2.22

　次の性質は，合同公理(IV–A–b), (IV–A–c)と補題 2.34 の帰結である．

（1）　$A_1B_1 \equiv A_2B_2$, $C_1D_1 \equiv C_2D_2$ ならば
$$A_1B_1 + C_1D_1 \equiv A_2B_2 + C_2D_2.$$

（2） $A_1B_1+C_1D_1 \equiv A_2B_2+C_2D_2$, $C_1D_1 \equiv C_2D_2$ ならば $A_1B_1 \equiv A_2B_2$.

補題 2.35

（i） $AB+CD \equiv CD+AB$ （和の可換性）

（ii） $(AB+CD)+EF \equiv AB+(CD+EF)$ （和の結合性）

［証明］（i） AB の延長上に $BE \equiv CD$ となる点 E をとる．和の定義から $AB+CD \equiv AE$．一方 E から見て，A は線分 EB の延長上にあり，性質(1)を使えば $CD+AB \equiv DC+BA \equiv EB+BA \equiv EA$．よって $AB+CD \equiv CD+AB$．

(ii) 線分 AB の延長上に $BG \equiv CD$ となる点 G をとり，さらに AG の延長上に $GH \equiv EF$ となる点 H をとると
$$(AB+CD)+EF \equiv AH, \quad CD+EF \equiv BH$$
である．$AB+(CD+EF) \equiv AB+BH \equiv AH$ であるから(ii)が成り立つ． ∎

次に線分の大小を定義しよう．線分 AB, CD が与えられたとき，線分 AB 上またはその延長上に $AE \equiv CD$ となるように点 E をとる．このとき次のいずれかが成立する．

（1） E は線分 AB 上にあり，$E \neq B$．

（2） E は線分 AB 上にはない．

（3） $E = B$．

図 2.23

(3)が成り立つのは $AB \equiv CD$ のときであり，しかもこのときのみである．(1)が成り立つとき，線分 AB は線分 CD より大きいといい，$CD < AB$ または $AB > CD$ と書く．

(2)が成り立つときは，$AB < CD$．これを示すには，線分 CD 上またはその延長上に $CF \equiv AB$ となる点 F をとれば，F は線分 CD 上にあり，$F \neq D$ となることをみればよい．これを否定すると $F = D$ または F は線分 CD の延長上にあることになる．$F = D$ であれば $AB \equiv CD$ となり矛盾．F が線分 CD の延長上にあるとすると

86————第 2 章　幾何学の公理系

$$AB \equiv CF \equiv CD + DF \equiv AB + BE + DF$$

となってこれも矛盾である.

　今示したことから, 2 つの線分 AB, CD が与えられたとき

$$AB < CD, \quad AB \equiv CD, \quad AB > CD$$

のうちどれか 1 つだけが成立することがわかる.

　次のことも容易に証明できる(大小関係の推移性).

$$AB < CD, \ CD < EF \ \text{ならば} \quad AB < EF,$$

$$AB \equiv CD, \ CD < EF \ \text{ならば} \quad AB < EF,$$

$$AB < CD, \ CD \equiv EF \ \text{ならば} \quad AB < EF.$$

$AB < CD$ であるとき, 線分の差 $CD - AB$ は, 線分 CD 上に $ED \equiv AB$ となるように点 E をとり, $CD - AB \equiv CE$ とおいて定義する.

（c）　角の和と大小

　次に角の和と大小について述べよう. 基本的考え方は大体線分の場合と同じである.

　2 つの角 $\angle(\alpha_1, \beta_1), \ \angle(\alpha_2, \beta_2)$ の和 $\angle(\alpha_1, \beta_1) + \angle(\alpha_2, \beta_2)$ は次のように定義される.

$$\angle(\overline{\beta}_1, \beta) \equiv \angle(\alpha_2, \beta_2)$$

$$l_{\overline{\beta}_1}(\overline{\beta}_1, \beta) = l_{\beta_1}(\alpha_1, \beta_1)$$

を満たす半平面 β をとる(IV–B–b). そして

$$\angle(\alpha_1, \beta_1) + \angle(\alpha_2, \beta_2) = \angle(\alpha_1, \beta_1) \cup \angle(\overline{\beta}_1, \beta)$$

とおく.

　前節の補題 2.29 と補題 2.30 でみたように, これは $\angle(\alpha_1, \beta)$ または優角 $\angle(\overline{\alpha}_1, \overline{\beta})_c$ に等しい.

　次の性質も線分の場合の類似である.

（1）　$\angle(\alpha_1, \beta_1) \equiv \angle(\alpha_2, \beta_2), \ \angle(\gamma_1, \delta_1) \equiv \angle(\gamma_2, \delta_2)$ ならば,

$$\angle(\alpha_1, \beta_1) + \angle(\gamma_1, \delta_1) \equiv \angle(\alpha_2, \beta_2) + \angle(\gamma_2, \delta_2).$$

（2）　$\angle(\alpha_1, \beta_1) + \angle(\gamma_1, \delta_1) \equiv \angle(\alpha_2, \beta_2) + \angle(\gamma_2, \delta_2), \ \angle(\gamma_1, \delta_1) \equiv \angle(\gamma_2, \delta_2)$ ならば,

図 2.24

∠$(\alpha_1, \beta_1) \equiv$ ∠(α_2, β_2) である.

(3) ∠$(\alpha_1, \beta_1)+$∠(α_2, β_2), ∠$(\alpha_2, \beta_2)+$∠(α_3, β_3) が共に劣角であるとき

∠$(\alpha_1, \beta_1)+$∠$(\alpha_2, \beta_2) \equiv$ ∠$(\alpha_2, \beta_2)+$∠(α_1, β_1) （角の和の可換性）

(∠$(\alpha_1, \beta_1)+$∠$(\alpha_2, \beta_2))+$∠(α_3, β_3)

$\equiv$ ∠$(\alpha_1, \beta_1)+($∠$(\alpha_2, \beta_2)+$∠$(\alpha_3, \beta_3))$ （角の和の結合性）

注意 2.36 上では劣角のみの和を扱ったが，優角に対しても和を考えることができる.

角 ∠(α, β), ∠(γ, δ) が与えられたとき，半平面 β_1 を
$$\angle(\alpha, \beta_1) \equiv \angle(\gamma, \delta)$$
$$l_\alpha(\alpha, \beta_1) = l_\alpha(\alpha, \beta)$$
となるようにとる(IV–B–b). このとき次のいずれかが成立する.

(1) ∠$(\alpha, \beta_1) \subsetneq$ ∠(α, β)

($\iff l_{\beta_1}(\alpha, \beta_1)$ は ∠(α, β) の内部にある)

(2) ∠$(\alpha, \beta) \subsetneq$ ∠(α, β_1)

($\iff l_{\beta_1}(\alpha, \beta_1)$ は ∠(α, β) の外にある)

(3) ∠$(\alpha, \beta) =$ ∠(α, β_1)

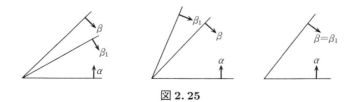

図 2.25

88——— 第 2 章　幾何学の公理系

（3）が成り立つときは $\angle(\alpha,\beta)\equiv\angle(\gamma,\delta)$ である．（1）が成り立つとき $\angle(\alpha,\beta)$ は $\angle(\gamma,\delta)$ より大きいといい，$\angle(\gamma,\delta)<\angle(\alpha,\beta)$ または $\angle(\alpha,\beta)>\angle(\gamma,\delta)$ と書く．（2）が成り立つとき，$\angle(\alpha,\beta)<\angle(\gamma,\delta)$ であることは線分の場合と同様である．こうして

$$\angle(\alpha,\beta)<\angle(\gamma,\delta)$$
$$\angle(\alpha,\beta)\equiv\angle(\gamma,\delta)$$
$$\angle(\alpha,\beta)>\angle(\gamma,\delta)$$

のうちどれか 1 つだけが成立することがわかる．角の大小関係の推移性も線分と同じように成立する．

　角の差もまったく同様に定義される．

　最後に，平行線の公理とアルキメデスの公理を再録しておこう．

　（V）　**平行線の公理**　直線 l と，その上にはない点 A が与えられたとき，A を通り l と交わらない直線は 1 つしかない．　　　　　　　　　　□

　（VI）　**アルキメデスの公理**　向きをもつ直線 l 上の点の列 $A_1, A_2, \cdots, A_n$ が

　（ i ）　$A_1<A_2<\cdots<A_n<\cdots$

　（ii）　$A_1A_2\equiv A_2A_3\equiv\cdots\equiv A_{n-1}A_n\equiv\cdots$

を満たすとき，A_1 を始点とし l の向きに適合する半直線に属す任意の点 P に対して，P が線分 A_1A_n に含まれるような番号 n が存在する．　　　□

　少々長い道程であったが，これで第 1 章の平面幾何学において必要であった諸概念はすべて述べることができた．この時点で §1.3 の最初に戻ることができる．その道筋をもう一度明らかにしておくと

公理 I, II, III, IV

⇓

「定理 1.8（2 等辺 3 角形の両底角は等しい）」

⇓

「定理 1.9（2 辺夾角）」

⇓

┌─ 幾何学の公理と作図問題 ─────────────────────

　一般の作図問題は，ある特定の器具だけを有限回用いて，与えられた条件を満たす図形を求めよ，という問題である．特に，定規(ただし目盛はない)とコンパスを使った作図は，直線と円が宇宙を形づくる図形であると考えていた古代ギリシャの数学者(とくにプラトン)のドグマがもたらした問題といえる．

　この問題は，与えられた有限個の点から

「2 点を通る直線を引く」

「1 点を中心とし，他の 1 点を通る円を描く」

ことにより新しい点を作り，この操作をくりかえすことによって若干個の点を定めることに帰着する．直線公理(I–a)や合同公理などは，この作図の問題に密接に関連している．しかし，作図問題の前提が，どちらかといえば人工的なのにくらべて，幾何学の公理系は，この空間や平面の本質を取り出したものであって，思想的にはまったく異なるものである．

　しかし，作図問題の積極的な意味もある．中でもギリシャの 3 大作図問題

（1）　与えられた角を 3 等分すること(角の 3 等分問題)

（2）　与えられた円と等しい面積をもつ正方形を作ること(円積問題)

（3）　与えられた立方体の体積の 2 倍に等しい体積をもつ立方体を作ること(立方体倍積問題)

の作図不可能性は 19 世紀になって証明されたのであるが，その背景には代数方程式の解の性質の理解が必須であった．さらにガウスによる正 17 角形の作図可能性の証明は，現代整数論への出発点となるものであった．

──────────────────────────────────

「合同定理 A」

⇓　　　　⇓

「定理 B（3 角不等式）」「定理 1.13（対頂角は等しい）」

⇓

公理 V ⇒「定理 C（3 角形の内角の和は 2 直角）」

90─────第 2 章　幾何学の公理系

　本書の最初から読み始めた読者には，この道筋を改めてたどってほしい．
そうすることで立ち込めていた霧も吹き払われ，これまで霞んで先の見えな
かった道が周りの風景と共に姿をみせる様子が感じ取れるであろう．

§2.4　空間の公理系

　本書では，主に平面幾何学に話を絞っているが，空間については，次の公
理を採用することにより同様に理論を構成できる．

（ⅰ）　同じ直線上にない任意の 3 点に対して，それらを通る平面がただ 1
　　つ存在する．

（ⅱ）　直線上の 2 点が 1 つの平面上にあれば，その直線上のすべての点が
　　平面上にある．

（ⅲ）　2 平面が 1 点を共有するなら，少なくとも他の 1 点を共有する．

（ⅳ）　1 平面上にない 4 つ以上の点が存在する．

　例題 2.37　異なる 2 平面が交われば，それらの共通部分は直線であるこ
とを示せ．

　[解]　(ⅲ)から，2 平面 α, β が交われば，それらの共通部分は相異なる 2
点を含む．それらを P, Q として，P, Q を通る直線を l とする．(ⅱ)により l
は $\alpha \cap \beta$ に含まれる．もし，$\alpha \cap \beta$ の点で，l に含まれないものがあるとする
と，α と β は同一直線上にない 3 点を含むことになり，(ⅰ)によって $\alpha = \beta$ と
なってしまう．よって，$\alpha \cap \beta = l$．　∎

　平面 α が与えられたとき，空間から α を除いた部分に属する 2 点 A, B に
対して，A, B が α に関して**同じ側**にあるということを，$A = B$ であるか，ま
たは線分 AB が α と交わらないこととして定義する．線分 AB が α と交わ
るときは，α に関して A, B は**異なる側**にあるという．次の例題は，この関
係について平面内の直線の場合の類似が成り立つことを主張する(すなわち，
改めて公理にする必要はない)．

§2.4 空間の公理系 —— *91*

例題 2.38 次を示せ.

（1） 平面 α に関して A, B が同じ側にあるという関係を $A \equiv B$ と表すことにすれば, $\equiv$ は同値関係である.

（2） α に関して, A, B が異なる側にあり, A, C も異なる側にあれば, B, C は同じ側にある.

［解］ （1）$A \equiv B$, $B \equiv C \Longrightarrow A \equiv C$ を示せば十分である. A, B, C は互いに異なるとしてよい.

（a）A, B, C が同一直線上にある場合. この直線を l とするとき, l が α と交わらなければ, もちろん線分 AC は α と交わらないから, $A \equiv C$. もし交わるとき, 交点を P とすれば（(ii)により, 交点はただ 1 つ）, 直線 l 上で, A, B は P に関して同じ側にあり, B, C も同じ側にある. よって A, C も同じ側にあり, 線分 AC は P を含まない. よって, 線分 AC は α と交わらない.

（b）A, B, C が同一直線上にない場合. β を A, B, C を含む平面とする. α と β が交わらないときは, $A \equiv C$ は明らか. 交わるときは $\alpha \cap \beta = l$ は直線（例題 2.37）であり, 平面 β 上で, l に関して A, B は同じ側にあり, B, C も同じ側にある. よって A, C も l に関して同じ側にあるから線分 AC は l と交わらないことになり, AC は α とも交わらない.

（2）（1）の証明と同様であるから略す. ∎

　上の例題の結果, 空間も平面 α により 2 つの部分に分けられることになる. α に関して一方の側と α を合わせたものを, α を境界とする**半空間**（half-space）という.

　しばらくの間, 平行線の公理を使わないで話を進めよう.

　次の補題は空間の公理系(i)と合わせて, 平面を決定する基本的な状況を与えている.

補題 2.39

（ i ） 空間内の直線 l と, それに含まれない点 A に対して, A と l を含む
　　　平面 α がただ 1 つ存在する（この α を, 点 A と直線 l が定める平面とい

う).

（ii）空間内の交わる 2 直線 l_1, l_2 を含む平面 α がただ 1 つ存在する（この α を，交わる 2 直線 l_1, l_2 が定める平面という）．

図 2.26

［証明］（i）l 上に 2 点 B, C をとり，A, B, C を通る平面 α を考える（空間の公理系(i)）．l は α に含まれる（空間の公理系(ii)）．また，この α は一意に定まる（空間の公理系(i)）．

（ii）2 直線 l_1, l_2 が点 P で交わるとする．P と異なる l_2 上の点 A をとり，A と l_1 を通る平面 α を考える（(i)の結果を使う）．この α は点 A, P を通るから直線 l_2 を含む（空間の公理系(ii)）．よって α は l_1, l_2 を含む．一意性は明らかであろう． ∎

空間において角 $\angle AOB$ というときは，点 A, O, B を通る平面の中での図形 $\angle AOB$ のことである．例えば，点 P で交わる 2 直線が垂直であるとは，それらが定める平面の中で垂直であることを意味する．

補題 2.40 α を，点 P で交わる 2 直線 l_1, l_2 が定める平面とし，A を α には属さない点とする．もし直線 AP が点 P において l_1, l_2 に垂直であれば，α 上の P を通る任意の直線 l と AP は垂直である． ∎

この条件を満たす直線 AP を，P を通る α の**垂線**という．

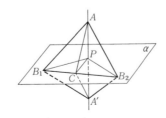

図 2.27

[証明] B_1, B_2 をそれぞれ l_1, l_2 上の点とし($B_1 \neq P, B_2 \neq P$),直線 $B_1 B_2$ が l と交わる点を C とする.点 A' は直線 AP 上の点で,α に関して A と異なる側にあり,しかも $AP \equiv A'P$ となるものとする.

直線 l_1 は線分 AA' の垂直 2 等分線であるから,$AB_1 \equiv A'B_1$.同様に $AB_2 \equiv A'B_2$.よって $\triangle AB_1 B_2 \equiv \triangle A'B_1 B_2$(合同定理 A),$\angle AB_1 B_2 \equiv \angle A'B_1 B_2$.定理 1.9(2 辺夾角)を使えば $\triangle AB_1 C \equiv \triangle A'B_1 C$,$AC \equiv A'C$.再び合同定理 A を適用すれば $\triangle APC \equiv \triangle A'PC$ であるから $\angle APC \equiv \angle A'PC$.したがって,$AP$ と PC は P において垂直であり,AP は l と垂直に交わる. ∎

定理 2.41(平面への垂線の存在と一意性) α を平面,A を α には属さない点とする.このとき直線 AP が α の垂線となるような α 上の点 P がただ 1 つ存在する. □

点 P を,A から平面 α に下ろした**垂線の足**という.

[証明] (存在)平面 α 内の直線 l を 1 つとり,A と l により定まる平面を β とする.平面 β の中で直線 $l = \alpha \cap \beta$ に垂線 m を下ろし,その足を Q とする.次に平面 α の中で Q において l に垂直な直線 g を 1 つとる.Q において交わる 2 直線 g, m が定める平面を γ としたとき,γ の中で g に A から垂線を下ろし,その足を P とする.この P が求めるものであることを示す.

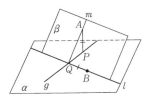

図 2.28

直線 l 上に $BQ \equiv AP$ となる点 B をとる.このとき直角 3 角形 $\triangle AQP$,$\triangle BPQ$ の 2 辺夾角は等しいから $\triangle AQP \equiv \triangle BPQ$.よって $QA \equiv PB$ である.次に 3 角形 $\triangle APB$ と $\triangle BQA$ において,
$$QA \equiv PB, \quad BQ \equiv AP, \quad AB = BA \,(共通)$$
であるから,$\triangle APB \equiv \triangle BQA$(合同定理 A).特に
$$\angle APB \equiv \angle BQA \equiv \angle R$$

94—— 第 2 章　幾何学の公理系

となり，直線 AP は P において直線 PB に垂直である．こうして直線 AP は α に含まれる 2 直線 PB, PQ に垂直となるから，AP は α に垂直である（補題 2.40）．

　（一意性）A から α への垂線が 2 つあり，その足をそれぞれ P_1, P_2 とすると，$\triangle AP_1P_2$ において，$\angle AP_1P_2 \equiv \angle AP_2P_1 \equiv \angle R$ となって矛盾． ∎

　　注意 2.42　この定理の証明の中で用いられた事実（上で構成した P が垂線の足になっていること）を **3 垂線の定理** とよぶ．通常の証明では平行線の公理を仮定している．

　　補題 2.43
（i）　平面 α とその上の点 A が与えられたとき，A を通り α に垂直な直線 l がただ 1 つ存在する．

（ii）　直線 l とその上の点 A が与えられたとき，A を含む平面 α で l が α に垂直であるようなものがただ 1 つ存在する．

[証明]　（i）B を α に含まれない点とし，B から α に垂線を下ろしてその足を P とする．$P = A$ であればこの垂線が求める直線である．$P \neq A$ としよう．A と直線 BP により定まる平面を β として，β の中で直線 AP に垂直であるような A を通る直線を l とする．この l が求める直線である．これを示すために，α の中で A を通り直線 AP に垂直な直線 m を考える．この m が l に垂直であることを示せばよい（補題 2.40）．

　m 上に A に関して異なる側にある 2 点 C_1, C_2 を $C_1A \equiv C_2A$ を満たすようにとる．このとき $\triangle PC_1A \equiv \triangle PC_2A$ であるから（2 辺夾角），$PC_1 \equiv PC_2$．次に $\triangle BPC_1, \triangle BPC_2$ において，

$$PC_1 \equiv PC_2, \quad BP = BP（共通）, \quad \angle BPC_1 \equiv \angle BPC_2 \equiv \angle R$$

であるから，$\triangle BPC_1 \equiv \triangle BPC_2$（2 辺夾角），$BC_1 \equiv BC_2$ となる．さらに $\triangle BC_1A, \triangle BC_2A$ に合同定理 A を適用すれば $\triangle BC_1A \equiv \triangle BC_2A$ となるから，$\angle BAC_1 \equiv \angle BAC_2$．よって，$\angle BAC_1 \equiv \angle BAC_2 \equiv \angle R$ である．こうして，直線 m は 2 直線 AB, AP に垂直であり，補題 2.40 により，m は平面 β に垂直である．とくに m は l に垂直になる．

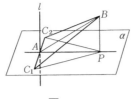

図 2.29

一意性を見るのは容易である.

(ii) A において l に垂直な直線を 2 つとり，それらから定まる平面を α とすればよい．一意性も明らかであろう． ∎

空間の中の任意の平面が平行線の公理を満たすとき，空間は平行線の公理を満たすという．

空間内の 2 つの直線は，もしそれらが同一平面上にあり，しかも交わらないとき**平行**であるといわれる．2 直線 l_1, l_2 が平行であるとき，$l_1 /\!/ l_2$ と表す．交わらない 2 直線が平行でないときは，**捻れた位置**にあるという．

定理 2.44 平行線の公理を満たす空間内の 3 直線 l_1, l_2, l_3 について，
$$l_1 /\!/ l_2, \quad l_2 /\!/ l_3 \implies l_1 /\!/ l_3$$
である．

[証明] l_1, l_2, l_3 が同一平面の中にあれば明らかに成り立つ（例題 1.32(1)）.l_1, l_2, l_3 が同一平面の中にないと仮定する．l_1, l_2 を含む平面を α とし，l_2, l_3 を含む平面を β とする．このとき，α と β の共通部分 $\alpha \cap \beta$ は直線 l_2 である．A を l_3 上の点とする．γ を，直線 l_1 と点 A により定まる平面とし，直線 $l =$

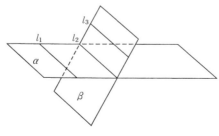

図 2.30

$\gamma \cap \beta$ を考える.l は平面 β の中の A を通る直線であるから,もし $l \neq l_3$ とすると,平行線の公理により l は l_2 と交わる.$P \in l_2 \cap l$ としよう.ところが
$$l_2 \cap l = (\alpha \cap \beta) \cap (\gamma \cap \beta) = \alpha \cap \beta \cap \gamma,$$
$$l_2 \cap l_1 = (\alpha \cap \beta) \cap (\gamma \cap \alpha) = \alpha \cap \beta \cap \gamma = l_2 \cap l$$
であるから,点 P が $l_2 \cap l_1$ に属することを意味している.$l_1 /\!/ l_2$ であるから,これは矛盾である. ∎

§2.5 平面と空間の向き

(a) 平面の向き

直線には,向きを考えることができた.平面や空間にも向きというものを定義することができるだろうか.直線の場合にならって,定義を試みよう.

向きを考えた直線を**有向直線**といい,記号 $\vec{l}$ を使って表すことにしよう.向きを考えないときには,矢印を取り去って,単に l と書くことにする.

平面とその上の有向直線 $\vec{l}$ が与えられたとき,l は平面を 2 つの側(半平面)に分けるが,その 1 つ α を選び,$\vec{l}$ と α の組 $(\vec{l}, \alpha)$ を考えて,これを平面に**向き**を定めるという.そして,選んだ側を $\vec{l}$ の**左側**,逆の側を**右側**という.直線と同様,向きの取り方はちょうど 2 つあることになる.

ここで左・右という名前は,我々が日常的に使う言葉から選んだが,上の定義からも分かるように,半平面の選び方は任意であり,便宜的に付けたに過ぎない.したがって,左・右と名前を付けても,自然な向きがあらかじめ定まっているわけではないことに注意しよう.しかし,もし,この数学的な左右の概念と,通常我々が使う左右を結び付けるとすれば,次のように考えればよい.平面を紙と思い,それに書かれた有向直線を考える.(図では,このページ自身をその紙と思って,直線の向きを表すのに矢印を付けている.)

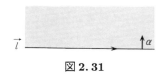

図 2.31

直線上の点から矢印の方向に向かう半直線が，考えている向きである．)

そして，我々が日常的に使う意味で，この矢印に向かう方向の左側をとることで，平面の向きが定まり，上で述べた左・右の概念は普通の左・右と関連がつく．すると，読者は，こう考えるかもしれない．平面の向きは2つあるかもしれないが，そのうちの1つが自然に定まっているではないかと．すなわち，日常的な意味の左・右を使うことにより，平面に一意的に向きを定めることができるのではないかと．そうではない．先程紙に書いた図を，紙の裏側から眺めてみよう．すると，左右が逆になっているはずである．平面（紙）の表・裏は，人間が平面の外から恣意的に決めるものであり，あらかじめ定められているものではない．すなわち，平面の表・裏を選ぶことが向きを選ぶことに対応し，結局は先天的に選ばれるような向きはないのである．

この，面の表・裏と面の向きの関連は，大変重要である．すなわち，面の表・裏は，面の外から眺めることで決めることだが，面の向きは面の内側のみの情報（有向直線と半平面）を使って定義する．すなわち，一見外在的（extrinsic）な概念である表・裏が，実は内在的（intrinsic）なものなのである．

もっと一般の面，すなわち曲面においても，表・裏を使って向きの概念を定義できる．ただし，すべての曲面が向きをもつわけではない．有名な例は，メビウスの帯である．

この表・裏を使った曲面の向きの概念が，やはり内在的なものであることが知られている．

平面の向きの話に戻ろう．有向直線とそれを境界にする半平面を選ぶことを，向きを定めることとしたが，他の有向直線と半平面をもってきたときの

球面
（向きをもつ）

メビウスの帯
（向きをもたない）

図 2.32

関係を述べておかなければならない.

$(\vec{l}_1, \alpha_1)$ と $(\vec{l}_2, \alpha_2)$ が**同じ向き**を定めるということを，次の(i), (ii)のいずれかの場合が成り立つこととして定義する.

（i） l_1 と l_2 が交わる場合, $\angle(\alpha_1, \alpha_2)$ の辺である半直線 $l_{\alpha_1}, l_{\alpha_2}$ がそれぞれ l_1 と l_2 に定める向きが, $\vec{l}_1$ と $\vec{l}_2$ の向きと一方は一致し他方は異なる.

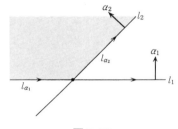

図 2.33

（ii） l_1 と l_2 が交わらない場合, l_1, l_2 と交わる直線 l と $(\vec{l}, \alpha)$ が存在して, $(\vec{l}, \alpha), (\vec{l}_1, \alpha_1)$ および $(\vec{l}, \alpha), (\vec{l}_2, \alpha_2)$ が(i)を満たす.

$(\vec{l}_1, \alpha_1)$ と $(\vec{l}_2, \alpha_2)$ が同じ向きを定めるとき,
$$(\vec{l}_1, \alpha_1) \equiv (\vec{l}_2, \alpha_2)$$
と書くことにすると, 関係 $\equiv$ は同値関係であることが確かめられる. また, 同じ向きを定める $(\vec{l}, \alpha)$ たちを同一視したとき, 平面の向きはちょうど2つあることもわかる.

注意 2.45 この同値関係の直観的な意味は, 半平面 α_1 を平面内で「連続」に動かして α_2 に重ねるとき, 境界線 l_1 の向きが l_2 の向きと同じになることである.

平面の向きを定めることと，ある点を始点とし同一直線上にはない2つの半直線の順序をつけた組 (l_1, l_2) を考えることは，同じことである．実際，l_1 を延長した直線を l とし，l_1 が l に定める向きをもつ有向直線を $\vec{l}$ とする．l を境界とし，l_2 を含む半平面を α とすれば，平面の向き $(\vec{l}, \alpha)$ が得られる．逆に，$(\vec{l}, \alpha)$ を平面の向きとするとき，l 上の点 O を1つ選び，O を始点とする半直線 l_1 で $\vec{l}$ の向きと適合するものをとる．半直線 l_2 としては，O を始

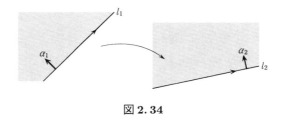

図 2.34

点とし，α に含まれるものをとることにすれば，(l_1, l_2) が得られる．

さらに言い換えれば，同一直線上にはなく，交わる 2 つの有向直線の順序のついた組をとることが，平面の向きを定めることと同じである．

(b) 空間の向き

直線，平面と同様，空間にも向きの概念がある．すなわち，向きの与えられた平面(有向平面)で分けられる 2 つの側(半空間)から 1 つを選ぶことを，空間の向きを定めるという．言い換えれば，同一平面上にはない，1 点を始点とする 3 つの有向直線(半直線)l_1, l_2, l_3 を順序を込めて選ぶことである．これを (l_1, l_2, l_3) が定める向きという．互いに垂直な 3 つの半直線を選ぶことにしてもよい．通常は，人間の右手の親指，人差し指，中指を考えて，図のようにその指が指し示す方向に半直線をとり，親指，人差し指，中指の順番に並べたものに対応しているような向きを考える．この向きを**右手系**の向き(あ

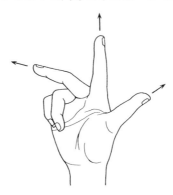

図 2.35

るいは正の向き）という.

　すると，この方法で先天的に決まる空間の向きがあるのではないかという，平面に対するのと同様の疑問が浮かぶ. これについては，今決めた向きは人間の身体的特徴を使った向きの決め方であり，空間自身には何ら特別な向きが与えられているのではないと答えよう.

問4 物理学者の故朝永振一郎氏は，次のような問題を提出した（『鏡のなかの世界』みすず書房）. 鏡に自分を写すと，鏡の中の自分の左・右は逆にもかかわらず，上下はそのままである. なぜか.

　　　この問題は，M. ガードナー（『自然界における左と右』紀伊國屋書店）も提出している.

---

§2.6　幾何学の歴史から

　学習の手引きと本論でもある程度述べたが，この章を終えるにあたって，幾何学の歴史を簡単に振り返ることにしよう.

　約4万年前にこの地球上に出現したホモ・サピエンスは，現代の人類につながるという意味で現世人類ともよばれる. 我々の祖先であるこの現世人類はどのようにして，幾何学を作り上げてきたのだろうか. 夜の漆黒の闇に脅えながら洞窟の中で火を使い，原始的道具を用いて次第に文明の暁に近づいていくわが人類の歴史を再現することは，残念ながらほとんど不可能な作業である. ましてや，彼らが一体どのような過程を経て，今我々が使う言葉と文字を獲得し，高度に抽象的な数の概念と幾何学を誕生させたのかについては，ある程度想像はできたとしてもまったく推測の域を出ない. 我々が今知ることのできるのは，記録された文字が何らかの形で残っている古代文明（紀元前3000年頃）から後に起こったことである.

　2つの図形の長さや大きさを比べること，特に土地の広さ（面積）を比較することは，古代の農耕文明では重要なことであった. 毎年のように繰り返されるナイル川の氾濫が，古代エジプトの民に分け与えられた土地の公平な再配

§2.6 幾何学の歴史から —— *101*

分のための測量技術の発達を促し，それが幾何学の発生の端緒となったと歴史家のヘカタイオス(Hekataios, 550?–475?B.C.)とヘロドトス(Herodotus, 484?–425?B.C.)は推測する．そしてエジプトを「ナイルの賜物」と呼ぶ理由の1つにあげている．さらに，古代エジプト王朝がナイルの川岸に築いた巨大な建築物の構築のためにも，正確な測量が必要であったことは言うまでもない．「幾何学」のギリシャ語にあたる geometria が「土地を測る」意味であることも，この推測を補強するものである．

幾何学の発生は，紀元前約5000年の昔メソポタミアの土地に文明の花を咲かせ，楔形文字を用いて粘土板に多くの記録を残したシュメール人とその文化を引き継いだバビロニア(1800B.C.頃–1600B.C.頃)においても確認できる．また，中国やインドでも幾何学は独自の発展を遂げていた．いずれにしても，古代文明では土地の管理と建築のための必要性が，幾何学の知識を豊富にしたといっても過言ではないであろう．

土地の測量の上で最も基本的なことは，離れた2点間の距離(2点を結ぶ線分の長さ)と角度を正確に測ることである．もし洪水で土地(たとえばヘロドトスが書いているように，エジプトの王が民に平等にあてがった正方形に区画された畑地)が流されたとき，それを復活するには，あらかじめ用意した正方形の1辺と同じ長さの綱と，直角を作るための道具があれば十分である．実際，元の正方形の辺の長さは，綱を張ることにより再現できる．後者については，バビロニア，インド，中国においても，後のピタゴラスの定理の特別な場合である「辺の長さの比が3:4:5の3角形の1つの角が直角である」ことが(証明は別として)知られており，綱を使えば簡単に直角が作れるのである．さらに1本の綱では不十分なときには，比例の考え方を用いて長さを測ることが可能である．

さて，今述べたことを言い換えれば，2つの線分の大きさは，それに綱をあてることにより比較できることを意味している．さらに，綱という補助的な道具を使わず，線分それ自身の移動により重ね合わせる物理的操作で合同というものを考えることもできる．このような合同の考え方は，本質的には図形の移動という意味で，綱を使う考え方と同じことである．そして，異な

102─── 第2章 幾何学の公理系

る線分を，このような方法で比べることにより，線分の合同(相等)や大小の概念が生まれたのである．さらに進んで，図形の移動や定規で測る人為的な作業を避けるために，公理による線分の合同の関係を規定する考え方が登場し，ここから幾何学は演繹科学として発展していくことになる．

しかし，エジプトの幾何学はあくまで実用的な範囲に止まり，幾何学の理論的発展は，むしろエジプトの数学的遺産を受け継いだ古代ギリシャ人によりなされた．その代表的例は，図形の合同の理論を確立したターレス(Thales，624?–546?B.C.)である．例えば「2等辺3角形の両底角は等しい」，「2角とその夾辺とがそれぞれ相等しい2つの3角形は合同である」などの定理は彼に負う．ターレスはエジプトの神官から数学を学び，ギリシャに帰ってイオニア学派の始祖となった．以後，ピタゴラス，ヒポクラテス(Hippokrates，470?–430?B.C.)，プラトン(Platon，427–347B.C.)，エウドクソス(Eudoxos，408?–355?B.C.)，そしてユークリッド(Eukleidesまた はEuclid(英語)，330?–275?B.C.)へと，ギリシャの幾何学は着実に発展を続けたのである．

小説家の故菊池寛氏は，数学で役に立ったのは「3角形の2辺の和は他の1辺より大きい」という定理だけだと公言している．確かに，ある場所Bに行くのに現在いる場所AとBを直線で結び，その上を行くのが最短の経路であることは，菊池寛氏ばかりではなく，水を飲みに行く動物でさえ知っていることである．ギリシャでも，エピクロス(341?–270?B.C.)の学派の人々は，「こんなことはロバでも知っている」といって，幾何学を学ぶプラトンの学園(アカデメイア)の子弟を嘲笑したと伝えられる．

しかし，感覚(直観)で森羅万象の出来事を理解することは，すべての科学の第一歩であることには違いないが，「感覚で得られたものは移ろいやすく」(アリストテレス，384–322B.C.)，理論として科学が発展するには，「基本的な前提をおいて，それを基に整合的な方法で研究していくことが求められる」(プラトン)．ギリシャの数学者はこのような立場(公理主義)をとることを明確に宣言したのである．これは近代科学の基本的立脚点に通ずる．

公理を基準に演繹的な体系として幾何学を確立したのは，ユークリッドが

最初といわれている．彼の著した『幾何学原本』(Stoicheia，単に『原本』あるいは『原論』ともよばれる)は全13巻からなり，1巻から4巻，そして6巻が平面幾何学にあてられ，5巻および7巻から10巻が数論，11巻から13巻が立体幾何学を扱っている．数論の巻では，素数が無限個存在することを厳密に証明していて，その後の数論の発展の出発点にもなっている．『原本』では図形の移動を使った議論を嫌い，厳密な論証の立場を崩さない努力がみられる(我々もユークリッドに近い立場をとり，人為的な意味での図形の移動は避けた)．ユークリッドは，プラトンのアカデメイア派ないしはその影響下にあった数学者(あるいは集団の名前)と考えられる．

『原本』は，聖書についで人類に多く読まれた書物であるといわれる．実際，その公理的方法は，後に学問的著作の典型として，スピノザの『倫理学』，ニュートンの『プリンキピア』などに影響を与えた．中世から近代にわたり，人類の精神活動の発展において，ユークリッドの『原本』の果たした役割は計り知れないものがある．20世紀に至っては，フランスの数学者集団(A.ヴェイユ，H.カルタンなど)が提起したブルバキズムの考え方(数学の基礎を集合論を基に確立し，数学的構造の立場で統一する)にも，ユークリッドの『原本』の影響があることは確かである．実際，ブルバキが出版した『数学原論』は，現代版ユークリッドの『原本』と考えることもできる．

ヒルベルト(1862–1943)はユークリッドの公理系を見直し，不完全な記述や直観性を排除して，数学的に完全な公理系を見いだした．しかし，基本的な立場はすでにユークリッドが2000年以上も前に確立していたのである．

《まとめ》

2.1 平面幾何学の公理系

I	直線公理	点と直線の関係を規定
II	順序公理	直線上の点の順序を規定
III	平面公理	直線と平面の関係を規定
IV	合同公理	線分や角の合同を規定

104──── 第2章　幾何学の公理系

　V　平行線の公理　　　　平面の平坦性を規定

　VI　アルキメデスの公理　直線の無限遠の性質を規定

　VII　連続公理　　　　　　直線と数の関係を規定

（連続公理は第5章§5.1(d)で説明する）

2.2　幾何学的対象

（a）　点，直線，平面，空間は無定義用語である．

（b）　線分，半直線，半平面，半空間は，公理系に述べられた順序の概念から
　　定義される対象である．

（c）　角，3角形，その他の図形は，(b)の対象を使って定義される．

2.3　直線，平面，空間の向き

（a）　直線に向きを入れる＝それに含まれる半直線を1つ選ぶこと．

（b）　平面に向きを入れる＝向きのついた直線と，それを境界にもつ半平面を
　　1つ選ぶこと．

（c）　空間に向きを入れること＝向きのついた平面と，それを境界にもつ半空
　　間を1つ選ぶこと．

──────── 演習問題 ────────

2.1　$A|C|B, A|P|C, C|Q|B$ であるとき，$P \neq Q$ であることを示せ．

2.2　$A|B|C, A|D|C$ であるとき，$A|D|B$ または $B|D|C$ のいずれかが成り立つことを示せ．

2.3　1直線上に任意の4点が与えられたとき，それらを適当に A, B, C, D として，$A|B|C, A|B|D, A|C|D, B|C|D$ とすることができる．これを示せ．

2.4　平角と異なる任意の角 $\angle(\alpha, \beta)$ と任意の直線 l に対して，次の5つのうち1つが成り立つことを示せ．

（1）　$\angle(\alpha, \beta)$ と l は交わらない．

（2）　$\angle(\alpha, \beta)$ と l はただ1つの点を共有する．

（3）　$\angle(\alpha, \beta) \cap l$ は線分である．

（4）　$\angle(\alpha, \beta) \cap l$ は半直線である．

（5）　$\angle(\alpha, \beta)$ は l を含む．

さらに(5)を満たす場合があることと，平行線の公理が成り立たないことは同値

であることを示せ.

2.5 空間内に直線 l と,それには含まれない 2 点 A, B が与えられている.$AP+PB$ を最小にするような直線上の点 P を求めよ.

2.6 (平行線の公理を仮定しない)空間の中で,平面 α とその上にはない点 A が与えられたとき,A を通り α と交わらない平面が少なくとも 1 つ存在することを示せ.

2.7 平行線の公理を満たす空間において,平面 α とその上にはない点 A が与えられたとき,A を通り α と交わらない平面はただ 1 つであることを証明せよ.

交わらない 2 平面は互いに**平行**であるといわれる.

集合，写像，関係

3

数学の本質はまさにその自由性にある
——ゲオルグ・カントル

　前章では平面幾何学の公理を述べたが，最初の公理(直線公理)に現れる用語である点や直線そして平面が何であるかは一切説明しなかった．それらの間の関係を公理として規定しただけである．すなわち，それらは定義しない対象(無定義用語)なのであった．

　しかし，平面や直線が点の「集まり」であることだけは最小限認めている．そして，その「集まり」としての直線や平面の性質が公理としてまとめられていると考えられる．もちろん，点は相変わらず無定義用語のままであるから，心象としては具体的な幾何学的対象を扱っているようでも実はもっと抽象的な「ものの集まり」を扱っていることになる．この「ものの集まり」を，数学的概念として言い表したものが集合である．

　集合の考え方が数学に登場したのは，19世紀後半(1883年)にカントル(G. Cantor, 1845–1918)が「一般集合論の基礎」という論文を発表した時点である．それまで，具体的な「もの」の集まりについての認識はあったものの，その背景にある一般的理論については，カントルが現れるまで誰も考えもしなかった．カントルの集合論は，その考え方の斬新さもさることながら，「無限」というものを適切に表現できる場を提供することにより，それまで

108——— 第3章　集合，写像，関係

の数学の性格を根こそぎ変えてしまったのである．まさにそれは革命的なできごとであった．

　本章は，この集合論を主題とする．まず，§3.1において集合に関する基本的事柄をまとめて述べた後，§3.2では関数の概念を一般化した写像について説明する．この写像を用いて，2つの集合の間の関係を調べることができる．特に，1対1の対応という考え方により，2つの集合の対等性が定義される．§3.3では，それを用いて集合に含まれる「もの」の多さを比べることを行う．この節が「無限」についての考察の場である．§3.4は，前章に現れた同値関係や順序関係を，集合論の立場から整理する．

　第1章で使った記号($\in, \cap, \cup, \subset$)が，集合論では基本的な役割をもつ．

　集合論は幾何学のみならず，現代数学のすべての分野における「言葉」を提供する．第4章以降では，集合論を基礎にして，様々な幾何学的概念を再構築することになる．

§3.1　集　　合

（a）集　　合

　集合(set)とは，はっきり区別できる「もの」の集まりである．集合 A を構成する「もの」たちを**元**(element)または**要素**という．a が集合 A の元であるとき，$a \in A$ または $A \ni a$ と書き，a は A に**属する**(あるいは A は a を**含む**)という．a が A の元でないときには，$a \notin A$ または $A \not\ni a$ と書く．

　有限個の元からなる集合を，**有限集合**(finite set)という．有限ではない集合を，**無限集合**(infinite set)という．有限集合 A に対して，A に属する元の個数を $|A|$ または $\sharp A$ などで表す．

　2つの集合 A, B に対し，A の元がすべて B の元であるとき，A は B の**部分集合**(subset)であるといい，$A \subset B$ または $B \supset A$ と書く．A の元と B の元が完全に一致するとき，A と B は**等しい**といい，$A = B$ と書く．$A = B$ の否定は，$A \neq B$ で表す．明らかに

$$A \subset B, \quad B \subset A \iff A = B.$$

§3.1 集 合 ―― 109

$A \subset B$ かつ $A \neq B$ であるとき，A を B の**真部分集合**という（$A \subset B$ の代わり
に $A \subseteq B$ を用い，$A \subseteq B$ かつ $A \neq B$ であることを，$A \subset B$ により表すテキ
ストもある）.

例 3.1 自然数 $1, 2, \cdots$ のなす集合を $\mathbb{N}$，整数のなす集合を $\mathbb{Z}$，有理数のな
す集合を $\mathbb{Q}$，実数のなす集合を $\mathbb{R}$ により表すと，
$$\mathbb{N} \subset \mathbb{Z} \subset \mathbb{Q} \subset \mathbb{R}$$
となる．これらはすべて無限集合である． □

2 つの集合 A, B の少なくとも一方に属する元全体を集めて得られる集合
を，A, B の**和集合**(union)といい，$A \cup B$ で表す．また，A と B の両方に含
まれる元全体の集合を，A, B の**共通部分**(あるいは交わり)(intersection)と
いい，$A \cap B$ で表す．

元を含まない集合というと，不可解なものだが，これも集合と考えること
にする．そして $\emptyset$ で表し，**空集合**(empty set)という．空集合は，任意の集
合の部分集合と考えることにする．

$A \cap B = \emptyset$ であるとき，すなわち共通部分がないとき，A と B は**互いに素**
(disjoint)という．A に含まれるが B には含まれない元全体の集合を A と B
の差といい，$A \backslash B$ または $A - B$ と書く．特に A がある集合 X の部分集合の
とき，$X \backslash A$ を A の X における**補集合**(complement)といい，X を明示しな
いで A^c と書くこともある．$(A^c)^c = A$，$X^c = \emptyset$，$\emptyset^c = X$ である．

ある条件を満たす元 x の集合を
$$\{x \mid P(x)\}$$
と書くことがある．ここで $P(x)$ は x についての条件(命題)である．たとえ
ば $P(x) =$「x は奇数であり 3 の倍数」のとき
$$\{x \mid x \text{ は奇数で 3 の倍数}\}$$
などが代表的な書き方である．この書き方では
$$A \cup B = \{x \mid x \in A \text{ または } x \in B\}$$
$$A \cap B = \{x \mid x \in A \text{ かつ } x \in B\}$$
となる．和集合の基本的性質は

110——第 3 章　集合，写像，関係

$$A \cup B = B \cup A$$
$$(A \cup B) \cup C = A \cup (B \cup C)$$
$$A \cup A = A$$
$$A \cup B = A \iff B \subset A$$

である．共通部分についても

$$A \cap B = B \cap A$$
$$(A \cap B) \cap C = A \cap (B \cap C)$$
$$A \cap A = A$$
$$A \cap B = B \iff B \subset A$$

が成り立つ．さらに

$$A \cap (B \cup C) = (A \cap B) \cup (A \cap C)$$
$$A \cup (B \cap C) = (A \cup B) \cap (A \cup C)$$
$$A \cup (A \cap B) = A$$
$$A \cap (A \cup B) = A$$

をみるのはやさしい．ここでは最後の公式 $A \cap (A \cup B) = A$ を証明しておこう．

$$A \cap (A \cup B) \subset A, \quad A \subset A \cap (A \cup B)$$

を示せばよい．$A \cap (A \cup B)$ の任意の元 x に対して，x は A かつ $A \cup B$ に属するから特に A に属する．よって $A \cap (A \cup B) \subset A$ が成り立つ．逆に A の任意の元 x は $A \cup B$ の元でもあるから，x は $A \cap (A \cup B)$ に属する．よって $A \subset A \cap (A \cup B)$.

例題 3.2（ド・モルガンの公式）　集合 X の 2 つの部分集合 A, B について
$$(A \cup B)^c = A^c \cap B^c, \quad (A \cup B)^c = A^c \cap B^c$$
が成り立つことを示せ．

[解]　1 番目の等式を示す．

$$x \in (A \cup B)^c \iff x \text{ は } A \cup B \text{ に属さない}$$
$$\iff x \text{ は } A \text{ にも } B \text{ にも属さない}$$
$$\iff x \notin A \text{ かつ } x \notin B$$

$$\Longleftrightarrow \ x \in A^c \ \text{かつ} \ x \in B^c$$
$$\Longleftrightarrow \ x \in A^c \cap B^c.$$

2番目の等式も同様に証明できる. ∎

X のすべての部分集合を元とする集合は X の**ベキ集合**(power set)とよばれ, 2^X により表す(この記号を使う理由はいくつかあるが, 次の例や問にその片鱗はみられる).

例 3.3 $X = \{1, 2, 3\}$ のベキ集合は
$$\{\emptyset, \{1\}, \{2\}, \{3\}, \{1, 2\}, \{2, 3\}, \{1, 3\}, \{1, 2, 3\}\}$$
である. この集合の元の個数は $2^3 = 8$ であることに注意. ▢

問 1 n 個の元からなる有限集合のベキ集合は 2^n 個の元からなることを示せ.

問 2 n 個の元からなる有限集合の部分集合のうち, k 個の元からなるものはいくつあるか. ただし, $0 \leqq k \leqq n$ とする.

(b) 集合と論理

集合と論理は直接的に関連している. 次のような命題を考えるとこの様子がよく理解される.

$$p = \text{「x は A の元である」}$$
$$q = \text{「x は B の元である」}$$

このとき,

$$p \wedge q = \text{「x は $A \cap B$ の元である」}$$
$$p \vee q = \text{「x は $A \cup B$ の元である」}$$
$$\neg p = \text{「x は A^c の元である」}$$
$$p \rightarrow q = \text{「x が A の元であれば x は B の元である」}$$

となる. すなわち, 論理記号 $\wedge, \vee, \neg$ はそれぞれ集合の演算記号 $\cap, \cup, {}^c$ に対応し, 論理記号 $\rightarrow$ は $\subset$ に関連しているのである. そして, 集合の演算についての性質は, 実は論理における命題演算(すなわち, いくつかの命題から論理記号を用いて新しい命題を作る操作)の性質そのものと考えられる. 例

112――― 第 3 章　集合，写像，関係

えば和の可換性

$$A \cup B = B \cup A$$

は命題 $(p \vee q) \leftrightarrow (q \vee p)$ が，どのような命題 p, q に対しても真になっていることに対応する．同様に

$$A \cap (B \cup C) = (A \cap B) \cup (A \cap C)$$

については

$$(p \wedge (q \vee r)) \leftrightarrow ((p \wedge q) \vee (p \wedge r))$$

がどのような命題 p, q, r をもってきても真であるということに対応している．さらに，ド・モルガンの公式は，つねに真な命題

$$\neg(p \vee q) \leftrightarrow (\neg p \wedge \neg q)$$
$$\neg(p \wedge q) \leftrightarrow (\neg p \vee \neg q)$$

を集合の演算で読み替えたものである．

　これからの議論では，論理記号 $\wedge, \vee, \neg, \rightarrow$ 以外に次のような記号も導入すると便利である．x に関する命題 $P(x)$ に対して，

$$\forall x P(x)$$

は，「**すべての** x に対して $P(x)$ が成り立つ」という命題であり

$$\exists x P(x)$$

は，「$P(x)$ が成り立つようなある x が**存在**する」という命題を表す．論理記号 $\wedge, \vee, \neg, \rightarrow$ を論理的連結詞，$\forall, \exists$ を限定作用素ということがある．このような記号を使うと，例えば命題「任意の 2 点 A, B に対して，A, B を含む直線 l が存在する」は

$$\forall A \forall B \exists l [(A \in l) \wedge (B \in l)]$$

のように表される．

　ここで 2 つの命題 $\forall x P(x)$ と $\exists x P(x)$ の否定を考えてみよう．「すべての x に対して $P(x)$ が成り立つ」の否定は，「$P(x)$ が成り立たないような x が存在する」であり，「$P(x)$ が成り立つようなある x が存在する」の否定は「すべての x に対して $P(x)$ が成り立たない」となることは日常的な論理感覚からも自然であろう．このような観点から命題

$$\neg(\forall x P(x)) \leftrightarrow \exists x (\neg P(x))$$

$$\neg(\exists x P(x)) \leftrightarrow \forall x(\neg P(x))$$

はつねに正しいと考える.

集合と論理の関連を突き詰めていくと, 実は集合とは何かについて反省しなければならないことになるのだが, ここではこれ以上の深入りは避けよう.

(c) 集 合 族

集合 I の各元 i に集合 A_i が対応しているとき, 集合 $\{A_i \mid i \in I\}$ を I を添字の集合とする**集合族**という. これを $\{A_i\}_{i \in I}$ と書くこともある.

集合族 $\{A_i\}_{i \in I}$ について, 和集合と共通部分

$$\bigcup_{i \in I} A_i, \quad \bigcap_{i \in I} A_i$$

が 2 つの集合の場合と同様に定義される. すなわち, 和集合は少なくとも 1 つの A_i に属する元を全部集めて得られる集合であり, 共通部分はすべての A_i に属する元全体の集合である. 上で導入した論理記号 $\exists, \forall$ を使うと

$$\bigcup_{i \in I} A_i = \{x \mid \exists i[x \in A_i]\}$$

$$\bigcap_{i \in I} A_i = \{x \mid \forall i[x \in A_i]\}$$

となる. A_i がすべて X の部分集合であるとき, ド・モルガンの公式

$$\left(\bigcup_{i \in I} A_i\right)^c = \bigcap_{i \in I} A_i^{\,c}$$

$$\left(\bigcap_{i \in I} A_i\right)^c = \bigcup_{i \in I} A_i^{\,c}$$

が成り立つことは, 上で述べた $\exists, \forall$ を含む命題の否定に関する法則を使えば簡単に示すことができる. A_i たちが X の部分集合からなるとき, この集合族を X の**部分集合族**という.

集合族 $\{A_i\}_{i \in I}$ において,

$$A_i \cap A_j = \emptyset$$

が, すべての $i \neq j$ に対して成り立つとき, $\{A_i\}_{i \in I}$ は互いに素な集合からなる集合族という.

114——— 第 3 章 集合，写像，関係

問 3 次を示せ.

$$(\bigcup_{i \in I} A_i) \cap B = \bigcup_{i \in I} (A_i \cap B), \quad (\bigcap_{i \in I} A_i) \cup B = \bigcap_{i \in I} (A_i \cup B)$$

（d） 直　　積

2 つの集合 A, B に対して，A の元 a と B の元 b の組 (a, b) の全体を $A \times B$ と書いて A と B の**直積**(direct product)という．ここで，2 つの組 (a_1, b_1), (a_2, b_2) について

$$(a_1, b_1) = (a_2, b_2) \iff a_1 = a_2, \quad b_1 = b_2$$

と定める.

n 個の集合 $A_1, A_2, \cdots, A_n$ についても，A_1 の元 a_1, A_2 の元 a_2, $\cdots$, A_n の元 a_n を並べたもの $(a_1, a_2, \cdots, a_n)$ 全体を

$$A_1 \times A_2 \times \cdots \times A_n$$

と書いて，$A_1, A_2, \cdots, A_n$ の**直積**という.

注意 3.4 もし，平面や空間の座標について知っていれば，このような直積はすでにお馴染みである．すなわち，点を表すのに，座標 (x, y)（空間の場合は (x, y, z)）を使うが，これは平面を 2 つの $\mathbb{R}$ の直積 $\mathbb{R} \times \mathbb{R}$（空間の場合は 3 つの $\mathbb{R}$ の直積 $\mathbb{R} \times \mathbb{R} \times \mathbb{R}$）で表したことにほかならない．座標については第 6 章であらためて解説する.

（e） 幾何学の公理系と集合論

幾何学の公理系を，集合の考え方を使って見直してみよう.

平面を 1 つの集合と考え，それを $\mathbb{X}$ と書くことにする．点は $\mathbb{X}$ の元，直線は $\mathbb{X}$ のある部分集合の族 L の元と考える．例えば，公理系の出発点である直線公理(I)は，集合の言葉のみを用いると次のように述べることができる.

「集合 $\mathbb{X}$ と，その部分集合の族 L が与えられ，

（a） $\mathbb{X}$ の異なる 2 つの元 x, y に対して，x, y を含む L の元 l が，ただ 1 つ存在する.

（b） L の元は，少なくとも 3 つの異なる $\mathbb{X}$ の元を含む.

§3.1 集 合—— *115*

（ｃ） $\mathbb{X}$ の３つの元からなる部分集合で，L のどの元 l にも含まれない
ものが存在する.」

また，平行線の公理（Ｖ）も

「任意の元 $l \in L$ と l に含まれない $\mathbb{X}$ の元 x に対して，x を含む L の元 l'
で，$l \cap l' = \varnothing$（空集合）となるものは１つしか存在しない」

と述べることができる. さらに，他の公理も集合の言葉のみを使って書き表
すことができるのである（後でみるように,「合同」や「間にある」という関
係も，集合論の範疇で説明できる）.

ここで再び強調しておきたいことは，$\mathbb{X}$ や L の元は，一応「点」「直線」
と名前をつけているが，実は第２章で行われた推論では，それらが直観的に
もつ具体的イメージを何ら使ってはいないことである. 点や直線の定義を与
えないといった意味は，まさに集合から話を始めると宣言したことにほかな
らない.

では，このように具体的イメージを幾何学的対象から取り除くことには，
どのような積極的意義があるのだろうか. その答の１つは，ユークリッドの
『原本』における「定義」の曖昧さを解決することにある.『原本』では点，
直線，平面の「定義」が次のように与えられている.

「点とは部分をもたないものである」

「線とは幅のない長さである」

「直線とはその上にある点について一様に横たわる線である」

「面とは長さと幅のみをもつものである」

「平面とはその上にある直線について一様に横たわる面である」

これらの定義はきわめて感覚的なものではある. もちろん読者の目の前で
これらの図が具体的に書かれるときには，これ以上の説明は必要としないよ
うにも思われる. しかし，「部分」「幅」「長さ」「一様に横たわる」などの意
味はやはり数学的には意味不明であって，厳密な幾何学を目指すとき克服し
なければならない欠点なのである. このような不十分な点を補う方法が集合
論を基礎にした公理的考え方である.

もう１つの意義は平行線の公理の問題に関連しているのだが，それは第７

章で語られる主題である．

§3.2 写　　像

(a) 写像の定義

写像は，関数の概念を一般化したものであり，きわめて重要なものである．

X, Y を集合とし，X の各元 x に対してある規則で Y の1つの元 y が対応するとき，この対応を X から Y への**写像**(map, mapping) という．X を**定義域**(domain) という．写像は記号

$$f : X \longrightarrow Y \quad \text{または} \quad X \xrightarrow{f} Y$$

により表され，この写像で X の元 x と Y の元 y が対応しているとき $y = f(x)$ と書く．y を写像 f による x の**像**(image) という．特に Y が実数の集合 $\mathbb{R}$ や複素数の集合 $\mathbb{C}$ であるとき，f を (X を定義域とする)**関数**(function) ということもある．また，$X = Y$ であるとき，写像 f を X の**変換**(transformation) という．X の**恒等写像**(identity map)あるいは**恒等変換**とは，X の変換 $f : X \longrightarrow X$ で，$f(x) = x$ ($x \in X$) を満たすものをいう．恒等変換を I_X あるいは単に I で表す．

f, g を X から Y への写像とするとき

$$f = g$$

であるとは，すべての $x \in X$ に対して，$f(x) = g(x)$ が成り立つことをいう (**写像の相等**)．

写像 $f : X \longrightarrow Y$, $g : Y \longrightarrow Z$ に対して，写像 $h : X \longrightarrow Z$ が $h(x) = g(f(x))$ ($x \in X$) により定められる．この写像 h を f と g の**合成**(composite) といい，

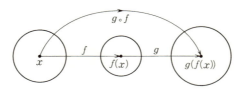

図 3.1

$$\S 3.2 \quad 写 \quad 像 \text{------} 117$$

gf または $g \circ f$ で表す.

補題 3.5 写像の合成について，次の**結合律**が成り立つ.

$$X \xrightarrow{f} Y \xrightarrow{g} Z \xrightarrow{h} W \quad \text{に対して} \quad h(gf) = (hg)f.$$

[証明] 次のように示す. 任意の $x \in X$ に対して

$$h(gf)(x) = h((gf(x)) = h(g(f(x)))$$

$$(hg)f(x) = hg(f(x)) = h(g(f(x)))$$

となるから，$h(gf)(x) = (hg)f(x)$. 写像の相等の定義により，$h(gf) = (hg)f$. ∎

X の部分集合 A に対して

$$f(A) = \{f(x) \mid x \in A\}$$

とおいて，f による A の**像**という. $f(X) = Y$ であるとき，f は**全射**(surjection)であるという.

Y の部分集合 B に対して，

$$f^{-1}(B) = \{x \in X \mid f(x) \in B\}$$

とおいて，B の f による**原像**(inverse image)という. $f^{-1}(\{y\})$ を $f^{-1}(y)$ と書き，元 y の原像という. $y \notin f(X)$ であるときは，$f^{-1}(y) = \emptyset$. 写像 $f: X \longrightarrow Y$ は次の性質を満たすとき**単射**(injection)であるといわれる.

$$x_1 \neq x_2 \implies f(x_1) \neq f(x_2).$$

f が単射であることと，$f(X)$ の任意の元の原像がただ 1 つの元からなることとは同じことである.

f が全射かつ単射であるとき，f を**全単射**(bijection)あるいは **1 対 1 の対応**(one-to-one correspondence)という. 全単射 $f: X \longrightarrow Y$ に対して，Y の各元 y に y の原像 $f^{-1}(y)$ を対応させる写像を f の**逆写像**(inverse map)といい，f^{-1} と書く. f^{-1} は，$gf = I_X$, $fg = I_Y$ となる写像 $g: Y \longrightarrow X$ に等しい.

例題 3.6 $X \xrightarrow{f} Y \xrightarrow{g} X$ において，$gf = I_X$ であるとき，f は単射であり，g は全射であることを示せ.

[解] 任意の $x \in X$ について，$g(f(x)) = x$ であるから，x は g の像に入り，g は全射である. $f(x_1) = f(x_2)$ とすると，

118―――第3章　集合，写像，関係

$$x_1 = g(f(x_1)) = g(f(x_2)) = x_2$$

であるから，f は単射である.　∎

問4　次を示せ.
$$f(A_1 \cup A_2) = f(A_1) \cup f(A_2)$$
$$f(A_1 \cap A_2) \subset f(A_1) \cap f(A_2)$$
$$A \subset f^{-1}(f(A))$$

問5　次を示せ.
$$f^{-1}(B_1 \cup B_2) = f^{-1}(B_1) \cup f^{-1}(B_2)$$
$$f^{-1}(B_1 \cap B_2) = f^{-1}(B_1) \cap f^{-1}(B_2)$$
$$f^{-1}(B^c) = (f^{-1}(B))^c$$

　A を X の部分集合とし，$f : X \longrightarrow Y$ を写像とするとき，写像 $g : A \longrightarrow Y$ が $g(a) = f(a)$ とおくことにより定まる. この g を f の A への**制限**(写像)(restriction)といい，$f \,|\, A$ により表す.

　X の部分集合 A に対して，写像 $i : A \longrightarrow X$ が $i(a) = a$ とおくことにより定義される. この i を部分集合 A から X への**包含写像**(inclusion map)という.

　X と Y の直積 $X \times Y$ に対して，2つの写像
$$p : X \times Y \longrightarrow X, \quad q : X \times Y \longrightarrow Y$$
が $p(x, y) = x$, $q(x, y) = y$ として定義される. p, q をそれぞれ直積 $X \times Y$ から X と Y への**射影写像**(projection map)あるいは単に**射影**という. 同様に n 個の直積 $X_1 \times X_2 \times \cdots \times X_n$ から X_i $(i = 1, 2, \cdots, n)$ への射影が定義される.

（b）　写像のグラフ

　実数の集合を定義域とする実数値関数 $y = f(x)$ には，そのグラフというものを考えることができた. これは直積 $\mathbb{R} \times \mathbb{R}$ の部分集合 $\{(x, f(x)) \,|\, x \in \mathbb{R}\}$ のことである.

　一般の写像 $f : X \longrightarrow Y$ に対しても，そのグラフ $G(f)$ を $X \times Y$ の部分集

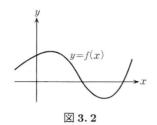

図 3.2

合 $\{(x, f(x)) \mid x \in X\}$ により定義する.

定理 3.7

（ i ） 2 つの写像 $f, g : X \longrightarrow Y$ に対して
$$f = g \iff G(f) = G(g)$$
が成り立つ.

（ii） $X \times Y$ の部分集合 G が，X から Y へのある写像のグラフになっているためには，

（a） X のすべての元 x に対して，$(x, y) \in G$ となる $X \times Y$ の元 (x, y) が存在する.

（b） $(x, y) \in G$ かつ $(x, y') \in G$ であれば，$y = y'$.

が成り立つことが必要十分条件である.

［証明］ （i） $\Longrightarrow$ は明らか. $G(f) = G(g)$ とすると,
$$(x, y) \in G(f) \iff y = f(x)$$
$$(x, y) \in G(g) \iff y = g(x)$$
であることから，任意の $x \in X$ に対して $f(x) = g(x)$. よって $f = g$ である.

（ii） $G = G(f)$ であれば,
$$y = f(x) \text{ とおけば，} (x, y) \in G \Longrightarrow \text{(a)}$$
$$(x, y) \in G(f) \text{ であるとき，} y = f(x) \Longrightarrow \text{(b)}$$
である. 逆に(a),(b)が成り立つとき,
$$(x, y) \in G \iff y = f(x)$$
と定義することによって，写像 $f : X \longrightarrow Y$ が定まる. ∎

この定理により，写像の概念は性質(a),(b)を満たす直積 $X \times Y$ の部分集合 G に置き換えることができる.

120——第3章 集合，写像，関係

例3.8 恒等写像 $I : X \longrightarrow X$ のグラフ $G(I)$ は $\{(x,x) \mid x \in X\}$ である. この集合を $X \times X$ の**対角線集合**といい，Δ_X により表す. ▢

X から Y への写像全体のなす集合を Y^X または $\mathrm{Map}(X, Y)$ により表す.

例3.9 $Y = \{0, 1\}$ の場合を考えよう. $f \in \{0, 1\}^X$ に対して，X の部分集合 A が $f^{-1}(1)$ として定まる. 逆に X の部分集合 A に対して $f \in \{0, 1\}^X$ を

$$f(x) = \begin{cases} 1 & (x \in A) \\ 0 & (x \notin A) \end{cases} \tag{3.1}$$

と定義できる. この 2 つの対応 $f \longmapsto A$, $A \longmapsto f$ は互いに逆写像になっており，よって X のベキ集合 2^X から $\{0, 1\}^X$ への全単射を得る. ▢

式(3.1)で定義した f を A の**定義関数**，あるいは A の**特性関数**という.

（c） 集合の対等と濃度

集合 X と集合 Y の間に，1 対 1 の対応があるとき(すなわち，全単射 $X \longrightarrow Y$ が存在するとき)，X と Y は**対等**あるいは同じ**濃度**(cardinal number)をもつといい，$X \sim Y$ により表す.

例3.10 X, Y が有限集合の場合は，
$$X \sim Y \iff |X| = |Y|.$$ ▢

例題3.11 対等の関係について次の性質が成り立つことを示せ.

（1） $X \sim X$

（2） $X \sim Y \implies Y \sim X$

（3） $X \sim Y, \quad Y \sim Z \implies X \sim Z$

[解] （1）X の恒等写像により，X は X 自身に対等.

（2）X から Y への全単射 f に対して，逆写像 f^{-1} が Y から X への全単射になる.

（3）全単射の合成は全単射. ▮

§3.2 写　　像—— *121*

X, Y が対等であれば，ある意味でそれらに属する元の「個数」は同じと考えることができる．特に有限集合の場合はこれは正しいが，無限集合の場合は元の個数に意味がなくなる代わりに，2つの集合 X, Y の元の間に1対1の対応があるとき同じ「個数」の元を含むと思うことにするのである．そして，濃度はこの元の「個数」を無限集合に一般化した概念と考えることができる．

有限集合では，元の個数を比較し集合の「大小」について論ずることができる．一般の集合ではこの大小の問題を，写像を用いて次のように考えることにする．

集合 X の濃度が Y の濃度よりも小さいか等しいということを，X から Y への単射が存在することとして定義する．そしてこのことを $X \leqq Y$ により表す．

例 3.12　$X \subset Y$ であれば，$X \leqq Y$. 実際，包含写像 $i : X \longrightarrow Y$ は単射である．　　　　　　　　　　　　　　　　　　　　　　　　　　　　　　□

例 3.13　平面の任意の2つの線分は対等である（平行線の公理は仮定しない）．これを見るために，まず合同な2つの線分が対等であることを示そう．

AB, CD を合同な2つの線分とする．写像 $f : AB \longrightarrow CD$ を次のように構成する．線分 AB 上の点 E に対して，線分 CD 上の点 F を $AE \equiv CF$ となるようにとる（合同公理 IV–A–b）．$f(E) = F$ として f を定義すれば，やはり合同公理により f は全単射である．

次に $AB \not\equiv CD$ のとき，線分 AB の端点 B に垂線を立て，その上に点 G を $GB \equiv CD$ となるようにとる．GB と AB が対等であることを示せばよい．線分 AG の延長上に点 O をとり，これを使って線分 GB から線分 AB への写像 g を次のように定義する．GB 上の点 E に対して，O を始点とする半直線 OE は線分 AB と交わる（定理 2.23(ii)）．この交点を F として，$g(E) = F$ と定める．逆に線分 AB 上の点 F に対して，半直線 OF が線分 GB と交わる点を E とすれば写像 $h : AB \longrightarrow GB$ が得られるが，これが g の逆写像になっていることは明らか．したがって g は全単射である．　　　　　□

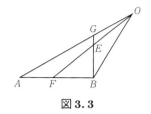

図 3.3

注意 3.14 上で示したことから，線分 CD が線分 AB に真に含まれているときも AB と CD は対等である．直観的には AB の方が CD より「多く」の点を含んでいるようだが，集合の対等の立場からは「同じ数」の点からなっているのである．このようなことは，昔の人々にとっては一種の逆理(パラドックス)であった．似たような例は次節でも現れるが，いずれにしても「無限」の醸し出す 1 つの不思議な現象ではある．

例題 3.15 次を示せ．
（1） $X \leqq X$
（2） $X \leqq Y, \ Y \leqq Z \implies X \leqq Z$
[解] (1)は自明．(2)は 2 つの単射の合成が単射となることに注意すればよい．∎

上の例題から $\leqq$ は順序関係(p.69)になるのではないか，すなわち
$$X \leqq Y, \quad Y \leqq X \implies X \sim Y$$
を満たすのではないかと期待される．こう書くといかにももっともらしい主張であるが，言い換えれば，X から Y への単射があり，Y から X への単射があれば，X と Y の間には 1 対 1 の対応があるということだから，決して自明なことではない．しかし，答は肯定的である．

定理 3.16 (カントル–シュレーダー–ベルンシュタイン)
$$X \leqq Y, \quad Y \leqq X \implies X \sim Y.$$
[証明] 仮定から単射 $f : X \longrightarrow Y$ および $g : Y \longrightarrow X$ が存在する．
$$Y_1 = f(X) \quad (\subset Y)$$

§3.2 写像 — 123

$$X_1 = g(Y) \quad (\subset X)$$
$$X_2 = g(Y_1) \quad (\subset X)$$

とおく．$Y_1 \sim X$, $Y_1 \sim X_2$ であるから，$X \sim X_2$．しかも $X_1 \sim Y$, $X \supset X_1 \supset X_2$ である．

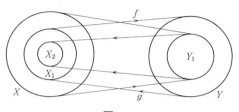

図 3.4

よって，次の一般的補題を示せばよい．

補題 3.17
$$X \supset X_1 \supset X_2, \quad X \sim X_2 \implies X \sim X_1.$$

[証明] $X \sim X_2$ であるから，X から X_2 への全単射 h が存在する．X の部分集合 $X_3, X_4, \cdots, X_n, \cdots$ を次のように定める．

$$X_3 = h(X_1)$$
$$X_4 = h(X_2)$$
$$\cdots\cdots$$
$$X_n = h(X_{n-2}) \quad (n \geqq 3)$$

このとき，$X_n \subset X_{n-1}$ $(n=2,3,4,\cdots)$ である．実際，これは $n=2$ のとき正しい．また，$n=3$ のときは

$$X_3 = h(X_1) \subset h(X) = X_2$$

となり，このときも正しい．$n \geqq 4$ として，n 以下の k に対して $X_k \subset X_{k-1}$ が正しいと仮定すると

$$X_{n+1} = h(X_{n-1}) \subset h(X_{n-2}) = X_n$$

となって，$n+1$ のときも正しい．よって帰納法によりすべての $n \geqq 2$ に対して $X_n \subset X_{n-1}$ である．

こうして，$X \supset X_1 \supset X_2 \supset \cdots \supset X_n \supset \cdots$ となる集合の列が得られた．
$$A = X_1 \cap X_2 \cap X_3 \cap \cdots$$
とおくと，X と X_1 を，次のように互いに素な集合の和として表すことができる．
$$X = A \cup (X - X_1) \cup (X_1 - X_2) \cup (X_2 - X_3) \cup \cdots$$
$$X_1 = A \cup (X_1 - X_2) \cup (X_2 - X_3) \cup \cdots$$

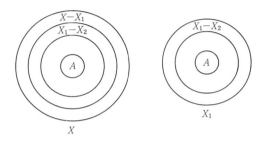

図 3.5

ところで，写像 h は X と X_2 の 1 対 1 の対応であり，
$$h(X) = X_2, \quad h(X_1) = X_3$$
であるから，h を $X - X_1$ に制限した写像は，$X - X_1$ から $X_2 - X_3$ への全単射になる．同様に，h を $X_2 - X_3$ に制限した写像は $X_2 - X_3$ から $X_4 - X_5$ への全単射になる．これを続ければ，結局 h の $X_{2n} - X_{2n+1}$ への制限は $X_{2n} - X_{2n+1}$ から $X_{2n+2} - X_{2n+3}$ への全単射となることがわかる．

X から X_1 への全単射 k を次のように定義する．
$$k(x) = \begin{cases} x & x \in X_{2n-1} - X_{2n} \quad (n = 1, 2, 3, \cdots) \\ h(x) & x \in X_{2n} - X_{2n+1} \quad (n = 0, 1, 2, \cdots) \\ x & x \in A \end{cases}$$

(ただし $X_0 = X$ とおいた)．k が全単射であることは，上に書いた X, X_1 の分割の仕方から明らかであろう． ∎

2 つの集合 X, Y について，$X \leqq Y$ であり，しかも X と Y は対等でないとき，$X < Y$ と表すことにする．

§3.3 無限集合 —— 125

定理 3.18 集合 X について，$X < 2^X$ が成り立つ．特に X とそのベキ集合 2^X は決して対等にはならない．

[証明] $X \leqq 2^X$ であることは，単射 $f : X \longrightarrow 2^X$ が $f(x) = \{x\}$ とおくことにより得られることから明らか．

$X \sim 2^X$，すなわち全単射 $f : X \longrightarrow 2^X$ が存在すると仮定して矛盾を導こう．

$$A = \{x \mid x \notin f(x)\}$$

とおくと，$A \in 2^X$ であり，f は全射であるから，$f(a) = A$ となる $a \in X$ が存在する．この a に対して A の定義を使うと

（1） $a \in f(a)$ とすると $a \in A$．よって $a \notin f(a)$．

（2） $a \notin f(a)$ とすると $a \notin A$．よって $a \in f(a)$．

いずれにしても不合理であるから，全単射 f は存在しない． ∎

§3.3 無限集合

（a） 可算集合

ここでは，無限集合にも色々なタイプがあることを見よう．

最も代表的な無限集合は自然数の集合 $\mathbb{N}$ である．$\mathbb{N}$ と対等な集合を，**可算集合**(countable set) という．これと有限集合を合わせて**たかだか可算集合**という．たかだか可算集合ではない集合を**非可算集合**(uncountable set) という．X が可算集合であれば，$\mathbb{N}$ との1対1の対応を使い，X の元に番号をつけて

$$X = \{x_1, x_2, \cdots, x_n, \cdots\}$$

と書くことができる．逆に，このように表される集合が可算集合である．

例題 3.19 可算集合の部分集合が有限集合でなければ，それは可算集合であることを示せ．

[解] $\mathbb{N}$ の部分集合について示せばよい．$A \subset \mathbb{N}$ とする．A から最小の自然数を選んで a_1 とし，A から a_1 を除いたものから，再び最小の自然数をとって a_2 とする．この操作を続ければ，A に属する自然数の列

―― ラッセルの逆理 ――

　定理 3.18 の証明は，実は集合論にとって危険な香りを発散している．それは，次のラッセル(1872–1970)による逆理に類似しているからである．
　次のような集合を考える．
$$A = \{X \mid X \notin X\} \qquad\qquad (*)$$
すなわち，A は自分自身を元としてはもっていない集合を元とする集合である．A は空集合ではない．たとえば，X として，1 つの元 a からなる集合 $\{a\}$ を考えれば，X の元は a のみからなり，$\{a\}$ は X の元ではない．ここで A も集合であるから，A 自身が A の元かどうかを調べてみる．
　（1）　$A \in A$ とすると，A の定義(*)から $A \notin A$
　（2）　$A \notin A$ とすると，A の定義(*)から $A \in A$
いずれにしても不合理である．

　この論法のどこがおかしいのであろうか．実は，(*)により定義される A は「ものの集まり」としては大きすぎるのであって，このようなものを集合としたのがいけないのである．しかし，集合の定義を思い出してみると，「はっきりしたものの集まり」ということであるから，(*)により定義される A も集合と考えてもいいではないかと考えるのも当然のことである．

　この逆理は集合論の創成期に直面した最も深刻な問題であった．これを克服するには，集合の「定義」の問題を真剣に検討する必要に迫られる．ある意味でこれは，ユークリッド幾何学における点や直線の「定義」についての問題に酷似している．実際，数学者は，「集合」の概念も「無定義用語」として扱い，集合論を記号論理を用いて公理化することによりラッセルの逆理を克服したのである．

　しかし，我々の扱う「ものの集まり」は決して逆理に導かれるようなものではないから，安心して読み進んでもらいたい．

$$a_1 < a_2 < \cdots < a_n < \cdots$$
を得る(a_n は，A から $a_1, a_2, \cdots, a_{n-1}$ を除いたものの中で最小の数）．A の元は必ずこの列の中に現れる（実際，$a_{n-1} < a \leqq a_n$ となる番号 n が存在するが，もし $a \neq a_n$ とすると，a_n のとり方に反する）．よって $A = \{a_1, a_2, \cdots\}$ となり，A は可算集合になる．∎

この例題から，非可算集合を部分集合として含む集合は，非可算集合であることがわかる．

例 3.20 偶数の全体 $\mathbb{N}_e$，奇数の全体 $\mathbb{N}_o$ は可算集合である．実際，
$$f_e : \mathbb{N} \longrightarrow \mathbb{N}_e, \quad f_o : \mathbb{N} \longrightarrow \mathbb{N}_o$$
を，$f_e(n) = 2n$，$f_o(n) = 2n-1$ $(n \in \mathbb{N})$ とおいて定義すれば，f_e, f_o ともに全単射である．これらの例は，例 3.13 と同様，真部分集合でも全集合と対等なことがあることを示している．実は，下で述べる定理 3.22 が示すように任意の無限集合はこの性質を持つことがわかる． □

補題 3.21 無限集合は必ず可算部分集合を含む．

[証明] X を無限集合としたとき，X からまず 1 つの元 x_1 を取り出す．$X - \{x_1\}$ は無限集合であるから，これから 1 つの元 x_2 を取り出すと $x_2 \neq x_1$．$X - \{x_1, x_2\}$ も無限集合であるから，$X - \{x_1, x_2\}$ から 1 つの元 x_3 を取り出すと，$x_3 \neq x_1$，$x_3 \neq x_2$．この操作を続けると，X の異なる元からなる無限列
$$x_1, x_2, x_3, \cdots$$
が得られる．これをまとめた集合は可算集合であり，X に含まれる． ∎

定理 3.22 無限集合はそれ自身と対等な真部分集合を含む．

[証明] X を無限集合とすれば，上の補題から可算部分集合を含むから，その 1 つを $A = \{a_1, a_2, \cdots\}$ としよう．$B = X - A$ とおけば
$$X = B \cup \{a_1, a_2, \cdots\}$$
である．いま
$$Y = B \cup \{a_2, a_4, \cdots\}$$
という集合 Y を考えれば，Y は X の真部分集合であり，しかも写像 f：

$X \longrightarrow Y$ を

$$f(x) = \begin{cases} x & (x \in B) \\ a_{2n} & (x = a_n) \end{cases}$$

により定義すれば，f は全単射であるから X と Y は対等である． ∎

例題 3.23 $A_1, A_2, \cdots, A_n, \cdots$ がすべてたかだか可算集合であれば，和集合
$$A_1 \cup A_2 \cup \cdots \cup A_n \cup \cdots$$
もたかだか可算集合である．

［解］ $B_1 = A_1$, $B_2 = A_2 - A_1$, $B_3 = A_3 - (A_1 \cup A_2)$, $\cdots$, $B_n = A_n - (A_1 \cup A_2 \cup \cdots \cup A_{n-1})$, $\cdots$ とおけば
$$A_1 \cup A_2 \cup \cdots \cup A_n \cup \cdots = B_1 \cup B_2 \cup \cdots \cup B_n \cup \cdots$$
$$B_i \cap B_j = \emptyset \quad (i \neq j)$$
$$B_i \text{ はたかだか可算集合}$$
となるから，最初から $A_i \cap A_j = \emptyset$ $(i \neq j)$ と仮定して差し支えない．
$$A_1 = \{a_{11}, a_{12}, \cdots\}$$
$$A_2 = \{a_{21}, a_{22}, \cdots\}$$
$$\cdots\cdots$$
$$A_n = \{a_{n1}, a_{n2}, \cdots\}$$
$$\cdots\cdots$$
とすると，

$A_1 \cup A_2 \cup \cdots \cup A_n \cup \cdots = \{a_{11}, a_{12}, a_{21}, a_{13}, a_{22}, a_{31}, \cdots\}$ である．ここで，順番の付け方は，次のように行われる．

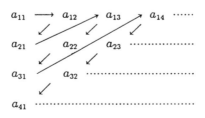

§3.3 無限集合 —— 129

例題 3.24 直積 $X = A_1 \times A_2 \times \cdots \times A_n$ において，すべての $A_1, A_2, \cdots, A_n$ が可算集合であるとき，X も可算集合である．

[解] $n = 2$，$A_1 = A_2 = \mathbb{N}$ の場合を示せば十分である．$\mathbb{N} \times \mathbb{N} = \{(i,j) \mid i,j \in \mathbb{N}\}$ であるから，前例題の証明と同様に

$$\mathbb{N} \times \mathbb{N} = \{(1,1), (1,2), (2,1), (1,3), (2,2), (3,1), \cdots\}$$

となる． ∎

例 3.25 有理数の集合 $\mathbb{Q}$ は可算集合である．これを見るのに，正の有理数の全体 $\mathbb{Q}_+$ が可算集合であることを示せばよい．正の有理数は一意的に既約分数 p/q により表されるから，これを $(p,q) \in \mathbb{N} \times \mathbb{N}$ に対応させれば，$\mathbb{Q}_+$ から $\mathbb{N} \times \mathbb{N}$ への単射が得られる．上の例題で示したように，$\mathbb{N} \times \mathbb{N}$ は可算集合であり，$\mathbb{Q}_+$ はその部分集合に対等であるから，$\mathbb{Q}_+$ も可算集合である． ∎

(b) 非可算集合

非可算集合の例は，自然数の集合のベキ集合がその 1 つであるが（定理 3.18），ここではもっと具体的なものを考えよう．

定理 3.26 実数の集合 $\mathbb{R}$ は非可算集合である．

[証明] 1 以下の正の実数全体 X が非可算集合であることを示せばよい．実数についての次のような性質を使う．実数 $x \in X$ は，次のように表される．

$$x = a_1 10^{-1} + a_2 10^{-2} + \cdots + a_n 10^{-n} + \cdots. \tag{3.2}$$

ここで，a_n は $0 \leqq a_n \leqq 9$ を満たす整数である．言い換えれば

$$x = 0.a_1 a_2 \cdots a_n \cdots$$

は a の（10 進法による）小数展開を表す．逆に，このような整数の列 $\{a_n\}_{n=1}$ を与えると，(3.2) の右辺はある実数 x に収束する（本シリーズ『微分と積分 1』参照）．ここで，ある位から後はすべて 0 が並ぶ小数

$$x = 0.a_1 a_2 \cdots a_n 000 \cdots$$

は $0.a_1 a_2 \cdots (a_n - 1) 999 \cdots$ と同じ実数を表すことに注意．例えば

$$1 = 1.000 \cdots = 0.9999 \cdots$$

である．このことから，任意の $x \in X$ は，ある位から先がすべて 0 ではない小数展開をもつ．しかも，このような展開のみを考えると，それは x に対し

130——第3章　集合，写像，関係

て一意的である．実際，異なる小数展開

$$a_1 10^{-1} + a_2 10^{-2} + \cdots + a_n 10^{-n} + \cdots = b_1 10^{-1} + b_2 10^{-2} + \cdots + b_n 10^{-n} + \cdots$$

$$0 \leqq a_n, b_n \leqq 9$$

が存在したとすると，$a_k \neq b_k$ となる最初の番号 k があり，

$$a_k - b_k = (b_{k+1} - a_{k+1})10^{-1} + (b_{k+2} - a_{k+2})10^{-2} + \cdots$$

となる．この左辺は 0 でない整数．右辺の絶対値は，

$$9 \cdot 10^{-1} + 9 \cdot 10^{-2} + \cdots = 1$$

より真に小さいから矛盾である（$9 = b_{k+1} = b_{k+2} = \cdots,\ 0 = a_{k+1} = a_{k+2} = \cdots$ または $9 = a_{k+1} = a_{k+2} = \cdots,\ 0 = b_{k+1} = b_{k+2} = \cdots$ のときのみ絶対値は 1 となる）．

さて，X が可算集合であると仮定して，

$$X = \{x_1, x_2, \cdots\}$$

とする．それぞれの元を小数展開（ある位から先がすべて 0 ではない展開）し

$$\begin{cases} x_1 = 0.a_{11}a_{12}a_{13}\cdots \\ x_2 = 0.a_{21}a_{22}a_{23}\cdots \\ x_3 = 0.a_{31}a_{32}a_{33}\cdots \\ \qquad \cdots\cdots \\ x_n = 0.a_{n1}a_{n2}a_{n3}\cdots \\ \qquad \cdots\cdots \end{cases} \tag{3.3}$$

としよう．ここで，実数 x として，次の小数展開をもつものを考える．

$$x = 0.b_1 b_2 b_3 \cdots$$

$$b_n = \begin{cases} a_{nn} + 1 & (a_{nn} \neq 9 \text{ のとき}) \\ 1 & (a_{nn} = 9 \text{ のとき}) \end{cases}$$

すなわち，上の展開(3.3)の対角線の部分の情報から作られた展開である．この展開は，ある位から先がすべて 0 ではないという要請を満たしている．x はもちろん X に属するから，ある番号 n により，$x = x_n$ となる．ところが，両者の展開の n の位を見るとそれらは明らかに異なる．これは矛盾である．よって X は可算集合ではない．∎

この定理は，カントルによって証明された．これは，「もの」の多さについての「無限」にも階層があることが観察された最初の例を与えている．す

なわち，カントルが登場するまで，ものの多さの「無限」は同じ種類しかないと思われていたのである（ガリレイ（G. Galilei, 1564–1642）は，自然数と偶数が「同じ個数」あることを知って，むしろ無限の多様性がないことに悩んだといわれる）。

カントルの使った方法（上の証明）は，対角線論法とよばれ，他の分野でもいろいろな形で使われている（最も有名なのは，ゲーデルによる形式化した自然数論の不完全性定理の証明である）。

実数の集合は非可算であることがわかったが，直線や平面は非可算集合だろうか？ 実はこれまでに述べた公理（連続公理は除く）からは，可算か非可算かは決定できない。第4章以降では，実数と幾何学を結びつけることにより，この問題を別の観点から扱うことになる。

補題 3.27 X を非可算集合とし，A をそのたかだか可算部分集合とする。このとき $X - A \sim X$ である。

[証明] 定理 3.22 の証明を参考にする。$X - A$ は非可算集合であるから（例題 3.23），$X - A$ に含まれる可算部分集合 B が存在する。再び例題 3.23 によって $A \cup B$ は可算集合であるから，全単射

$$g : A \cup B \longrightarrow B$$

が存在する。この g を使って，写像 $f : X \longrightarrow X - A$ を

$$f(x) = \begin{cases} x & (x \in X - (A \cup B)) \\ g(x) & (x \in A \cup B) \end{cases}$$

により定義すると，f は全単射である。∎

定理 3.28 自然数の集合 $\mathbb{N}$ のベキ集合 $2^{\mathbb{N}}$ は，実数の集合 $\mathbb{R}$ と対等である。

[証明] まず集合 $\mathbb{R}$ は 0 と 1 の間にある実数の全体 $(0, 1) = \{x \mid 0 < x < 1\}$ と対等である。例えば，全単射 $f : \mathbb{R} \longrightarrow (0, 1)$ を

$$f(x) = \frac{e^x}{e^x + 1}$$

と定義すればよい。さらに，$(0, 1)$ は集合 $[0, 1) = \{x \mid 0 \leqq x < 1\}$ と対等であ

132——第3章 集合，写像，関係

る(補題3.27). よって， $[0,1)$ が $2^{\mathbb{N}}$ と対等なことを示せばよい.

ベキ集合 $2^{\mathbb{N}}$ は， 0 と 1 からなる列 $\{a_n\}_{n=1}$ 全体からなる集合と同一視される. 実際，このような数列は $\mathbb{N}$ から $\{0,1\}$ への写像と見なすことができるので，全単射 $2^{\mathbb{N}} \longrightarrow \{0,1\}^{\mathbb{N}}$ を使えばよい(例3.9).

写像

$$g : 2^{\mathbb{N}} \longrightarrow [0,1] = \{x \mid 0 \leqq x \leqq 1\}$$

を次のように定義する.

$$g(a_1, a_2, \cdots) = a_1 2^{-1} + a_2 2^{-2} + \cdots, \quad a_i = 0, 1. \qquad (3.4)$$

この右辺は正項級数であり， $2^{-1} + 2^{-2} + \cdots$ は 1 より小さいので $[0,1]$ に属する数に収束する. 逆に $x \in [0,1]$ に対して，その2進展開

$$x = a_1 2^{-1} + a_2 2^{-2} + \cdots, \quad a_i = 0, 1$$

を考えれば， $x = g(a_1, a_2, \cdots)$ となるから g は全射である. ここで $a_1, a_2, \cdots$ の定め方は次のようにする.

$$a_1 = \begin{cases} 1 & (x \geqq 1/2) \\ 0 & (x < 1/2) \end{cases}$$

$$a_2 = \begin{cases} 1 & (x - a_1 2^{-1} \geqq 2^{-2}) \\ 0 & (x - a_1 2^{-1} < 2^{-2}) \end{cases}$$

a_{n-1} まで定めたとき， a_n は

$$a_n = \begin{cases} 1, & x - (a_1 2^{-1} + a_2 2^{-1} + \cdots + a_{n-1} 2^{-(n-1)}) \geqq 2^{-n} \\ 0, & x - (a_1 2^{-1} + a_2 2^{-1} + \cdots + a_{n-1} 2^{-(n-1)}) < 2^{-n} \end{cases}$$

により定義する. 帰納法により

$$0 \leqq x - (a_1 2^{-1} + a_2 2^{-2} + \cdots + a_n 2^{-n}) \leqq 2^{-n}$$

を簡単に証明できるから，(3.4)の右辺は確かに x に収束する.

g は単射ではない(10進法の場合と同様). このため， $2^{\mathbb{N}}$ の部分集合 A を次のように定義する.

$$A = \{\{a_n\}_{n=1} \mid \text{ある番号から先の } a_n \text{ がすべて } 1\}.$$

A は可算集合である. 実際

$$A_k = \{\{a_n\}_{n=1} \mid 1 = a_k = a_{k+1} = \cdots\} \qquad (k \geqq 1)$$

とおけば，A_k は有限集合であり，

$$A = \bigcup_{k=1}^{\infty} A_k$$

であるから，例題 3.23 により A は可算集合である．

容易にわかるように，写像 g の $2^{\mathbb{N}} - A$ への制限は $2^{\mathbb{N}} - A$ から $[0,1) = \{x \mid 0 \leqq x < 1\}$ への全単射である．一方，定理 3.18 により，$2^{\mathbb{N}}$ は非可算集合であるから，$2^{\mathbb{N}} - A$ は $2^{\mathbb{N}}$ と対等である（補題 3.27）．よって $2^{\mathbb{N}}$ は $[0,1)$ と対等である． ∎

集合の考え方が威力を発揮するのは，ある性質を満たす数やものの集まりが「大きい」ということを明確に表現したいときである．その例として，超越数の集合について見てみよう．

実数 x が**代数的数**（algebraic number）であるとは，x がある整数係数の代数方程式

$$a_0 x^n + a_1 x^{n-1} + \cdots + a_n = 0, \quad a_0 > 0 \tag{3.5}$$

の根として表されるときにいう（通常は，(3.5) の虚根も含めて代数的数という）．例えば，有理数 $x = p/q$ は $qx - p = 0$ の根であるから代数的数であり，無理数 $\sqrt{d}$ $(d \in \mathbb{N})$ も，$x^2 - d = 0$ の根であるから代数的数である．代数的数ではない数を**超越数**（transcendental number）という．リウビル（J. Liouville, 1809–1882）は，無限個の超越数の具体的な例を与えた．また，自然対数の底 e や円周率 π が超越数であることも知られている（e についてはエルミート（C. Hermite），π についてはリンデマン（C. L. F. Lindemann）が証明した）．ところが，集合論を使うと，超越数を具体的に構成しなくても，無限個の超越数の存在を証明できるのである．

定理 3.29（カントル）　超越数の全体は非可算集合である．とくに超越数は無限個存在する．

［証明］　代数的数の全体が可算集合であることを示せば十分（補題 3.27）．代数方程式 (3.5) の高さ（height）を，

$$h = n + a_0 + |a_1| + \cdots + |a_n| \tag{3.6}$$

134――― 第3章 集合，写像，関係

により定義する．h を与えると，（3.6）を満たす組 $(n, a_0, a_1, \cdots, a_n)$ は有限個しかないから，高さ h の代数方程式を満たす代数的数全体のなす集合 A_h は有限個である．代数的数全体は和集合 $A_1 \cup A_2 \cup \cdots$ と一致するから，例題 3.23 によりそれは可算集合となる．∎

さて，可算集合である $\mathbb{N}$ から始めて，次のように順次ベキ集合をとることにより，集合の列ができあがる．

$$X_0 = \mathbb{N}$$
$$X_1 = 2^{X_0}$$
$$X_2 = 2^{X_1}$$
$$\cdots\cdots$$
$$X_{n+1} = 2^{X_n}$$
$$\cdots\cdots$$

定理 3.18 により，

$$X_0 < X_1 < X_2 < \cdots < X_n < \cdots$$

となる．これは，「無限」の階層を表す1つの標準的な列である（定理 3.26 により実数の集合 $\mathbb{R}$ は，X_1 と対等である）．

「無限」の階層に関連した次の問題を，一般化された連続体問題という．

問題 各 $n\,(\geqq 0)$ に対して，$X_n < X < X_{n+1}$ となる集合 X は存在するか．

特に $n = 0$ の場合はカントル自身が問題とし，このような X は存在しないと予想した（**連続体仮説**）．現在では，連続体仮説は否定しても肯定しても矛盾は生じないことが知られている（ゲーデル(1906–1978)，コーエン (P. J. Cohen, 1934–)）．

---―「無限」はどうとらえられてきたか ―――

　ここで，「無限」についての歴史を振り返ってみよう．日常用語としての「無限」は，「有限」に対する反意語であり，普通には限りのないことを意味する．古代ギリシャでは，アナクシマンドロスが，「無限」についての思想を最初に提出したといわれる．アリストテレスは，ものとしての無限（実無限）と，際限のないプロセスとしての無限（例えば物質の無限分割）を

区別して扱っていた．しかし，彼は，ものとしての無限は否定する立場をとった．ギリシャ人は概して「無限」を，このプロセスとしての未完結，不完全さを表すものとしてとらえていたようである．

ドイツ古典哲学の代表者であるヘーゲル（G. W. F. Hegel，1770–1831）は，「無限」を「否定的無限」と「真無限」とに区別し，「否定的無限」は果てしのない進行を意味し，「真無限」は有限なものを契機として止揚している精神および絶対者を意味するものとした．このうち「否定的無限」は，アリストテレスのいうプロセスとしての「無限」に通じるものがある．

ガウス（C. F. Gauss，1777–1855）は，古今東西を通して最大の数学者であるが，「実無限」については，否定的な見解をとり，「無限を1つの完結したものととらえることに反対する．無限とは表現の仕方であって，それは無制限に増大することが許容される1つの極限にすぎない」という．

カントル自身は，有限な限界を越えていくらでも大きくなる（あるいは小さくなる）ような可変的量を表す「非実無限」と，すべての有限量を飛び越えて存在する「実無限」を明確に区別したが，この考え方も，アリストテレスの「無限」の区別に一脈通じる．そして，彼はこの「実無限」の概念を，集合論を建設することで数学的に確立したのである．

集合論はこのように，「実無限」を扱う分野といってもよいのであるが，ここでプロセスとしての無限が，補題 3.21 や定理 3.26 に見られることに注意しておこう．このことは，集合論に1つの論議を呼び起こすことになる萌芽でもあるのだが，それが何かについては本シリーズ『現代数学の流れ1』の第2章「無限を数える」で取り上げる．

この章の冒頭に掲げたカントルの言葉には，実は悲しい背景がある．カントルの集合論は，あまりに革命的な内容を帯びていたため，「無限」に臆病な当時の有力な数学者にはすぐには受け入れられず，苛烈な批判を浴びたのである．実際，「無限」を無制限に取り扱うことから発する矛盾はすでに集合論の建設途上に現れた．その1つが §3.2 の最後に取り上げたラッセルの逆理である．カントル自身も別の逆理の存在に気づき，それを克服する努力のために全身全霊を打ち込んだあげく，心の病のため最後は精神病院で生涯を閉じた．彼の言葉は，新しいものを創造する心意気を表しているとともに，頑迷な当時の数学界への悲痛な叫びでもあるのだ．

136———第3章　集合，写像，関係

§3.4　関　　係

（a）　同値関係

　直積集合 $X \times Y$ の部分集合 R を，X, Y の元の間の**関係**(relation)，あるいは**2項関係**といい，$(x, y) \in R$ であることを xRy により表す．もっと，一般に，直積 $X_1 \times X_2 \times \cdots \times X_n$ の部分集合を，$X_1, X_2, \cdots, X_n$ の n 項関係という．$X_1 = X_2 = \cdots = X_n = X$ であるときは，X の n 項関係ということにする．

　例3.30　平面の3点に対する「1つの点が他の2点の間にある」という関係は，平面の3項関係である．　　　　　　　　　　　　　　　　　　□

　集合 X の2項関係 R が次の性質を満たすとき，R は X の**同値関係**であるといわれる．

　（反射律）　xRx

　（対称律）　$xRy \implies yRx$

　（推移律）　$xRy, \ yRz \implies xRz$

通常，同値関係を表す記号として，$x \approx y$ や $x \equiv y$ を使うことが多い．

　例3.31　第2章において，多くの同値関係を見た．例えば，平面上の線分，角の合同関係は同値関係である．また，点や直線に関して2点が「同じ側に属する」という関係も同値関係である．さらに，向きが同じであるというのも，同値関係である．　　　　　　　　　　　　　　　　　　　　　□

　例3.32　平行線の公理を満たす平面において，直線 l_1, l_2 が一致するか平行であることを $l_1 /\!/ l_2$ と表すことにすれば，直線の間の関係 $/\!/$ は同値関係である（例題 1.32(1)）．　　　　　　　　　　　　　　　　　　　　　□

　例3.33　n を自然数とするとき，$\mathbb{Z}$ の2つの元 x, y についての関係

$$x \equiv y \iff x - y \text{ が } n \text{ で割り切れる}$$

は同値関係である．n を明示するため，通常はこの関係を $x \equiv y \pmod{n}$ と書いて，x と y は **n を法として合同**であるという．　　　　　　　　□

§3.4 関　　係―――*137*

注意 3.34　例題 3.11 により，集合の対等 $\sim$ も同値関係と言いたいところであるが，集合の全体は集合とは呼べないような大きなものであるから，正確には上の意味では同値関係とは言い難い．

例 3.35　X が互いに素な部分集合の族 $\{C_i\}_{i \in I}$ の和集合として
$$X = \bigcup_{i \in I} C_i$$
と表されるとき，$\{C_i\}_{i \in I}$ は X に**類別**(classification)を与えるといい，各 C_i を**類**(class)という．$x, y \in X$ が同じ類に属するとき $x \approx y$ とおくと，関係 $\approx$ は同値関係である． $\square$

「同じ側にある」という同値関係で，平面から直線を除いた部分を 2 つに分割したように，一般の同値関係に対しても分割が定義できる．すなわち，X に同値関係 $\approx$ が定義されているとき，X の類別 $\{C_i\}_{i \in I}$ が次のように得られる．

$x \in X$ と同値な元全体を C_x と書き，これを x を含む**同値類**(equivalence class)ということにする．このとき

（ⅰ）　$x \in C_x$

（ⅱ）　$C_x \cap C_y \neq \emptyset \implies C_x = C_y$

（ⅲ）　$C_x \neq C_y \implies C_x \cap C_y = \emptyset$

すなわち，C_x, C_y は互いに素か，交われば一致する．実際，(ⅰ)は反射律による．(ⅱ)を示すため，$z \in C_x \cap C_y$ とする．$a \in C_x$ とすると，$a \approx x$．一方 $x \approx z$ であるから推移律により $a \approx z$．また $z \approx y$ であるから $a \approx y$．よって $a \in C_y$ すなわち $C_x \subset C_y$ である．逆の包含関係もまったく同様に示されるから $C_x = C_y$．(ⅲ)は(ⅱ)の対偶である．

異なる同値類の集合を $\{C_i\}_{i \in I}$ とすれば，(ⅰ)により X はこれらの和集合であり，(ⅲ)によりこれらは互いに素である．同値関係 $\approx$ による同値類の集合を $X/\approx$ と書いて，これを X の同値関係 $\approx$ による**商集合**(quotient set)という．また，元 x を含む同値類を $\pi(x)$ と書くことにすると，π は X から

138——第3章 集合, 写像, 関係

$X/\approx$ への全射である.

$$\pi(x) = \pi(y) \iff x \approx y$$

となることは明らか. π を同値関係から定まる**標準写像**(canonical map)あるいは等化写像という.

例3.36 直線の向きというときは, 正確にいえば半直線の向きの同値類のことである. □

例題3.37 $f : X \longrightarrow Y$ を全射とする. X の関係 $\approx_f$ を
$$x \approx_f y \iff f(x) = f(y)$$
と定めると, $\approx_f$ は同値関係であることを示せ. さらに $\pi : X \longrightarrow X/\approx_f$ を標準写像とするとき, 全単射 $g : X/\approx_f \longrightarrow Y$ で
$$g \circ \pi = f$$
となるものが一意的に存在することを示せ.

[解] 前半の主張は容易に確かめられるから, 後半を扱おう. C を $\approx_f$ による同値類とする. C の元 x に対して $f(x)$ を考えると, $\approx_f$ の定義から $f(x)$ は $x \in C$ のとり方にはよらず一意に定まる. $g(C) = f(x)$ とおけば, g は $X/\approx_f$ から Y への写像である. $C = \pi(x)$ であるから, $g(\pi(x)) = f(x)$ がすべての $x \in X$ について成り立ち, よって $g \circ \pi = f$ となる. g の一意性については, $g_1 : X/\approx_f \longrightarrow Y$ を $g_1 \circ \pi = f$ を満たす写像とすると, すべての同値類 C に対して

$$g_1(C) = g_1(\pi(x)) = f(x) = g(C), \quad x \in C$$

となることから, $g_1 = g$. よって g は一意に定まる. ∎

同値関係をもつ X の部分集合 A について, 各同値類が A の元を1つ, しかもただ1つを含むとき, A を同値関係の**代表系**といい, A の元を**代表元**という. 代表系は, 各同値類から1つずつ元を取り出して集めた集合にほかならない.

問6 A が代表系であることと, 標準写像 π の A への制限が全単射となることは同値であることを示せ. (ヒント. 各同値類がたかだか1つ A の元を含む $\iff$

§3.4 関　　係―――*139*

$\pi | A$ が単射. 各同値類が少なくとも1つ A の元を含む $\Longleftrightarrow \pi | A$ が全射.）

例 3.38　直線 l 上の点 O を1つ選んだとき，O を始点とし l に含まれる2つの半直線は，l の向きの同値関係の代表系である（定理 2.14）.　　　　□

（b）　順序関係

X の**順序関係**は，次の性質をもつ関係 R である.

（反射律）　xRx

（反対称律）　$xRy,\ \ yRx \Longrightarrow x=y$

（推移律）　$xRy,\ \ yRz \Longrightarrow xRz$

順序関係を表す記号として通常は $\leqq$ を使う. 順序をもつ集合を**順序集合**という. $x \leqq y,\ x \neq y$ であるとき，$x < y$ と書く. X の順序関係がさらに次の性質をもつとき**線形順序**（あるいは**全順序**）といい，X を**線形順序集合**という.

（線形律）　任意の X の2つの元 x, y に対して $x \leqq y$ または $y \leqq x$ のいずれかが成り立つ.

簡単にわかるように，順序関係 $\leqq$ に対して新しい関係 R を

$$xRy \iff y \leqq x$$

と定義すると，R も順序関係である. R を $\leqq$ に**双対な順序**という.

例 3.39　直線に向きを定めたときに与えられる点の順序関係は，線形順序である.　　　　□

例 3.40　数の大小関係は線形順序関係である.　　　　□

例 3.41　2つ以上の元からなる集合 X のベキ集合 2^X は，部分集合の間の包含関係 $\subset$ により順序集合であるが，線形順序ではない. 例えば，$X = \{a, b\}$ とするとき $\{a\}$ と $\{b\}$ の間には順序関係がない.　　　　□

順序集合 X において，X の部分集合 A のすべての元 a に対して $a \leqq x$ が成り立つとき，x を A の**上界**といい，このような x が存在するとき A を**上に有界**という. 同様に「**下界**」,「**下に有界**」も定義される. 上にも下にも有界であることを単に**有界**という. x が A の上界でしかも $x \in A$ であるとき，

140—— 第3章 集合，写像，関係

x を A の**最大元**といい，$\max A$ と書く．同様に**最小元** $\min A$ も定義される．

補題 3.42 A の最大（最小）元は存在すればただ1つである．

［証明］ x, y を A の最大元としよう．$x \in A$ であるから，$x \leqq y$．同様に $y \leqq x$．反対称律により $x = y$．最小元についても同様． ∎

A の上界の集合に最小元が存在すればそれを**上限**(supremun)あるいは最小上界といい，$\sup A$ と書く．A の下界の集合に最大元があればそれを**下限**(infimum)あるいは最大下界といい，$\inf A$ と書く．

補題 3.43 X が線形順序集合であるとき，A の上限，下限は次のように特徴づけられる．

（ i ） $x = \sup A \Longleftrightarrow$ 任意の $a \in A$ に対して $a \leqq x$ であり，$b < x$ を満たす任意の $b \in A$ に対して，ある $a \in A$ で $b < a \leqq x$ となるものが存在する．

（ ii ） $x = \inf A \Longleftrightarrow$ 任意の $a \in A$ に対して $x \leqq a$ であり，$x < b$ を満たす任意の $b \in A$ に対して，ある $a \in A$ で $x \leqq a < b$ となるものが存在する．

［証明］ $x = \sup A$ とする．x は A の上界であるから，任意の $a \in A$ に対して $a \leqq x$ である．命題「$b < x$ を満たす任意の $b \in A$ に対して，ある $a \in A$ で $b < a \leqq x$ となるものが存在する」を否定すると，$b < x$ を満たすある $b \in A$ で，任意の $a \in A$ に対して $a \leqq b$ または $x < a$ のどちらかが成り立つ．$x < a$ は成り立たないから，任意の $a \in A$ に対して $a \leqq b$ でなければならない．このとき b は A の上界であるから $x \leqq b$ となり $b < x$ に矛盾．

次に x を(i)の右側で述べた性質を満たす元とする．x が A の上界であることは明らか．A の任意の上界 y をとろう．$y < x$ とすると，$y < a \leqq x$ となる $a \in A$ が存在することになって矛盾．よって $x \leqq y$ となる．

(ii)もまったく同様に証明される（双対な順序を考えればよい）． ∎

例 3.44 実数の集合では，上に有界（下に有界）な集合は必ず上限（下限）をもつ．これは，実数の性質の最も基本的なものである（本シリーズ『微分と積分1』および本書第4章§4.4(b)参照）． □

《まとめ》

3.1 集合とは，はっきりと区別のできる「ものの集まり」のことである.

3.2 集合 X の各元 x に対してある規則で集合 Y の 1 つの元 $f(x)$ が対応するとき，この対応を X から Y への写像といい，$f: X \longrightarrow Y$ により表す．写像 $f: X \longrightarrow Y$ について

（a） f が全射 $\iff Y = f(X)\,(= \{f(x) \mid x \in X\})$

（b） f が単射 $\iff f(x_1) = f(x_2)$ ならば $x_1 = x_2$

（c） f が全単射（1 対 1 の対応）$\iff f$ は全射かつ単射

3.3 集合 X, Y が対等（等しい濃度をもつ）$\iff X$ から Y への全単射が存在．X, Y が対等であることを $X \sim Y$ により表せば

（a） $X \sim X$

（b） $X \sim Y \implies Y \sim X$

（c） $X \sim Y, \quad Y \sim Z \implies X \sim Z$

3.4 X が Y の部分集合と対等であるとき $X \leqq Y$ により表すことにすると

（a） $X \leqq X$

（b） $X \leqq Y, \quad Y \leqq X \implies X \sim Y$

（c） $X \leqq Y, \quad Y \leqq Z \implies X \leqq Z$

3.5 自然数の集合 $\mathbb{N}$ と対等である集合を可算集合という.

3.6 $X \leqq Y$，かつ X と Y が対等でないとき $X < Y$ と表すことにすると $X < 2^X$.

3.7 集合 X の同値関係 $\approx$

（反射律） $x \approx x$

（対称律） $x \approx y \implies y \approx x$

（推移律） $x \approx y, \quad y \approx z \implies x \approx z$

3.8 集合 X の順序関係 $\leqq$

（反射律） $x \leqq x$

（反対称律） $x \leqq y, \quad y \leqq x \implies x = y$

（推移律） $x \leqq y, \quad y \leqq z \implies x \leqq z$

142―――第3章 集合，写像，関係

――――――― 演習問題 ―――――――

3.1 次の等式を証明せよ．

（1）$A \cap B = A - (A - B)$

（2）$(A - B) - C = A - (B \cup C)$

（3）$A \cup (B - C) = ((A \cup B) - C) \cup (A \cap C)$

（4）$(A \cap B) \cup (B \cap C) \cup (C \cap A) = (A \cup B) \cap (B \cup C) \cap (C \cup A)$

3.2 A, B, C が有限集合であるとき，

$$|A \cup B \cup C| = |A| + |B| + |C| - |A \cap B| - |B \cap C| - |C \cap A| + |A \cap B \cap C|$$

となることを示せ．さらに，この等式を n 個の有限集合 $A_1, A_2, \cdots, A_n$ の和集合 $A_1 \cup A_2 \cup \cdots \cup A_n$ に対して一般化せよ．

3.3 X の部分集合 A に対して，A の特性関数を χ_A により表す．このとき，次のことを示せ．

（1）$\chi_{A \cup B} = \chi_A + \chi_B - \chi_A \cdot \chi_B$

（2）$\chi_{A \cap B} = \chi_A \cdot \chi_B$

（3）$\chi_{A^c} = 1 - \chi_A$

3.4 $X_1 \sim Y_1,\ X_2 \sim Y_2 \implies X_1 \times Y_1 \sim X_2 \times Y_2$ を示せ．

3.5 X から Y への全射があれば，$X \geqq Y$ であることを示せ．

3.6 $X_1 \times X_2$ の部分集合 R に対して，$X_2 \times X_1$ の部分集合 R^{-1} を

$$R^{-1} = \{(x_2, x_1) \mid (x_1, x_2) \in R\}$$

により定義する．また $X_1 \times X_2$ の部分集合 R と $X_2 \times X_3$ の部分集合 S に対して，$X_1 \times X_3$ の部分集合 $R \circ S$ を

$$R \circ S = \{(x_1, x_3) \mid \text{ある } x_2 \in X_2 \text{ について } (x_1, x_2) \in R \text{ および } (x_2, x_3) \in S\}$$

により定義する．次のことを示せ．

（1）$R \subset X \times X$ が X の同値関係を与えるための必要十分条件は

（a）$\Delta_X \subset R$　　（Δ_X は対角線集合）

（b）$R^{-1} = R$

（c）$R \circ R = R$

が成り立つことである．

（2）$R \subset X \times X$ が X の順序関係を与えるための必要十分条件は

（a）$\Delta_X \subset R$

（b）$R \cap R^{-1} = \Delta_X$

（ c ）　$R \circ R = R$

が成り立つことである.

自然数から実数へ

> 数の固有の性質は先天的なものなのか，それとも数の論理的帰結なのか，あるいは，数はいかなる外的要因もなしに，その固有の性質から結論される何ものかによって結ばれているのか
>
> ——オマル・ハイヤーム

　自然数の概念は，本来幾何学とは独立な数学的対象である．すなわち，ものの個数を数えたり，順番をつけるのに使われる自然数は，平面や空間の幾何学的構造からは，まったく別の概念として獲得されたものなのである．もちろん，自然数が幾何学にまったく無関係なわけではない．直線上に基準（単位）となる線分を選ぶことにより，自然数を直線上にプロットして幾何学的に把握することは古くから行われてきた．さらに有理数（分数）も，線分を与えられた比に分けるという幾何学的表現で理解できる（第 5 章）．こうして数と直線上の点は渾然一体となり，「数が先か，直線が先か」を問いたくなるような状況もあったのである．実際，読者の頭の中では，数と直線が一体化した数直線というものがイメージされているだろう．

　本書では，数の集まりと直線とはまったく別個のものと考えるところから出発する．この立場をさらに明確にすることを目的として，これまで既知のこととして述べてきた，数とは一体何かを，あらためて反省してみよう．こ

146——第4章 自然数から実数へ

のため，まず最初に自然数全体の集合の成り立ちを振り返り，次に自然数を基礎において，整数および有理数を集合論の枠内で構成する．この過程は，直観的な幾何学から公理論的な幾何学に移行する様子に似ている．すなわち，何が数の本質であるかを見るために，数にまとわりつく雑多な心象を払いのけ，数学的に純化した概念を取り出す過程なのである．特に実数の構成においては，実数という名前にもかかわらず，その実体は人間の精神活動の生み出す最も仮想的といえる対象であることを読者は実感するであろう．

本章は数の本質を反省することを目的としているから，その性質を明確に把握している（と信じている）読者は，本章をとばして次章から読み進むことも可能である．

なお冒頭のオマル・ハイヤーム（Omar Khayyām，1040頃–1123）の言葉は，線分の比例（第5章参照）を数と見なすべきかどうかという問題に関連して投げかけられたものである．ハイヤームはペルシャの詩人，哲学者，天文学者，数学者であり，特に彼の手になる4行詩集『ルバイヤート』は19世紀のイギリスの詩人フィッツジェラルドの名訳によって世界にあまねく知られるようになった（第2章のはじめに掲げた詩はその1つである）．

§4.1 自然数とは何か

（a） ペアノの公理

自然数というと，読者はただちに $1, 2, 3, 4, \cdots$ という算用数字の列を思い浮かべるであろう．そして，10進法による自然数の表記法や次のような演算

$$1+1 = 2, \quad 2+3 = 5, \quad 6+5 = 11, \quad \cdots$$
$$1 \times 1 = 1, \quad 3 \times 4 = 12, \quad 6 \times 5 = 30, \quad \cdots$$

も記憶に刻み付けられていて，今さら何の感興も起こらないに違いない．だから，自然数というものが何を意味するのか，また足し算や掛け算とは一体何なのか，あらためて考えてみようといっても，一体どうしたらいいのかわからないというのが実際のところだろう．しかし，自然数が数学の根源的な概念の1つである以上，その基礎に立ち返ることがぜひとも必要である．そ

§4.1 自然数とは何か——— *147*

こでよく考えてみると，日常的に使われる自然数は2つの役割を担っていることがわかる．1つは「もの」の個数を表す役割であり，もう1つは，「もの」に順番を付けるときに果たす役割である．たとえば，数列 $a_1, a_2, a_3, \cdots$ を考えるというときは，自然数のもつ順序的側面を利用しているのである．自然数のもつこの2面性はきわめて重要である．

自然数の順序は何に由来するかというと，

$$1\text{の次は}2,\ \ 2\text{の次は}3,\ \ 3\text{の次は}4,\ \ \cdots\cdots$$

というように，「次」の自然数という概念があることによっている．さらに1から始めて，「次」の自然数をとる手続きを繰り返すことにより，すべての自然数が得られることも，順序を担う自然数の性格を表している．

このような自然数の素朴な性質を取り出し，それを集合論の言葉で言い表したものが次の公理である．

ペアノ（Peano）の公理　集合 $\mathbb{N}$ は特別な元 1 と，写像 $S: \mathbb{N} \longrightarrow \mathbb{N}$ を持ち，以下の性質を満たすものとする．

（i）　$1 \notin S(\mathbb{N})$.

（ii）　S は単射である（$S(x) = S(y) \implies x = y$）.

（iii）　$\mathbb{N}$ の部分集合 A が，性質

　　（1）　$1 \in A$

　　（2）　$x \in A$ ならば $S(x) \in A$（すなわち $S(A) \subset A$）

　　を満たせば，$A = \mathbb{N}$.

このとき，$\mathbb{N}$ を**自然数**（natural number）の集合といい，$\mathbb{N}$ の元を自然数という．また，$S(x)$ を「x の次の自然数」という．　　　　　　　　　□

公理(iii)は**帰納法の原理**ともよばれる.

例題4.1　$x \in \mathbb{N}$, $x \neq 1$ であれば，$x = S(y)$ となる $y \in \mathbb{N}$ が存在する，言い換えれば，$\mathbb{N} = \{1\} \cup S(\mathbb{N})$ であることを示せ．

[解]　$A = \{1\} \cup S(\mathbb{N})$ とおくと，$1 \in A$ であり

$$x \in A \implies S(x) \in S(\mathbb{N}) \subset A$$

は明らかに満たされているから，帰納法の原理により $A = \mathbb{N}$. ∎

148―――第4章 自然数から実数へ

ここでただちに問題となるのは，我々が知っている自然数の基本的性質(大小や加法・乗法など)がすべてペアノの公理から導かれるのかということである．さらに，公理の性質を満たす集合 ℕ は「本質的」にただ1つなのかも当然問題にしなければならない．さもなければ，素朴な意味で使う自然数の集まりと似てはいるが異なるものが存在することになって具合が悪い．

これからの議論では第3章で述べた集合論を使うのだが，注意すべきことが1つある．それは，素朴な意味の自然数を使った概念を利用することは許されないということである．もしそれを使えば，自然数の性質の研究にまだ証明していない自然数の性質を使うことになって，論証の立場からは奇妙なことになってしまう．たとえば，素朴な意味での自然数 $1, 2, 3, \cdots$ とペアノの公理により規定される自然数の関係は次のようにして与えられる：

$$2 = S(1), \quad 3 = S(2) = S(S(1)), \quad 4 = S(3) = S(S(2)) = S(S(S(1))).$$

そして，この対応の規則と帰納法の原理から

$$\mathbb{N} = \{1, S(1), S^2(1), \cdots, S^n(1), \cdots\}$$

と表したくなるが，これは今のところ許されない．すなわち，S の一般のベキ S^n にはまだ意味が与えられてはいない．写像 S の n 個の合成を S^n とするといったとき，n 個とはどういうことかまだ意味不明なのである(ものの個数と自然数の関係はここでは未定義)．さらに，論理的には，素朴な意味の自然数は，「次」の自然数を順次定義していくことで把握されるものであるが，ペアノの公理ではこの無限に続く手続きを避け，一挙に自然数の集合を特徴づけている．この意味でペアノの公理は「無限のもの」を有限の立場から扱う論理の典型を与えている．

次の定理は，上で述べた問題に対する解答である．

定理 4.2 $(\mathbb{N}, 1, S)$ と $(\mathbb{N}', 1', S')$ がペアノの公理を満たせば，次の性質を満たす全単射 $f: \mathbb{N} \longrightarrow \mathbb{N}'$ がただ1つ存在する．

（ⅰ） $f(1) = 1'$.

（ⅱ） $f \circ S = S' \circ f$. □

自然数の集合が「本質的」にただ1つと言った意味は，このような全単射 f が存在することなのである．

§4.1 自然数とは何か —— 149

この定理の証明のために，定義と補題をいくつか用意する．

定義 4.3 $\mathbb{N}$ の部分集合 M が次の性質を満たすとき，M を**切片**という．

（ i ） $1 \in M$.

（ ii ） $S(x) \in M \implies x \in M$. □

注意 4.4 自然数の素朴な記述では，$M = \mathbb{N}$ または $M = \{1, 2, \cdots, n\}$ の形の部分集合が切片である．

補題 4.5 M_1, M_2 が切片であれば，$M_1 \cup M_2$, $M_1 \cap M_2$ も切片である．さらに任意の切片の集合族 $\{M_i\}_{i \in I}$ の和集合と共通部分も切片である．

[証明] $M_1 \cup M_2$ について示そう．切片の条件(i)は明らかに満たされる．

$$
\begin{aligned}
S(x) \in M_1 \cup M_2 & \implies & S(x) \in M_1 \text{ または } S(x) \in M_2 \\
& \implies & x \in M_1 \text{ または } x \in M_2 \\
& \implies & x \in M_1 \cup M_2.
\end{aligned}
$$

$M_1 \cap M_2$ についても同様．さらに切片の一般の集合族に対する主張も同様に証明される． ∎

補題 4.6 M が切片であれば，

（ i ） $M \subset S(M) \cup \{1\}$.

（ ii ） $S(M) \cup \{1\}$ も切片である．

（iii） $S(M) \cup \{1\} = M \implies M = \mathbb{N}$.

[証明] （i） $M_1 = S(M) \cup \{1\}$ とおく．$M \subset M_1$ を示す．$x \in M$ を任意の元とする．$x = 1$ のときは $x \in M_1$. $x \neq 1$ とすると，$x = S(y)$ となる $y \in \mathbb{N}$ が存在するから（例題4.1），切片の性質から $y \in M$. よって $x \in S(M) \subset M_1$ となるから $M \subset M_1$ である．

（ii） $S(x) \in M_1$ とすると，$S(x) \neq 1$ であるから（ペアノの公理(i)），$S(x) \in S(M)$ となるが，S は単射であるから，$x \in M$. よって(i)により $x \in M_1$ となるから M_1 は切片である．

（iii） $S(M) \cup \{1\} = M$ とすると，$S(M) \subset M$ であるから帰納法の原理により $M = \mathbb{N}$. ∎

補題 4.7（切片に対する帰納法） M を切片とし，A を M の部分集合とす

る. A について

（ i ） $1 \in A$

（ ii ） $x \in A, S(x) \in M \implies S(x) \in A$

が成り立つとき，$A = M$ である.

[証明] $B = A \cup M^c$ とする（$M^c = \mathbb{N} - M$）. $B = \mathbb{N}$ であることを証明すればよい（実際，ド・モルガンの公式を使えば，$M - A = A^c \cap M = (A \cup M^c)^c = \mathbb{N}^c = \emptyset$）. このため帰納法の原理を使う. 明らかに $1 \in B$. 任意の $x \in B$ に対して $S(x) \in B$ を示せばよい. $S(x) \notin B$ とすると，$S(x) \in B^c = A^c \cap M$ であるから，とくに $S(x) \notin A$ である. （ii）の対偶を考えると，$x \notin A$ または $S(x) \notin M$ であるが，$S(x) \in A^c \cap M \subset M$ であるから，$x \notin A$. よって $x \in M^c$. 切片の性質(ii)の対偶をとると，$S(x) \in M^c$. これは $S(x) \in A^c \cap M \subset M$ と矛盾する. したがって，$S(x) \in B$. ∎

次の定理は定理 4.2 を一般化したものである（この後の議論でも何度も使われる）.

定理 4.8（デデキントの再帰定理） $(\mathbb{N}, 1, S)$ がペアノの公理を満たすとし，集合 Y とその元 y が与えられている. このとき任意の写像 $\varphi: Y \longrightarrow Y$ に対して

$$f(1) = y$$
$$f(S(x)) = \varphi(f(x))$$

を満たすような写像 $f: \mathbb{N} \longrightarrow Y$ がただ 1 つ存在する. □

注意 4.9 この定理の f は，素朴な立場から見れば，

$$f(1) = y$$
$$f(2) = \varphi(f(1)) = \varphi(y)$$
$$f(3) = \varphi(f(2)) = \varphi(\varphi(y)) = \varphi^2(y)$$
$$\cdots\cdots$$
$$f(n) = \varphi(f(n-1)) = \varphi^{n-1}(y)$$

を満たすから，結局 φ のベキ φ^n を定義していることになる.

定理 4.8 の証明に移る前に，定理 4.2 がこの定理の特別な場合であることを見ておこう.

$$Y = \mathbb{N}', \quad y = 1', \quad \varphi = S'$$

とすると，写像 $f\colon \mathbb{N} \longrightarrow \mathbb{N}'$ で

$$f(1) = 1',$$
$$f(S(x)) = S'(f(x)) \quad (x \in \mathbb{N})$$

を満たすものがただ 1 つ存在する．一方，$(\mathbb{N}, 1, S)$ と $(\mathbb{N}', 1', S')$ の役割を変えれば，写像 $f'\colon \mathbb{N}' \longrightarrow \mathbb{N}$ で

$$f'(1') = 1,$$
$$f'(S'(x')) = S(f'(x')) \quad (x' \in \mathbb{N}')$$

を満たすものが存在する．合成 $g = f' \circ f\colon \mathbb{N} \longrightarrow \mathbb{N}$ は

$$g(1) = 1, \quad g(S(x)) = S(g(x)) \quad (x \in \mathbb{N})$$

を満たすから，一意性により $g = I_{\mathbb{N}}$（$\mathbb{N}$ の恒等写像）であり，同様に合成 $g' = f \circ f'\colon \mathbb{N}' \longrightarrow \mathbb{N}'$ は $\mathbb{N}'$ の恒等写像である．こうして f が全単射となることが証明された．

［定理 4.8 の証明］ f の存在を示す．次の性質を満たす写像 $g\colon M \longrightarrow Y$ の全体からなる集合 G を考える：

（ⅰ） M は $\mathbb{N}$ の切片である．

（ⅱ） $g(1) = y$．

（ⅲ） $S(x) \in M$ ならば，$g(S(x)) = \varphi(g(x))$．

このような g は少なくとも 1 つは存在する．例えば

$$M = \{1, S(1)\}, \quad g(1) = y, \quad g(S(1)) = \varphi(y)$$

とすればよい．G に属する写像 $g\colon M \longrightarrow Y$ を，**定義域を M とする許容写像**ということにする．目標は，$\mathbb{N}$ を定義域とする許容写像の存在を示すことである．

次の補題は定義から明らかであろう．

補題 4.10 M_1, M_2 を $\mathbb{N}$ の 2 つの切片とし，$M_1 \subset M_2$ と仮定する．g が M_2 を定義域とする許容写像であるとき，g の M_1 への制限は，M_2 を定義域とする許容写像である． □

許容写像の一意性について，次の補題が成り立つ．

補題 4.11 切片 M が与えられたとき，M を定義域とする許容写像はた

152——— 第4章　自然数から実数へ

かだか1つしかない.　　　　　　　　　　　　　　　　　　　　　　　　　□

　特に $M = \mathbb{N}$ とすれば，定理4.8で述べた写像 f の一意性が結論される.

　[証明]　$f, g : M \longrightarrow Y$ を許容写像とする.

$$A = \{x \mid x \in M, \ f(x) = g(x)\}$$

とおくと，$f(1) = y = g(1)$ であるから $1 \in A$. 次に $x \in A$, $S(x) \in M$ とすると

$$f(S(x)) = \varphi(f(x)) = \varphi(g(x)) = g(S(x))$$

であるから $S(x) \in A$. よって切片に対する帰納法の原理により $A = M$ となって，$f = g$ を得る.　　　　　　　　　　　　　　　　　　　　　■

　補題 4.12　$g : M \longrightarrow Y$ を許容写像とするとき，切片 $S(M) \cup \{1\}$ を定義域とする許容写像 g' が存在する.

　[証明]　S が単射であることを使い

$$g'(1) = y$$
$$g'(S(x)) = \varphi(g(x)) \quad (x \in M)$$

とおいて写像 $g' : S(M) \cup \{1\} \longrightarrow Y$ を定義する. g' が許容写像であることを示そう. $S(x') \in S(M) \cup \{1\}$ とすると，S の単射性により $x' \in M$. 2つの場合に分ける.

　（a）　$x' \neq 1$ のとき，$x' = S(x'') (\in M)$ となる $x'' \in \mathbb{N}$ が存在するが，M が切片であることより $x'' \in M$. さらに

$$g'(x') = g'(S(x'')) = \varphi(g(x'')) = g(S(x'')) = g(x').$$

よって g' の定義により

$$g'(S(x')) = \varphi(g(x')) = \varphi(g'(x')).$$

　（b）　$x' = 1$ のとき，

$$g'(S(1)) = \varphi(g(1)) = \varphi(g'(1)).$$

したがって，（a），（b）いずれの場合にも

$$g'(S(x')) = \varphi(g'(x'))$$

となるから，g' は許容写像である.　　　　　　　　　　　　　　　■

　定理4.8の証明を完成しよう. $G = \{g_i\}_{i \in I}$ とする. g_i の定義域を M_i とするとき，和集合

$$M = \bigcup_{i \in I} M_i$$

は補題 4.5 によって $\mathbb{N}$ の切片であるが，M を定義域とする許容写像 $g: M \longrightarrow Y$ を次のように定義する：

$$g(x) = g_i(x) \quad (x \in M_i).$$

この定義に矛盾がないこと，すなわち

$$g_i(x) = g_j(x) \quad (x \in M_i \cap M_j)$$

となることは，上の補題で示した許容写像の一意性から明らかである（g_i を切片 $M_i \cap M_j$ に制限して得られる許容写像と，g_j を $M_i \cap M_j$ に制限して得られる許容写像は一致する）．g が許容写像であることをみよう．$g(1) = y$ は定義から明らか．$S(x) \in M$ とすると，$S(x) \in M_i$ となる $i \in I$ が存在するが，この i について $g(S(x)) = g_i(S(x)) = \varphi(g_i(x)) = \varphi(g(x))$ となるから，g は許容写像である．構成の仕方から，許容写像の定義域の中で，M は最大の集合である．もし $M \neq \mathbb{N}$ とすると，補題 4.6 によって切片 $S(M) \cup \{1\}$ は M を真に含み，さらに補題 4.12 によって $S(M) \cup \{1\}$ を定義域とする許容写像が存在するから M の最大性に矛盾．よって $M = \mathbb{N}$ となって，$\mathbb{N}$ を定義域とする許容写像が存在することが証明された． ∎

（b） 加法と乗法

さて，定理 4.8 の特別な場合として，x を $\mathbb{N}$ の任意の元としたとき

$$Y = \mathbb{N}, \quad y = S(x) \in \mathbb{N}, \quad \varphi = S$$

の場合を考えよう．次の性質を満たす写像 $f: \mathbb{N} \longrightarrow \mathbb{N}$ がただ 1 つ存在する．

（1） $f(1) = S(x)$.

（2） $f \circ S = S \circ f$.

この f は x によって一意に定まるので，$f = f_x$ と表すことにしよう．f の一意性から

（3） $f_1 = S$

であることは容易に確かめられる．さらに

（4） $f_{S(x)}(y) = S(f_x(y))$

154——— 第 4 章　自然数から実数へ

が成り立つ．実際

$$S \circ f_x(1) = S(S(x)),$$

$$(S \circ f_x) \circ S = S \circ (f_x \circ S) = S \circ (S \circ f_x)$$

から，写像 $S \circ f_x$ は(1), (2)において x を $S(x)$, f を $S \circ f_x$ におきかえた形で成り立っている．再び一意性を使って，$f_{S(x)} = S \circ f_x$ であることがわかる．

　$f_x(y) = x+y$ と書くことにする．これを x と y の**和**といい，$(x,y) \in \mathbb{N} \times \mathbb{N}$ に $x+y \in \mathbb{N}$ を対応させる演算を自然数の**加法**という．

　次の性質は，上で述べた性質(1), (2), (3), (4)の言い換えである．

（a–1）　$S(x) = x+1$.

（a–2）　$x+(y+1) = (x+y)+1$.

（a–3）　$1+y = y+1$.

（a–4）　$(x+1)+y = (x+y)+1$.

　和の記号を使えば，帰納法の原理は

　　　　　「$1 \in A$」かつ「$x \in A \implies x+1 \in A$」ならば「$A = \mathbb{N}$」

と言い表される．次の例題はすでに何度か利用してきた数学的帰納法の考え方を正当化するものである．

　例題 4.13　自然数 x に関する命題 $P(x)$ について

　　　　　　　$P(1)$ が真，

　　　　　　　$P(x)$ が真と仮定するとき，$P(x+1)$ も真

とするとき，任意の x について $P(x)$ は真であることを示せ．

　[解]　$A = \{x \mid P(x)$ は真 $\}$ とおくと，A は帰納法の原理の仮定を満たすから，$A = \mathbb{N}$. ∎

　定理 4.14　任意の $x, y, z \in \mathbb{N}$ に対して

　　　　　　$x+y = y+x$　　　　　　　　　（加法の交換律）

　　　　　　$(x+y)+z = x+(y+z)$　　　（加法の結合律）

が成り立つ．

　[証明]　交換律を示すには x を固定して $f_1(y) = x+y$, $f_2(y) = y+x$ とお

§4.1 自然数とは何か——— 155

いたとき

$$f_1(1) = x+1 = 1+x = f_2(1) \qquad ((\text{a--3})による)$$

$$f_1(S(y)) = x+(y+1) = (x+y)+1 = S(f_1(y)) \qquad ((\text{a--2})による)$$

$$f_2(S(y)) = (y+1)+x = (y+x)+1 = S(f_2(y)) \qquad ((\text{a--4})による)$$

であるから，定理 4.8 における一意性により $f_1 = f_2$. 結合律を示すには，x,y を固定して，$f_1(z) = (x+y)+z$, $f_2(z) = x+(y+z)$ とおいたとき，

$$f_1(1) = (x+y)+1 = x+(y+1) = f_2(1)$$

$$f_1(S(z)) = (x+y)+(z+1) = ((x+y)+z)+1 = S(f_1(z)) \qquad ((\text{a--2})による)$$

$$f_2(S(z)) = x+(y+(z+1)) = x+((y+z)+1) = (x+(y+z))+1$$
$$= S(f_2(z)) \qquad ((\text{a--2})による)$$

であるから，この場合も $f_1 = f_2$. ∎

注意 4.15 これまでの議論から $1+1=2$, $2+1=3$, $3+1=4$ は，$2,3,4$ の「定義」であるが，等式 $2+2=4$ は「定理」であることがわかる.

$\mathbb{N}$ の各元 x に対して，$g_x: \mathbb{N} \longrightarrow \mathbb{N}$ を

$$g_x(1) = x, \quad g_x(S(y)) = g_x(y)+x$$

を満足する写像とする．この写像の存在と一意性は，定理 4.8 において

$$Y = \mathbb{N}, \quad \varphi(y) = y+x$$

とおくことにより明らかである．$g_x(y) = xy$ と表して，これを x と y の**積**といい，$(x,y) \in \mathbb{N} \times \mathbb{N}$ に $xy \in \mathbb{N}$ を対応させる演算を自然数の**乗法**という．乗法の記号を使えば上記の条件は

(m–1) $x \cdot 1 = x$

(m–2) $x(y+1) = xy+x$

と書き表される．

g_x の一意性から

$$g_1 = I \quad (\mathbb{N} \text{ の恒等写像})$$

であることは容易に確かめられる．これは

(m–3) $1 \cdot y = y$

を意味する．さらに

156———— 第 4 章 自然数から実数へ

（m–4） $(x+1)y = xy+y$

が成り立つ．これをみるには，次のように数学的帰納法を使う．

$y=1$ のとき，$(x+1)1 = x+1 = x \cdot 1 + 1$ であるから正しい．

y に対して(4)が成り立つと仮定して，

$$
\begin{aligned}
(x+1)(y+1) &= (x+1)y + (x+1) &&\text{（m–2）} \\
&= (xy+y) + (x+1) &&\text{（帰納法の仮定）} \\
&= ((xy+y)+x) + 1 &&\text{（a–2）} \\
&= (xy+(y+x)) + 1 &&\text{（結合律）} \\
&= (xy+(x+y)) + 1 &&\text{（交換律）} \\
&= ((xy+x)+y) + 1 &&\text{（結合律）} \\
&= (xy+x) + (y+1) &&\text{（a–2）} \\
&= x(y+1) + (y+1) &&\text{（m–2）}
\end{aligned}
$$

となるから，$y+1$ のときも(4)が成り立つ．よって(m–4)はすべての x に対して成り立つ．

（m–1）, (m–2), (m–3), (m–4)を使えば，定理 4.14 と同様な方法で次の定理が証明される（演習問題 4.2）．

定理 4.16 任意の $x, y, z \in \mathbb{N}$ に対して

$$
\begin{aligned}
xy &= yx &&\text{（乗法の交換律）} \\
(xy)z &= x(yz) &&\text{（乗法の結合律）} \\
x(y+z) &= xy+xz &&\text{（分配律）}
\end{aligned}
$$

が成り立つ． □

注意 4.17 結合律により，3 つ以上の自然数の和や積において，計算の順序を考慮する必要がない．例えば

$$(xy)(zw) = ((xy)z)w$$

である．このことから，3 つ以上の自然数の和や積を表すのに，括弧を省略することができる．

問 1 定理 4.8 において，各 $y \in \mathbb{N}$ に対して

§4.1 自然数とは何か ——— *157*

$$Y = \mathbb{N}, \quad f(1) = y, \quad \varphi(x) = xy$$

として定まる写像を $f: \mathbb{N} \longrightarrow \mathbb{N}$ とする. $f(x) = y^x$ とおくとき, 次の事柄を示せ.

（1） $y^{z+w} = y^z y^w$

（2） $(xy)^z = x^z y^z$

（y^x は素朴な意味で y の x ベキになっている. 演習問題 4.3 参照.）

（c） 自然数の順序

加法の性質を使って, 自然数に順序を入れよう.

補題 4.18 任意の $x, y \in \mathbb{N}$ に対して $x + y \neq y$.

[証明] y に関する帰納法を使う.

$y = 1$ のとき, ペアノの公理(i)により, $x + 1 = S(x) \neq 1$ であるから正しい. y に対して主張 $x + y \neq y$ が正しいとき, 公理(ii)により $S(x+y) \neq S(y)$, すなわち

$$x + (y+1) = (x+y) + 1 \neq y + 1$$

となって, $y + 1$ のときも正しい. ∎

次の補題は例題 4.1 の言い換えである.

補題 4.19 $x \neq 1$ ならば, $x = 1 + z$ となる $z \in \mathbb{N}$ が存在する. □

定理 4.20 $x, y \in \mathbb{N}$ に対して, 次の 3 つのいずれか 1 つ, かつ 1 つだけが成り立つ.

（ⅰ） $x = y + z$ となる $z \in \mathbb{N}$ が存在する.

（ⅱ） $x = y$.

（ⅲ） $y = x + w$ となる $w \in \mathbb{N}$ が存在する.

[証明] まず, (i)と(ii), (ii)と(iii)が同時には成り立たないことは補題 4.18 によって明らか. (i)と(iii)が同時に成り立たないことは, もし $x = y + z$, $y = x + w$ とすると

$$x = y + z = (x+w) + z = x + (w+z)$$

となって, これも補題 4.18 に反することからわかる.

(i), (ii), (iii)のいずれか 1 つが成り立つことを, y に関する帰納法で示そ

158———第4章　自然数から実数へ

う.

　$y=1$ のとき，$x=1$ ならば(ii)が成り立っている．$x\neq1$ とすると，補題
4.19 により，$x=S(z)=z+1=1+z$ となる $z\in\mathbb{N}$ が存在するから(i)が成り
立っている．

　y に対して主張が正しいと仮定．

　（ i ）$x=y+z$ とすると，$z=1$ のときは $x=y+1$ であるから x と $y+1$ に
ついて(ii)が成り立つ．$z\neq1$ のときは，補題 4.19 により $z=1+z'$ と書ける
から，$x=y+(1+z')=(y+1)+z'$ となって，x と $y+1$ について(i)が成り立
つ．

　（ ii ）$x=y$ とすると，$y+1=x+1$ であるから，x と $y+1$ について(iii)が
成り立つ．

　（iii）$y=x+w$ とすると，$y+1=(x+w)+1=x+(w+1)$ であるから，x と
$y+1$ について (iii)が成り立つ．

　よってすべての y について主張が正しい．　　　　　　　　　　　　　∎

　定義 4.21　上の定理の(i),(ii),(iii)に応じて，

　（ i ）$x>y$　　　（ ii ）$x=y$　　　（iii）$x<y$

と表す．さらに $x=y$ または $x<y$ であることを $x\leqq y$ により表す．　　　□

　明らかに

$$x<y \iff y>x$$

$$x\leqq y,\quad y\leqq x \iff x=y$$

が成り立つ．補題 4.19 により，すべての $x\in\mathbb{N}$ に対して $1\leqq x$ である．

　定理 4.22　$\mathbb{N}$ は関係 $\leqq$ により線形順序集合になる．

　[証明]　反射律と対称律は明らかだから，順序集合となることを見るには，
推移律

$$x\leqq y,\quad y\leqq z \implies x\leqq z$$

を示せば十分．さらにこのためには

$$x<y,\quad y<z \implies x<z$$

を示せば十分である．定義によって，$y=x+z,\ z=y+w$ となる z,w が存在
するから，$z=(x+z)+w=x+(z+w)$．よって $x<z$ を得る．　　　　　∎

§4.1 自然数とは何か —— *159*

定理 4.23

（ i ） $x < y \implies x + z < y + z$ （加法の単調性）

（ ii ） $x < y,\ z \leqq w \implies x + z < y + w$

（iii） $x < y \implies xz < yz$ （乗法の単調性）

（iv） $x < y,\ z \leqq w \implies xz < yw$

［証明］ 他も同様であるから，（i）だけを示す．

$$
\begin{aligned}
x < y \quad &\implies \quad y = x + w \quad (\exists w) \\
&\implies \quad y + z = (x + w) + z \\
&\implies \quad y + z = (x + z) + w \\
&\implies \quad x + z < y + z
\end{aligned}
$$

$\blacksquare$

系 4.24

（ i ） $x + z = y + z \implies x = y.$

（ ii ） $xz = yz \implies x = y.$

$\square$

問 2 $xz < yz \implies x < y$ を示せ．

$x < y$ のとき，定義により $y = x + z$ となる z が存在するが，この z は系 4.24 により x, y により一意的に決まる．$z = y - x$ と表して，y から x を引いた**差**といい，(x, y) に $y - x$ を対応させる演算を**減法**という．また，x, y に対して $y = xz$ となる z が存在すれば，このような z も系 4.24(ii) により一意的に定まる．この z を，y を x で割った**商**といい，y/x により表す．そして，(x, y) に y/x を対応させる演算を**除法**という．

問 3 次を示せ．

（1） $x < y \iff x + 1 \leqq y.$

（2） $x \leqq xy.$

（3） $x > y$ であるとき $z(x - y) = zx - zy.$

例題 4.25 $x^2 + y^2 \geqq 2xy$ が成り立ち，さらに等号は $x = y$ のときのみに成

160───── 第4章 自然数から実数へ

立することを示せ. ここで $x^2 = x \cdot x$ とする.

[解] $x = y$ のときは等号が成り立つ. $x > y$ とすると,

$x(x-y) > y(x-y) \implies x^2 - xy > yx - y^2 \implies x^2 > xy + yx - y^2 \implies x^2 + y^2 > 2xy.$ ∎

例題 4.26 $\mathbb{N}$ の空でない任意の部分集合 A に対して, A は最小元を持つことを示せ.

[解] A の下界の集合を A_0 とする:

$$A_0 = \{x \mid \text{すべての } a \in A \text{ に対して } x \leqq a\}.$$

$1 \in A_0$ である. $a \in A$ とすると, $a + 1$ は A_0 には属さないから, $A_0 \neq \mathbb{N}$ となることがわかる.

$x_0 + 1$ が A_0 に含まれないような元 $x_0 \in A_0$ が存在することをみよう. もしこれを否定すると, すべての $x \in A_0$ に対して $x + 1 \in A_0$ であり, 帰納法の原理により $A_0 = \mathbb{N}$ でなければならない. これは矛盾である.

この x_0 は A の最小元である. これをいうには, $x_0 \in A$ を示せばよい. 実際, $x_0 + 1 \notin A_0$ であるから $a < x_0 + 1$ となる $a \in A$ が存在する. よって $a \leqq x_0$ となるが, 一方 $x_0 \in A_0$ であるから $x_0 \leqq a$ となって, $x_0 = a \in A$ を得る. ∎

注意 4.27 一般に, 線形順序集合 X は, 空でない任意の部分集合が最小元を持つとき, **整列集合**とよばれる. $\mathbb{N}$ は最大元をもたないことに注意(実際, x_0 を最大元とすると, $x_0 < x_0 + 1$ により x_0 より大きい元が存在するから矛盾).

§4.2 自然数から整数へ

自然数では, $x > y$ のときのみ減法 $x - y$ が可能であった. $x \leqq y$ のときに $x - y$ に意味をつけるために整数の考え方が必要となる. この整数を集合論の枠組みの中で構成しよう. 重要なアイディアは, 順序対の集合である積集合, 同値関係および同値類の概念である.

まず積集合 $\mathbb{N} \times \mathbb{N}$ を考え, 次のような関係 $\approx$ を導入する.

$$(x, y) \approx (x', y') \iff x + y' = y + x'$$

§4.2 自然数から整数へ —— 161

注意 4.28 素朴な意味で知っている整数を考えると
$$m - n = m' - n' \iff m + n' = n + m'$$
が成り立つが，上の関係はこのことを頭において定義したものである．

補題 4.29 $\approx$ は同値関係である．

[証明]（反射律）$(x, y) \approx (x, y)$ $(\impliedby x + y = y + x)$

（対称律）$(x, y) \approx (x', y')$ ならば $(x', y') \approx (x, y)$ $(\impliedby x + y' = y + x'$ ならば $x' + y = y' + x)$

（推移律）$(x, y) \approx (x', y'),\ (x', y') \approx (x'', y'')$ ならば $(x, y) \approx (x'', y'')$
$(\impliedby x + y' = y + x',\ x' + y'' = y' + x''$ ならば，これらの両辺を足し合わせて
$$(x + y') + (x' + y'') = (y + x') + (y' + x'')$$
交換律と結合律から
$$(x + y'') + (y' + x') = (y + x'') + (y' + x')$$
よって，$x + y'' = y + x''$.）∎

$\mathbb{Z}$ により，$\mathbb{N} \times \mathbb{N}$ の同値関係 $\approx$ による同値類の集合（商集合）を表す．$\mathbb{Z}$ の元を**整数**(integer)という．また，(x, y) を含む同値類を $[x, y]$ により表す．

任意の $x, y \in \mathbb{N}$ に対して，$(x, x) \approx (y, y)$ であるから $[x, x] = [y, y]$ が成り立つ．すなわち，同値類 $[x, x]$ は x のとり方にはよらない．この同値類を 0 により表し**零**(zero)とよぶ．

$\mathbb{Z}$ の加法を次のように定める．
$$[x_1, y_1] + [x_2, y_2] = [x_1 + x_2, y_1 + y_2].$$

補題 4.30 上の加法の定義に矛盾はない，すなわち
$$[x_1, y_1] = [x_1', y_1'], \quad [x_2, y_2] = [x_2', y_2']$$
であるとき，
$$[x_1 + x_2, y_1 + y_2] = [x_1' + x_2', y_1' + y_2']$$
となる．

[証明] 仮定から $x_1 + y_1' = y_1 + x_1',\ x_2 + y_2' = y_2 + x_2'$ であるから，
$$(x_1 + y_1') + (x_2 + y_2') = (y_1 + x_1') + (y_2 + x_2')$$
$$\implies (x_1 + x_2) + (y_1' + y_2') = (y_1 + y_2) + (x_1' + x_2')$$

162――――第4章　自然数から実数へ

よって
$$(x_1 + x_2, y_1 + y_2) \approx (x'_1 + x'_2, y'_1 + y'_2).$$ ∎

整数を文字 $m, n, \cdots$ などで表すことにしよう．整数の加法の定義からただちに次の性質を得る（証明は読者に委ねる）．

$$m + n = n + m \qquad （和の交換律）$$
$$(m + n) + p = m + (n + p) \qquad （和の結合律）$$
$$m + 0 = m \qquad （零の性質）$$

例題 4.31 $m + p = n + p \implies m = n$ を示せ.

[解] $m = [x_1, y_1]$, $n = [x_2, y_2]$, $p = [z, w]$ とする．仮定から

$$(x_1 + z) + (y_2 + w) = (y_1 + w) + (x_2 + z)$$
$$\implies \quad (x_1 + y_2) + (z + w) = (y_1 + x_2) + (z + w)$$
$$\implies \quad x_1 + y_2 = y_1 + x_2$$
$$\implies \quad m = n$$ ∎

整数において重要な事実は，マイナス元の存在である．すなわち，任意の整数 m に対して
$$m + n = 0$$
となる整数 n がただ1つ存在する．実際，$m = [x, y]$ とするとき $n = [y, x]$ とおけば
$$m + n = [x, y] + [y, x] = [x + y, x + y] = 0$$
となる．n の一意性は，例題 4.31 により明らか．この n を $-m$ により表し，m の**マイナス元**という．$m + (-n)$ を $m - n$ と記すことにしよう．

$m = [x_1, y_1]$, $n = [x_2, y_2]$ に対して，**積** mn を
$$[x_1 x_2 + y_1 y_2, x_1 y_2 + x_2 y_1]$$
として定義する．（素朴な整数についての積の式
$$(x_1 - y_1)(x_2 - y_2) = (x_1 x_2 + y_1 y_2) - (x_1 y_2 + x_2 y_1)$$
がこの定義を採用する理由である．）この定義にも矛盾がないことは容易に確かめられる．さらに

$$mn = nm \qquad （積の交換律）$$

$$(mn)p = m(np) \qquad (\text{積の結合律})$$
$$m(n+p) = mn+mp \qquad (\text{分配律})$$

となることも定義からただちにしたがう.

次のようにして,自然数は整数とみなせる.写像 $i \colon \mathbb{N} \longrightarrow \mathbb{Z}$ を $i(x) = [x+1, 1]$ により定義しよう.すると

$$i(x+y) = i(x)+i(y)$$

がすべての自然数 x, y に対して成り立つ.実際,任意の $z \in \mathbb{N}$ について $[x+z, z] = [x+1, 1]$ であるから

$$i(x+y) = [x+y+1, 1] = [x+1, 1] + [y+1, 1]$$
$$= i(x) + i(y).$$

同様に,$i(xy) = i(x)i(y)$ であることもわかる.

i が単射であることをみよう.$i(x) = i(y)$ とすると

$$[x+1, 1] = [y+1, 1]$$

すなわち,$x+1+1 = 1+y+1$ となるから $x = y$.

i を使って,以後自然数 x とその i による像 $i(x)$ を同一視することにし,$\mathbb{N}$ を $\mathbb{Z}$ の部分集合とみなすことにする.そして $\mathbb{N}$ の元を**正の整数**(positive integer),$-\mathbb{N} = \{-x \mid x \in \mathbb{N}\}$ の元を**負の整数**(negative integer)という.

$\mathbb{N}, \{0\}, -\mathbb{N}$ は互いに素であり,

$$\mathbb{Z} = \mathbb{N} \cup \{0\} \cup (-\mathbb{N})$$

となることは容易に確かめられる.

問4 $n \in \mathbb{Z}$ に対して $1 \cdot n = n$, $(-1)n = -n$, $-(-n) = n$ を示せ.

$[x, y] = x-y$ であることに注意しよう(むしろ,このことを頭において,$[x, y]$ の定義をしたのである).実際

$$x-y = [x+1, 1] - [y+1, 1]$$
$$= [x+1, 1] + [1, y+1]$$
$$= [x+1+1, y+1+1] = [x, y].$$

164——— 第4章 自然数から実数へ

このことから，任意の整数は $x-y$ $(x,y\in\mathbb{N})$ の形で表されることがわかる．さらに

$$x-y \text{ が正の整数} \iff x>y$$
$$x-y \text{ が負の整数} \iff x<y$$

である．

$\mathbb{Z}$ の元の順序を次のように定めよう．

$$[x,y]<[x',y'] \iff x+y'<y+x'.$$

この関係が同値類の代表元のとり方によらないことも簡単に示すことができる．さらに，自然数 x,y について $x<y$ であれば，整数としても $x<y$ である．

$$n \text{ が正の整数} \iff n>0$$
$$n \text{ が負の整数} \iff n<0$$

である．明らかに $\mathbb{Z}$ は線形順序集合である．

問5 次を示せ．

（1）$n>0 \iff -n<0$.

（2）自然数は正の整数であり，この逆も成り立つ．

例題 4.32 $m,n,p\in\mathbb{Z}$ で $p>0$ とすれば

$$mp<np \iff m<n$$

であることを示せ．

［解］ 順序の定義により $p=[z+1,1]$, $z\geqq 1$ と表すことができる．$m=[x,y]$, $n=[u,v]$ とすると

$$
\begin{aligned}
mn<np &\iff [x,y][z+1,1]<[u,v][z+1,1]\\
&\iff [x(z+1)+y, x+y(z+1)]<[u(z+1)+v, u+v(z+1)]\\
&\iff x(z+1)+y+u+v(z+1)<x+y(z+1)+u(z+1)+v\\
&\iff xz+vz<yz+uz\\
&\iff x+v<y+u\\
&\iff [x,y]<[u,v]
\end{aligned}
$$

§4.3 整数から有理数へ —— *165*

問6 $mp = np$, $p \neq 0 \implies m = n$ を示せ.

問7 $mn = 0 \implies m = 0$ または $n = 0$ を示せ.

例題 4.33 0 と異なる任意の整数 m に対して, $m^2 (= m \cdot m)$ は正である
ことを示せ.

[解] $m = [x, y]$ とすると, $x \neq y$, $m^2 = [x^2 + y^2, 2xy]$ であり
$$x^2 + y^2 + 1 > 2xy + 1$$
が成り立つから(例題 4.25), $0 = [1, 1] < [x^2 + y^2, 2xy] = m^2$ を得る. ∎

§4.3 整数から有理数へ

整数の場合を見て, 有理数を集合論的に構成する方法は大かた予想がつく
ことと思う. すなわち, 素朴な形で知っている有理数についての事実である
$$p/q = p'/q' \iff pq' = qp'$$
に注目して新しい関係を定義するのである.

$\mathbb{Z} \times \mathbb{N}$ に次のような関係を導入する.
$$(m, n) \equiv (m', n') \iff mn' = nm'$$
この関係 $\equiv$ が同値関係であることは, 整数を定義したときの同値関係の場
合とまったく同様に証明できる.

この関係による商集合(同値類全体の集合)を $\mathbb{Q}$ により表し, (m, n) を含
む同値類を m/n により表す. そして $\mathbb{Q}$ の元を**有理数**(rational number)とい
う.

有理数の和と積の定義は次のようになされる:
$$(m/n) + (m'/n') = (mn' + nm')/nn',$$
$$(m/n) \cdot (m'/n') = mm'/nn'.$$
例えば, $m/n = p/q$, $m'/n' = p'/q'$ であれば, $mq = np$, $m'q' = n'p'$ であるか
ら,
$$(mn' + nm')qq' = mqn'q' + m'q'nq$$
$$= npn'q' + n'p'nq$$

166——— 第 4 章　自然数から実数へ

$$= nn'(pq' + qp')$$

となって

$$(mn' + nm')/nn' = (pq' + qp')/qq',$$

すなわち，和の定義は同値類の代表元のとり方に関係なく決定される．積に
ついても同様である．

　これらの和や積について，整数とまったく同じように，交換律，結合律，
分配律が成り立つ．さらに $0/1$, $1/1$ を $\mathbb{Q}$ における $0, 1$ として定義すると，
$a \in \mathbb{Q}$ について

$$a + 0 = a, \quad 1 \cdot a = a$$

が成り立つ．$a = m/n$ に対して，a のマイナス元 $-a$ を $(-m)/n$ として定義
すると

$$a + (-a) = 0$$

である．

　有理数の大小関係を

$$m/n < m'/n' \quad \Longleftrightarrow \quad mn' < nm'$$

として定義すると，これも同値類の代表元のとり方によらずに定まる関係で
ある．この関係により $\mathbb{Q}$ は線形順序集合である．

　整数 m に対して，$m/1$ を考えることにより，整数の集合 $\mathbb{Z}$ は $\mathbb{Q}$ の部分
集合と考えることができる．この同一視により，$\mathbb{Z}$ における和や積，そし
て順序はそのまま $\mathbb{Q}$ における和，積，順序にうつることがわかる．また，
$(-1)a = -a$ である．正・負の有理数の定義も整数の場合と同様である．

　問 8　$a, b, c \in \mathbb{Q}$ とするとき，$a < b \Longleftrightarrow a + c < b + c$ を示せ．

　補題 4.34　$a \neq 0$ を有理数とすると，$ax = 1$ となる有理数 x がただ 1 つ存
在する．

　[証明]　$a = m/n$ とすると，$m \neq 0$ である．$m > 0$ のときは，$x = n/m$,
$m < 0$ のときは $x = (-n)/(-m)$ として x を定義すれば，$ax = 1$ である．$ay =$
1 とすると，$y = 1 \cdot y = axy = ayx = 1 \cdot x = x$ であるから，x の一意性がわか

§4.4 有理数から実数へ —— *167*

る.

$ax=1$ を満たす x を a の**逆数**といい，a^{-1} により表す．逆数の存在から，$a\neq 0$ と b に対して $ax=b$ を満たすただ 1 つの $x\in\mathbb{Q}$ が存在することが分かる（$x=a^{-1}b$）．すなわち，有理数の世界では，加減乗除がすべて可能になるのである．

問 9

（1）$m^{-1}=1/m$ を示せ．

（2）0 と異なる任意の有理数 a に対して，$a^2>0$ であることを示せ．

定理 4.35（有理数の稠密性） $m/n<p/q$ であるとき，
$$m/n < a/b < p/q$$
を満たす有理数が存在する．

［証明］ $a=m+p,\ b=n+q$ とおけばよい．

問 10 $a>0$ であるとき，
$$b<c \iff ab<ac$$
が成り立つことを示せ．

§4.4 有理数から実数へ

（a） 実数とは何か

これまで集合論を基礎に数の理論を展開してきたが，それはそれとして読者は有理数までは現実の世界に現に存在する概念と考えることができるだろう．それは有理数がある意味で「有限」の手続きで表されるものだからでもある．では実数はどうだろうか．高校の教科書では，数の体系を説明するとき，次のような表し方をしている．

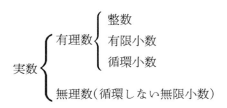

ここでいう無限小数とは何だろうか．形としては

$$3.1415926\cdots$$

のように，小数点以下，数字が無限に続くものであるが，一体この実体は何なのであろうか．もし，極限や収束のことを学んでいれば，上の小数は

$$3+1\cdot 10^{-1}+4\cdot 10^{-2}+1\cdot 10^{-3}+5\cdot 10^{-4}+\cdots$$

の収束した値として意味をもつと言うことができる．しかし，相変わらず，その収束した値が「どこ」にあるのかは不明である．あるいは，例えば $\sqrt{2}=1.4142\cdots$ については，1辺の長さが1である正方形の対角線の長さを表すから，$\sqrt{2}$ という実数は現実に存在するという言い方をすることもある（§5.2）．また，上記の小数 $3.14\cdots$ は円周率を表しているのだが，これも半径が1の円周の長さの半分として実現されているから無限小数も存在するのだという言い方もできる（§5.5）．しかし，これは数の問題を幾何学に転化しているだけで，数それ自体については何も言ったことにはならない（数と幾何学の関係は次章で学ぶ）．もっと言えば，すべての実数が線分の「長さ」として実現されているのかどうかは，実は空間の本質をどう解釈するかに依存しているのであって，実数の「実在性」については依然として不明なのである．

では，どうすればよいのか．この問題を解決するには，実数が数学の形式的表現の中にあることを認めることがまず必要である．すでに，自然数や整数，有理数も形式的に表すことを行っているので，これに対する違和感はないと思う．しかし，次にみるように，実数の場合は一層の形式化が必要なのである．

§4.4 有理数から実数へ —— *169*

（b） 実数の定義

歴史的には，実数を構成する方法は大きく分けて，区間縮小法，カントル
による有理数列を使うもの，そしてデデキントによる切断の概念を用いるも
のの 3 つがある．ここでは，幾何学に関連のあるデデキントの方法を説明し
よう．

定義 4.36 有理数の集合 $\mathbb{Q}$ の空でない 2 つの真部分集合 A_1, A_2 は，次の
条件を満たすとき**切断**(cut)といわれる．

（ i ） $\mathbb{Q} = A_1 \cup A_2,\ A_1 \cap A_2 = \emptyset$.

（ ii ） $a \in A_1,\ a_1 < a \implies a_1 \in A_1$.

（iii） $a \in A_2,\ a_2 > a \implies a_2 \in A_2$.

（iv） A_1 には最大元が存在しない．

切断を (A_1, A_2) と表し，A_1, A_2 をそれぞれ切断の**下組**，**上組**という．切断は
(ii), (iv) を満たす空でない真部分集合 A_1，すなわち下組だけで決まることに
注意しよう（$A_2 = \mathbb{Q} - A_1$ とおけば A_2 は (iii) を満たすことがわかる）．また条
件 (ii), (iii) は「$\forall a_1 \in A_1,\ \forall a_2 \in A_2$ に対して $a_1 < a_2$」という条件と同値であ
る． □

例 4.37 a を有理数とし
$$A_1 = \{x \mid x < a\}, \quad A_2 = \{x \mid x \geqq a\}$$
とおくと (A_1, A_2) は切断である．言い換えれば，上組が最小元をもつよ
うな切断といってもよい．このような切断を**正規の切断**といい，$C(a) = (A_1(a), A_2(a))$ と表すことにする． □

例 4.38 $A_1 = \{x \in \mathbb{Q} \mid x^2 < 2\} \cup \{負の有理数全体\}$ は切断の下組である．
これを確かめるには，A_1 が最大元をもたないことをいえば十分である．も
し a が A_1 の最大元とすると $a \geqq 1$ であること，および $2 - a^2,\ 2a + 1$ がとも
に正の有理数であることに注意する．$b = (2 - a^2)/(2a + 1)$ は 1 より小さい正
の有理数である．よって
$$(a + b)^2 = a^2 + 2ab + b^2 < a^2 + (2a + 1)b = a^2 + (2 - a^2) = 2$$

170——第4章　自然数から実数へ

となって，$a+b \in A_1$．$a+b > a$ であるからこれは a が最大元であることに反する．

この切断が正規でないこと，すなわち $C(a)$ の形をしていないことは $x^2 = 2$ となる有理数が存在しないことからわかる．　　　　　　　　　　　　□

2番目の例について直観的な言い方をすれば，有理数の集合を「はさみ」で切断するとき，有理数に触れないで切り離せることを意味している．すなわち，有理数の集合には「すき間」が存在するのである．

定義 4.39　**実数**(real number)とは $\mathbb{Q}$ の切断のことである．実数全体を $\mathbb{R}$ で表す．また，正規でない切断を**無理数**(irrational number)という．　　□

このように，「実数」の名前に反して，それは素朴な形で存在するものではない．人間の精神の中に「形式」として住むものなのである．

これからしばらくの間，実数論を展開しよう．

まず，実数の相等と大小を次のように定義する．

$$(A_1, A_2) = (B_1, B_2) \iff A_1 = B_1,$$
$$(A_1, A_2) \leqq (B_1, B_2) \iff A_1 \subset B_1.$$

定理 4.40　$\mathbb{R}$ は上で定義した関係 $\leqq$ により線形順序集合である．

[証明]　順序集合であることは明らか(部分集合の包含関係が順序を与えている)．順序の線形性を示すため $A_1 \subset B_1$ でないと仮定しよう．このとき，A_1 に属するが B_1 には属さない有理数 c が存在する．$x \in B_1$ に対して $c \leqq x$ とすると，切断の条件から $c \in B_1$ となるから矛盾．よって $x < c$ である．$c \in A_1$ であるから $x \in A_1$．これは $B_1 \subset A_1$ であることを意味している．よって2つの切断 $(A_1, A_2), (B_1, B_2)$ に対して

$$(A_1, A_2) \leqq (B_1, B_2), \quad (A_1, A_2) = (B_1, B_2), \quad (A_1, A_2) \geqq (B_1, B_2)$$

のいずれかが成り立ち，$\mathbb{R}$ は線形順序集合となる．∎

解析学(微分積分学)は実数の性質の上に構築された理論であるが，次の定理は解析学で使われる性質の中でも白眉といえるものである．

定理 4.41　$\mathbb{R}$ の上に(下に)有界かつ空でない部分集合は上限(下限)をもつ．

§4.4 有理数から実数へ —— 171

[証明] K を上に有界な部分集合とする. K は切断の族であるからそれ
を $\{(A_{1i}, A_{2i})\}_{i \in I}$ により表す.

$$A_1 = \bigcup_{i \in I} A_{1i}$$

とおく. このとき $(A_1, \mathbb{Q} - A_1)$ は切断であることを示そう. A_1 が空でないこ
とは明らか. K が上に有界であることから, $A_{1i} \subset B_1$ がすべての A_{1i} に対し
て成り立つような切断 (B_1, B_2) が存在する. よって A_1 は $\mathbb{Q}$ の真部分集合で
ある. 次に切断の(ii)の条件を確かめるために $a_1 \in A_1$, $a < a_1$ とする. a_1 は
ある A_{1i} に属し, A_{1i} に対する条件(ii)を使えば $a \in A_{1i}$. よって $a \in A_1$ とな
って, A_1 は条件(ii)を満たす. 条件(iv)に関しては, $a \in A_1$ に対して $a \in A_{1i}$
となる i を考えると, A_{1i} に対する条件(iv)を利用して, $a < b$, $b \in A_{1i} \subset A_1$
となる b が存在することが分かるから, A_1 は最大元を持たないことになる.
こうして, $(A_1, \mathbb{Q} - A_1)$ が切断であることが証明された.

残された問題は, $(A_1, \mathbb{Q} - A_1)$ が K の上限になることを示すことである.
A_1 の定義から, すべての i について $A_{1i} \subset A_1$ であるから, $(A_1, \mathbb{Q} - A_1)$ は K
の上界である. 次に, 切断 (B_1, B_2) について

$$(A_{1i}, A_{2i}) \leqq (B_1, B_2)$$

がすべての i に対して成り立っているとしよう. このとき, $A_{1i} \subset B_1$ である
から, $A_1 \subset B_1$. すなわち

$$(A_1, \mathbb{Q} - A_1) \subset (B_1, B_2)$$

である. これは $(A_1, \mathbb{Q} - A_1)$ が K の上限であることを意味している.

下に有界な場合もまったく同様である. ∎

(c) 実数の和と積

実数 $\alpha = (A_1, A_2)$, $\beta = (B_1, B_2)$ の和を定義しよう.
$$C_1 = \{a + b \mid a \in A_1,\ b \in B_1\},$$
$$C_2 = \mathbb{Q} - C_1$$

とおいたとき, (C_1, C_2) が切断であることを確かめる.

まず C_1 は空でないことと上に有界であることは明らか. よって C_1 は $\mathbb{Q}$

172——— 第 4 章　自然数から実数へ

の真部分集合である.

$c_1 \in C_1$, $c < c_1$ とする. $c_1 = a_1 + b_1$ となる $a_1 \in A_1$, $b_1 \in B_1$ が存在するが, $c < a_1 + b_1$ であることから

$$c - a_1 < b_1 \quad \Longrightarrow \quad c - a_1 \in B_1 \quad \Longrightarrow \quad c = a_1 + (c - a_1) \in C_1.$$

よって $c \in C_1$.

$a + b \in C_1$ $(a \in A_1,\ b \in B_1)$ に対して, $a < a'$, $b < b'$ となる $a' \in A_1$, $b' \in B_1$ が存在するから, $a + b < a' + b' \in C_1$. これは C_1 が最大元をもたないことを意味する.

こうして (C_1, C_2) は切断であることがわかった. これを $\alpha = (A_1, A_2)$ と $\beta = (B_1, B_2)$ の和といい, $\alpha + \beta$ により表す. 有理数に対する和の交換律, 結合律と, 和の定義の仕方から, 実数についても同様の規則が成り立つことがわかる:

$$\alpha + \beta = \beta + \alpha,$$
$$(\alpha + \beta) + \gamma = \alpha + (\beta + \gamma).$$

有理数 a に対して, 切断 $C(a)$ を対応させることにより, 有理数は実数と思うことができる(対応: $a \longrightarrow C(a)$ は単射である). さらに, 実数の和として

$$C(a) + C(b) = C(a + b)$$

となるから, 有理数の加法はそのまま実数としての加法になっている.

有理数としての 0 を, 実数としての 0 とする(正確にいえば, $C(0)$ を $\mathbb{R}$ における 0 と定義する). 明らかに

$$\alpha + 0 = \alpha$$

が成り立つ. また, $\alpha = (A_1, A_2)$ に対して,

$$B_1 = \{b \in \mathbb{Q} \mid b < -a,\ a \in A_2 \text{ となる } a \text{ が存在}\},$$
$$-\alpha = (B_1, \mathbb{Q} - B_1)$$

とおいて, α のマイナス元 $-\alpha$ を定義する. $(B_1, \mathbb{Q} - B_1)$ が実際に切断であること, および

$$\alpha + (-\alpha) = 0$$

となることが容易に確かめられる.

§4.4 有理数から実数へ———— *173*

$\alpha > 0 \ (\alpha < 0)$ であるとき，α を正の（負の）実数という.

問 11 $\alpha, \beta, \gamma \in \mathbb{R}$ に対して
$$\alpha < \beta \quad \Longleftrightarrow \quad \alpha + \gamma < \beta + \gamma$$
が成り立つことを示せ.

実数 α に対して，α と $-\alpha$ の大きい方を $|\alpha|$ により表して，α の**絶対値**（absolute value）という. 明らかに，
$$|\alpha| \geqq 0, \quad |-\alpha| = |\alpha|$$
が成り立つ.

問 12 $|\alpha + \beta| \leqq |\alpha| + |\beta|$ を示せ.

実数の積の定義を場合に分けて行おう. $\alpha = (A_1, A_2)$, $\beta = (B_1, B_2)$ とする.
（ⅰ）　$\alpha, \beta \geqq 0$ のとき，
$C_1 = \{ab \mid a \in A_1, \ b \in B_1, \ a \geqq 0, \ b \geqq 0\} \cup \{負の有理数全体\}$
$C_2 = \mathbb{Q} - C_1$
として，$\alpha\beta = (C_1, C_2)$ とする.
（ⅱ）　$\alpha, \beta < 0$ のとき，$\alpha\beta = |\alpha||\beta|$ とする.
（ⅲ）　その他の場合，$\alpha\beta = -|\alpha||\beta|$.
場合分けが面倒だが，積についても交換律，結合律，分配律が成立することが確かめられる. $\gamma > 0$ であるとき
$$\alpha < \beta \quad \Longleftrightarrow \quad \alpha\gamma < \beta\gamma$$
が成り立つ. さらに，有理数の 1 を実数においても同じ記号で表せば $1 \cdot \alpha = \alpha$ がすべての α に対して成り立つ.

次の補題により，実数においても除法が可能であることがわかる.

補題 4.42 $\alpha \neq 0$ とするとき，$\alpha\beta = 1$ となる β がただ 1 つ存在する.

[証明] $\alpha = (A_1, A_2) > 0$ としよう. A_2 の任意の元は正の有理数であることに注意.

174——— 第4章　自然数から実数へ

$$B_1 = \{b \in \mathbb{Q} \mid b < a^{-1},\ a \in A_2\ \text{となる}\ a\ \text{が存在}\},$$
$$B_2 = \mathbb{Q} - B_1,$$
$$\beta = (B_1, B_2)$$

とおくと，$\beta > 0$，$\alpha\beta = 1$ となる．$\alpha < 0$ のときは $-\alpha$ を考えればよい．一意性は有理数の場合と同様の証明による．∎

　実数の集合においても切断の概念は同様に定義できるが，この方法で実数を含むような新しい数の体系は生み出されないことが次の定理によりわかる．言い換えれば，実数の集合には「すき間」がない．

定理 4.43　$\mathbb{R}$ の任意の切断 (A_1, A_2) に対して，$C(\alpha) = (A_1, A_2)$ すなわち
$$A_1 = \{\beta \in \mathbb{R} \mid \beta < \alpha\}$$
$$A_2 = \{\gamma \in \mathbb{R} \mid \alpha \leqq \gamma\}$$
となるような $\alpha \in \mathbb{R}$ が存在する．

　[証明]　上組 A_2 が最小元をもつことを示せばよい．A_1 は上に有界であるから，A_1 の上限 $\alpha = \sup A_1$ が存在する．α が A_1 に属するとすると，A_1 が最大元をもつことになって，切断の定義に反するから，α は A_1 には属さない．よって $\alpha \in A_2$ である．いま，$\gamma < \alpha$，$\gamma \in A_2$ とすると，任意の $\beta \in A_1$ について $\beta < \gamma < \alpha$ となって，γ は α より小さい A_1 の上界となるから，α は A_1 の上限であることに反する．すなわち α は A_2 の最小元である．∎

　次の定理は，アルキメデスの公理の類似が実数に対して成り立つことを主張する．

定理 4.44　$\alpha \neq 0$ とする．このとき，α の整数倍は上にも下にも有界ではない．特に $\alpha, \beta > 0$ とすると，$n\alpha > b$ を満たす自然数 n が存在する．

　[証明]　最後の主張を示せば十分である．$\{n\alpha \mid n \in \mathbb{N}\}$ が上に有界とすると，定理 4.41 により上限が存在するから，これを γ としよう．上限の定義により
$$\gamma - \alpha < n\alpha \leqq \gamma$$
を満たす n がある．すると $(n+1)\alpha > \gamma$ となるから，これは γ が上限であることに反する．よって上限は存在しない．∎

系 4.45（実数における有理数の稠密性）　$\alpha < \beta$ とするとき，$\alpha < a < \beta$ を

§4.4 有理数から実数へ——*175*

満たす有理数 a が必ず 1 つは(したがって無限個)存在する.

[証明] 上の定理により $n(\beta-\alpha)>1$ を満たす自然数 n が存在する. 同じく,$mn^{-1}>\alpha$ を満たす自然数 m が存在する. このような m の中で最小のものがあるから(例題 4.26),それを m_0 とすると

$$(m_0-1)n^{-1} \leqq \alpha < m_0 n^{-1} = m_0/n$$

である. 一方

$$m_0/n = (m_0-1)n^{-1}+n^{-1} < \alpha+(\beta-\alpha) = \beta$$

となるから,$\alpha < m_0/n < \beta$ を得る. ∎

(d) 基 本 列

解析学では,基本列の概念が重要である.

実数からなる列 $\{\alpha_n\}_{n=1}^{\infty}$ は,次の性質を満たすとき**基本列**といわれる:任意の正数 ε に対して,それに応じてある番号 N を適当にとれば

$$m,n \geqq N \implies |\alpha_m-\alpha_n| < \varepsilon$$

となる.

定理 4.46 基本列は収束する. すなわち,実数 α が存在して,任意の正数 ε に対して,ある番号 N を適当にとれば

$$n \geqq N \implies |\alpha_n-\alpha| < \varepsilon$$

となる(このとき,$\alpha = \lim_{n\to\infty} \alpha_n$ と表す).

[証明] まず $\{\alpha_n\}_{n=1}^{\infty}$ が有界であることをみる. 基本列の定義において,特に $\varepsilon=1$ とすれば

$$|\alpha_m-\alpha_N| < 1, \quad m \geqq N$$

となる番号 N が存在する. よって,$\{\alpha_m\}_{m=N}^{\infty}$ は有界である. これに有限個の $\alpha_1, \alpha_2, \cdots, \alpha_{N-1}$ を付け加えても有界であるから,$\{\alpha_n\}_{n=1}^{\infty}$ も有界である.

次に,各番号 n に対して $K_n = \{\alpha_n, \alpha_{n+1}, \cdots\}$ とおくと,定理 4.41 により $u_n = \inf K_n$,$v_n = \sup K_n$ が存在する. 上限と下限の定義から,与えられた正数 ε に対して

$$u_n \leqq \alpha_{n+p} < u_n+\varepsilon, \quad v_n-\varepsilon < \alpha_{n+q} \leqq v_n$$

を満たす p,q が存在する(ただし,p,q は n にも依存する). 明らかに

176——第 4 章　自然数から実数へ

$$u_1 \leqq u_2 \leqq \cdots \leqq u_n \leqq \cdots \leqq v_n \leqq \cdots \leqq v_2 \leqq v_1$$

である.

$$u = \sup\{u_1, u_2, \cdots, u_n, \cdots\}, \quad v = \inf\{v_1, v_2, \cdots, v_n, \cdots\}$$

とおけば $u \leqq v$. $u = v$ を示すため, $u < v$ と仮定してみよう. $u < a < b < v$ となる実数 a, b をとり, $\varepsilon = (b-a)/3$ とすれば, 任意の n に対して

$$\alpha_{n+p} < a+\varepsilon, \quad b-\varepsilon < \alpha_{n+q},$$
$$\alpha_{n+q} - \alpha_{n+p} > (b-\varepsilon) - (a+\varepsilon) = \varepsilon$$

を満たす p, q が存在することになる. これは $\{\alpha_n\}_{n=1}^{\infty}$ が基本列という仮定に反する. よって $u = v$ である.

$\alpha = u = v$ とおこう. このとき任意の正数 ε に対して,

$$n \geqq N \quad \Longrightarrow \quad \alpha - \varepsilon < u_n \leqq v_n < \alpha + \varepsilon$$

となる番号 N が存在する. u_n, v_n の定義から

$$n \geqq N \quad \Longrightarrow \quad \alpha - \varepsilon < \alpha_n < \alpha + \varepsilon$$

であるから, $\displaystyle\lim_{n \to \infty} \alpha_n = \alpha$ である. ∎

　こうして, 切断という一見奇妙な形で定義した実数も, 我々が直観的に理解している性質を回復したことになる. そして, これまでの数の概念についての反省から, オマル・ハイヤームが提起した冒頭の問いかけに対しては, 「数は幾何学的要因とは独立に存在し, その固有の性質は集合論からの論理的帰結として得られるものである」という答が適切であることは, 読者も認めるであろう. 実は, 自然数の理論は, さらに集合論からも離脱し, その論理構造のみに着目することにより, 「証明」とは何か, 命題の「真偽」とはどういうことかについて研究する数学基礎論に直結していく. とくに, ゲーデル (K. Gödel, 1906–78) の理論 (不完全性定理) が, 形式化された自然数論の枠組みの中で論じられたことは特記すべきことである.

　この節を終えるにあたって読者に問おう.「君は本当に実数を見たか?」

§4.5　数を表す——自然数の表記法

これまで自然数から実数にいたる理論的道程を現代数学の立場から見直し

§4.5 数を表す——自然数の表記法——— *177*

たが，ここでは自然数の表記法について考えてみよう．

自然数は物を数えることから文字通り自然に発生した概念である．しかし，その数え方は，有史以前では当然現在使われているような算用数字を使っていたわけではなく，他の方法を使っていたに違いない（最近まで，数詞として1と2に対応するものだけで，それからさきはただ「たくさん」という言葉しかない民族があったことが知られている）．これはあくまで想像だが，人類は最初，数字の代わりに1対1の対応の考え方を利用したと思われる．例えば，家畜の数を数えたりするとき，次のように行ったのではないかと考えられるのである．

牛を何頭か飼っているとしよう．放牧前の牛を並べて，何本かの木の枝（あるいは縄の切れ端）のような物を1つずつ牛に対応させ，余った木の枝はすてておく．放牧した牛が戻って来たとき再びこれらの木の枝と牛を対応させて，過不足なく対応すれば元の数だけいることが確認できるわけである（実は，現代数学におけるものの数え方は，この一見原始的方法を使っているのである．すなわち，第3章で述べた「1対1の対応」がそれである．この意味で，我々は古代人の稚拙さを笑うことはできない）．

さて，人類の思考能力が高まるにつれ，抽象的なものの考え方ができるようになった．そして木の枝を使う代わりに，抽象的な記号を使うようになる．元々は次のような木の棒のようなものを書いた原始的な記号であっただろう

| || ||| |||| ||||| …

（漢数字の一，二，三にはその名残が見られる）．そして，実際の木の棒の代わりに，牛の数とこの記号を頭（脳）の中で対応させることができるようになったのである．しかも，この記号は，牛の数だけではなく，他のものを数えるときにもまったく同じように使うことができる．そして，ある共同体の中で，この記号が共通の概念として確立したとき，形式としての数の概念が獲得されたと考えてよい．

例えば，紀元前5000年にメソポタミアの南部に定住したシュメール人は，粘土板に次のような楔形文字を残している．

T TT TTT TTTT …

178————第4章　自然数から実数へ

このような記号Tの意味ははっきりしているし，とくに足し算（例えば
TT＋TTT＝TTTTT）をするときは便利なのだが，数が大きくなると不便
である．なるべく少ない文字で数を表すことを考える人々が出てきたのは当
然といえる．たとえば5本の棒をひとまとめにして，別の記号，例えば横棒
で表してみよう．すると

$$
\begin{array}{cccccc}
| & || & ||| & |||| & —— & \\
\top & ||\top & |||\top & ||||\top & —\top & \cdots
\end{array}
$$

となって，確かに書き表しやすくなる．もちろん，ひとまとめにする棒の数
は別に5である必要はない．実際，シュメール人は10個のTをまとめて〈
により表している．こうすると，たとえば32は〈〈〈TTと表される（10
進法の始まり）．また100の倍数を表すのにその単位としてT⊢を用いてい
る．この記号の発明の過程で，1まとまりのものを，1つの単位として数え
ることを人類は習得したと考えられる．

　　いわゆるローマ数字

1	2	3	4	5	6	7	8	9	10	⋯	50	100	500	1000
I	II	III	IV	V	VI	VII	VIII	IX	X	⋯	L	C	D	M

　　　　　　　（例：MDCCXVIII＝1718）

は，5個のものを「1まとまり」にした表記法である．ただし，4や9など
に，独特の表現の仕方があることに注意しよう．古代ギリシャでも初期には
似たような表記法を使っていた．（ところで，5や10を「1まとまり」とす
る習慣がなぜ生まれたのかは興味深い問題であるが，手の指の数からきてい
るというのが最も有力な説である．しかし，シュメール人やバビロニア人は
60を「まとまり」の基準にしていたことは注意しておきたい．その伝統が現
在でも時間や角度の計り方に現れている．）

　　さらに大きい数を表そうとするとき，このような方法は不便である．すな
わち，大きい数を考えるたびに記号の数を増やさなければならないからであ

§4.5 数を表す——自然数の表記法——— *179*

る．さらに，足し算や掛け算の計算がきわめて複雑であることも容易に想像
されるであろう(例えば，DCXXII＋LXV はいくつか?)．実は，古代文明で
は(中世のヨーロッパでも)，この困難さを理由に，計算能力をもっているこ
とがエリートとしての資格になっていたのである．

　ここに画期的ともいえる数の表記法を創出した民族が登場する．それは古
代インドの民である．

　そのアイディアは次のようなものである．例えば3つのもの(ここではも
のを表すのに ◦ を使う)を「1 まとまり」とする習慣を我々がもっていたと
する．そのようなまとめ方を分かりやすく図示すると

$$
\begin{array}{ccc}
 & \circ & \circ\circ \\
\circ\circ\circ & \circ\circ\circ\ \circ & \circ\circ\circ\ \circ\circ \\
\circ\circ\circ\ \circ\circ\circ & \circ\circ\circ\ \circ\circ\circ\ \circ & \circ\circ\circ\ \circ\circ\circ\ \circ\circ \\
\circ\circ\circ\ \circ\circ\circ\ \circ\circ\circ & \circ\circ\circ\ \circ\circ\circ\ \circ\circ\circ\ \circ & \circ\circ\circ\ \circ\circ\circ\ \circ\circ\circ\ \circ\circ \\
\circ\circ\circ\ \circ\circ\circ\ \circ\circ\circ\ \circ\circ\circ & \cdots\cdots & \\
\end{array}
$$

となる．ここで，1 つの「まとまり」が3つになったとき，それを 「上位」
の「まとまり」として，これを続けていく．そして

◦	1 位のまとまり
(◦◦◦)	2 位のまとまり
{(◦◦◦)(◦◦◦)(◦◦◦)}	3 位のまとまり
[{(◦◦◦)(◦◦◦)(◦◦◦)}{(◦◦◦)(◦◦◦)(◦◦◦)}{(◦◦◦)(◦◦◦)(◦◦◦)}]	4 位のまとまり
……	

と名付けよう．すると次々に3つのものをまとめていくことにより，各位(く
らい)の「まとまり」の個数がたかだか2つになるようにできる．例えば

　　　◦◦◦◦◦◦◦◦◦◦◦◦◦◦◦◦◦◦◦◦◦◦◦◦◦◦◦◦◦◦◦◦◦◦

　　　(◦◦◦)(◦◦◦)(◦◦◦)(◦◦◦)(◦◦◦)(◦◦◦)(◦◦◦)(◦◦◦)(◦◦◦)(◦◦◦) ◦◦

　　　{(◦◦◦)(◦◦◦)(◦◦◦)}{(◦◦◦)(◦◦◦)(◦◦◦)}{(◦◦◦)(◦◦◦)(◦◦◦)}(◦◦◦) ◦◦

　　　[{(◦◦◦)(◦◦◦)(◦◦◦)}{(◦◦◦)(◦◦◦)(◦◦◦)}{(◦◦◦)(◦◦◦)(◦◦◦)}](◦◦◦) ◦◦

のようになる．n 位の「まとまり」が1つのときは記号 a，2 つのときは記
号 b を使い，位の高い方から低いほうへ左から順にこの記号を並べていく(1,
2 の代わりに記号 a, b をわざと使うのは，慣れ親しんでいる記号を使うとか

180―――第4章　自然数から実数へ

えって基本的アイディアが見えにくくなるからである）．もし，n 位の「ま
とまり」がなければ，空白にしておく．今あげた例では，

$$4位の「まとまり」の個数　1　\Longrightarrow　a$$
$$3位の「まとまり」の個数　0　\Longrightarrow　空白$$
$$2位の「まとまり」の個数　1　\Longrightarrow　a$$
$$1位の「まとまり」の個数　2　\Longrightarrow　b$$

であるから，a ab が対応する記号列である．表記上，空白は紛らわしいから
（特に 1 位の部分が空白なのかどうかを判断するのが困難である），空白の代
わりに O と書くことにすればaOab となる．こうすると，上の表に合わせて

	a	b
aO	aa	ab
bO	ba	bb
aOO	aOa	aOb
aaO	……	

が得られる．このようにして，任意の数がa，b，O の文字列で表されるこ
とになる（このような記数法の背景には，自然数 p が与えられたとき，任意
の自然数 n が一意的に $n=mp+r$ $(0 \leqq r<p)$ と表されることがある．m は n
を p で割ったときの商であり，r は余りである．今の場合は，$p=3$ である．
人類は，このような数の法則を，上のような「まとまり」の考え方から実験
的に理解したと思われる）．

　このような表記法がきわめて合理的であることは，和の計算を考えると明
らかになる．実際
（1）　1 位の「まとまり」では

$$\circ + \circ = \circ\circ$$
$$\circ + \circ\circ = \circ\circ + \circ = (\circ\circ\circ)$$
$$\circ\circ + \circ\circ = (\circ\circ\circ) + \circ$$

であることから，a+a=b, a+b=b+a=aO, b+b=aa.
（2）　一般の位の「まとまり」でも，その「まとまり」を♯で表すと

§4.5 数を表す――自然数の表記法 ―― *181*

$$♯+♯ = ♯♯$$
$$♯+♯♯ = ♯♯+♯ = (♯♯♯)$$
$$♯♯+♯♯ = (♯♯♯)+♯$$

である．ここで (♯♯♯) は 1 つ位の上がった「まとまり」を表している．すなわち，「まとまり」を 1 つの単位と思えば，1 位と同じ和の法則をもっている．

このことから，1 位の和から始めて，もし「まとまり」ができればそれを 1 つ位を繰り上げて，順次上位の和に移っていくことにより，和の計算が完成する．ただし，もしある位に「まとまり」がなければ，それは和の計算に何の効果ももたらさないことに注意する．このような計算を上で与えた記数法を使って表してみると，具体例では次のようになる：aba+bOb について

a	b	a		
b	O	b		（1 位における a+b＝aO の計算）
	a	O		（a を 2 位に繰り上げる）
a	b			
b	O			（2 位における a+b＝aO の計算）
a	O	O		（a を 3 位に繰り上げる）
a				
b				（3 位における a+a＝b の計算）
b	O	O		
b				（3 位における b+b＝aa の計算）
a	a	O	O	（a を 4 位に繰り上げる）
a	a	O	O	（答え）

よって，aba+bOb＝aaOO となる．

このような計算では，空白の記号は形式上

$$O+O = O, \quad O+a = a+O = a, \quad O+b = b+O = b$$

の形で寄与することに注意しよう．

古代インドで発明され，アラビアを通して中世のヨーロッパに伝えられた実際の記数法は，本質的に今述べたものと異なるものではない．ただ，10 個

182──── 第4章 自然数から実数へ

のものを「まとまり」の単位とし，2個の文字a,bの代わりに9個の文字

1, 2, 3, 4, 5, 6, 7, 8, 9

（これをアラビア数字と世にいうが，実際はインドで使われ始めたのでインド数字というべきである）と空白を表す記号0を使うところが違うだけで，基本的考え方は全く同じである．

　もともと空白の記号0は上で述べたように文字列における位を明確にするために導入されたものであるが，上の計算規則からその意味以上のものがあることが見てとれるであろう．すなわち0も「数」と考え，その役割を$0+x=x+0=x$となるような数と考えるのである．そして記号0を零(zero)と名付ける．

　位取りのための空白の記号0から，数としての認識にいたる過程は，歴史上はっきりしたものではない．しかしインドで発見されたことはほぼ確かなことである．この「零の発見」と位の概念がもたらした計算技術改良への影響は絶大なものがある．すなわち，それまでエリートのみがもっていた計算能力を一般人にも普及させる効果をもったのである．さらに数学の発展の上でも計り知れない影響を与えた．

　一般に$k-1$個の文字と零を表す文字を使っても上と同じことができる．この記数法を**k進法**という．したがって，上で述べた記数法は3進法にほかならない．2進法が計算機で用いられていることは読者も知っていることであろう．

　「学習の手引き」において述べたように，幾何学は古代ギリシャで大いに発展したが，代数学についてはほとんどみるべきものがない．この背景にも，ギリシャでは零が「発見」されなかったという事実があると思われる．

《まとめ》

　4.1　数の体系（自然数，整数，有理数，実数）は集合論の枠内で，幾何学とは独立に構成することができる．

　4.2　**自然数に関するペアノの公理**　集合$\mathbb{N}$が特別な元1と，写像$S : \mathbb{N} \longrightarrow \mathbb{N}$

を持ち，次の性質を満たすとき，自然数の集合といわれる：

（ⅰ） $1 \notin S(\mathbb{N})$

（ⅱ） S は単射

（ⅲ） $\mathbb{N}$ の部分集合 A が，性質

(1) $1 \in A$　　(2) $S(A) \subset A$

を満たせば，$A = \mathbb{N}$.

4.3 集合 Y と元 $y \in Y$，および写像 $\varphi: Y \longrightarrow Y$ に対して，次の性質を満たす写像 $f: \mathbb{N} \longrightarrow Y$ がただ1つ存在する：

（ⅰ） $f(1) = y$

（ⅱ） $f(S(x)) = \varphi(f(x))$　$(x \in \mathbb{N})$

4.4 （a）自然数の加法：上記の 4.3 において，$Y = \mathbb{N}$, $\varphi = S$, $y = S(x)$ としたときに定まる写像 $f: \mathbb{N} \longrightarrow \mathbb{N}$ を f_x とおき，x と z の和を $f_x(z) = x + z$ として定義する．

（b）自然数の乗法：上記の 4.3 において，$Y = \mathbb{N}$, $\varphi(x) = x + y$ としたときに定まる写像 $f: \mathbb{N} \longrightarrow \mathbb{N}$ を g_y とおき，y と x の積を $g_y(x) = yx$ として定義する．

4.5 整数の集合 $\mathbb{Z}$ は，商集合 $\mathbb{N} \times \mathbb{N} / \approx$ のことである．ここで同値関係 $\approx$ は，

$$(x, y) \approx (x', y') \iff x + y' = y + x'$$

により定義されるものである．

4.6 有理数の集合 $\mathbb{Q}$ は，商集合 $\mathbb{Z} \times \mathbb{N} / \equiv$ のことである．ここで同値関係 $\equiv$ は

$$(m, n) \equiv (m', n') \iff mn' = nm'$$

により定義されるものである．

4.7 実数の集合 $\mathbb{R}$ は，有理数の集合 $\mathbb{Q}$ の切断として定義される．ここで，一般に，線形順序集合 X の切断は

（a）　$X = A_1 \cup A_2$, $A_1 \neq \emptyset$, $A_2 \neq \emptyset$, $A_1 \cap A_2 = \emptyset$

（b）　$a \in A_1$, $a_1 < a \implies a_1 \in A_1$,　$a \in A_2$, $a_2 > a \implies a_2 \in A_2$

（c）　A_1 には最大元が存在しない．

を満たす X の部分集合の対 (A_1, A_2) のことである．

4.8 実数の集合 $\mathbb{R}$ の部分集合 A が上に有界（下に有界）ならば，A は上限（下限）を持つ．

4.9 実数の基本列はつねに収束する．

184————第 4 章 自然数から実数へ

──────── 演習問題 ────────

4.1 M を自然数の集合 $\mathbb{N}$ の切片とする.

(1) $x \in M$, $y \leqq x$ ならば $y \in M$ であることを示せ.

(2) もし $M \neq \mathbb{N}$ であれば,$M = \{x \mid x \leqq x_0\}$ となる x_0 が存在することを示せ.

4.2 定理 4.16 を証明せよ.

4.3 定理 4.8 において,Y を正の実数の集合とし,
$$f(1) = y \quad (\in Y), \quad \varphi(x) = xy \quad (x \in Y)$$
として定まる写像を $f : \mathbb{N} \longrightarrow Y$ とする.$f(n) = y^n$ とおくとき

(1) $y^{m+n} = y^m y^n \quad (m, n \in \mathbb{N})$

(2) $(xy)^n = x^n y^n \quad (x, y \in Y,\ n \in \mathbb{N})$

となることを示せ.

4.4 (実数に関する帰納法の原理) 実数 x についての命題 $P(x)$ について次のことが成り立つとする:

(1) ある実数 a が存在して,$x < a$ となるすべての実数 x に対して $P(x)$ は真である.

(2) 任意の実数 b について,$x < b$ となるすべての x に対して $P(x)$ が真であれば,$b < c$ である実数 c が存在して,$x < c$ となるすべての x に対して $P(x)$ が真である.

このとき,$P(x)$ はすべての x について真であることを証明せよ.

4.5 2 つの実数列 $\{a_n\}_{n=1}^{\infty}$,$\{b_n\}_{n=1}^{\infty}$ が次の性質を満たすとする:

(1) $a_1 \leqq a_2 \leqq \cdots$ (すなわち,$\{a_n\}$ は増加数列)

(2) $\cdots \leqq b_2 \leqq b_1$ (すなわち,$\{b_n\}$ は減少数列)

(3) すべての n について $a_n \leqq b_n$

(4) $\lim_{n \to \infty}(b_n - a_n) = 0$

このとき,すべての n に対して,$a_n \leqq \alpha \leqq b_n$ となる 1 つの実数 α が一意的に定まることを示せ(区間縮小法の原理).

4.6 4.5 の結果を用いて次のことを示せ.m を自然数とするとき,任意の正の実数 a に対して $\beta^m = a$ となる正の実数 α がつねにただ 1 つ存在する(β を a の m 乗根といい,$\beta = \sqrt[m]{a}$ と表す).

5

数と幾何学

人は証明しようとする事柄を曖昧な形で発見する.
そして, その事柄を明白なものにすることが証明になる.
————パスカル

　第1,2章で扱った線分や角にはその大きさを表す数(実数)は与えられてい
なかった. 合同の概念とそれを用いて定義される大小関係のみに頼って議論
してきたのである. このような量を含まない定性的な幾何学の理論は, 元来
実用性より思弁的なことを好んだ古代ギリシャ人の態度から発している. 実
際, このような立場の積極的意味を考えると, 我々の空間にはア・プリオリ
(先天的)に長さを測る基準が与えられているわけではないこと, したがって
長さを考えるには人間の恣意が関わっている部分があり, それを避けている
ともいえるのである. このことをもう少し詳しく省みよう.
　我々は日常長さや角の大きさを測るのに定規と分度器を使う. 定規や分度
器には目盛がついていて, 測ろうとするものの端に零の目盛を当て, そのも
う一方の端が指し示す目盛を長さや角度とするのである. 長さについては2
つの問題が生じる.
　(1)基準となる長さの単位は絶対的なものではなく, 人間の都合で決め
たものである. 現在, 実際に使われている長さの単位はメートル(meter)で
あるが, これは元々, 地球の子午線の長さの4000万分の1として決められ,

186——第5章　数と幾何学

それをメートル原器に移したものである（精密な測定により，子午線の長さはメートルを決めたときの測定値と異なっていることが発見されたが，一旦単位を決めればそのようなことはどうでもよいことである）．現在，1メートルは真空中を光が2億9979万2458分の1秒の間に進む行程として定義されている．

（2）目盛の数はもちろん有限であり，一般には長さの近似値しか求まらない．

（1）については，1つ1つのものの長さは単位のとり方によるが，長さの比を考えることにより，単位とは無関係な量が得られるので，実はそれほど本質的な問題ではない．角度については基準となる角として直角や平角がとれるので，（1）は問題にはならない．

（2）についてはどうだろう．仮想的に目盛を必要なだけ増やして精度をよくした定規を考えよう．問題は，どの程度まで精度を上げれば正確に長さを測れるかということになる．ピタゴラスは最初，単位の長さを1としたとき，有理数の目盛を考えれば十分であると信じていた．しかし，後でも説明するように無理数の長さをもつ線分の存在が明らかになり，このような目盛だけでは不十分であることがわかったのである．これは，我々の空間の本質に関わる問題であり，詳しい考察を必要とする．

これまで見てきたように，我々は集合を基礎にして厳密な幾何学を打ち立てることができた．曖昧さを避けるには，長さや角についても集合論の範疇で厳密に定義しなければならない．本章では，主としてこの問題を扱う．そして，ここで実数と直線が初めて結びつくのである．

本章で単に平面（空間）というときは，平行線の公理とまだ述べていない連続公理以外のすべての公理を満たす平面（空間）を意味し，平行線の公理を満たす平面を考えるときは一々断ることにする．

§5.1 線分の長さ

（a） 目盛関数

数学的には，定規に当たるものは次に定義する目盛関数とよばれるものである．

$\mathbb{X}$ を平面，$\mathbb{R}$ を実数の集合とする．l を $\mathbb{X}$ の任意の直線とし，向きを1つ選んでおく．そしてこの向きから定まる点の順序を $\leqq$ で表すことにする（§2.1 参照）．さらに l に含まれる線分 OP $(O < P)$ を1つ選び，これを（長さの）**基準となる線分**ということにする．

これから構成するのは次の性質を満足する写像

$$\Theta : l \longrightarrow \mathbb{R}$$

である．

（1） $\Theta(O) = 0, \quad \Theta(P) = 1$

（2） $A < B \iff \Theta(A) < \Theta(B)$

（3） $AB \equiv CD \ (A < B, \ C < D) \iff \Theta(B) - \Theta(A) = \Theta(D) - \Theta(C)$

この性質を持つ写像 Θ を OP を基準とする**目盛関数**ということにする．

定理5.1 目盛関数が存在する．　　　　　　　　　　　　　　　□

この定理は，いくつかのステップに分けて証明される．

まず，l 上の点列 $\{P_n \,|\, n \in \mathbb{Z}\}$ を次のように定める．

$$P_n < P_{n+1}, \quad P_0 = O, \quad P_1 = P, \quad P_n P_{n+1} \equiv OP .$$

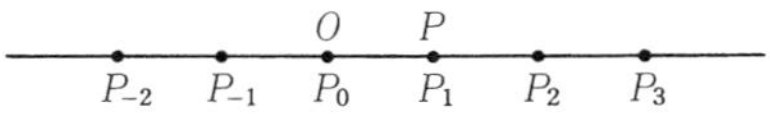

図5.1

Θ を構成するため，任意の線分には 2^m–等分点が存在することを使う（§1.6 参照）．有限2進小数に展開される有理数の全体 $\mathbb{R}_0 \, (\subset \mathbb{R})$ を考える．すなわち，$x \in \mathbb{R}_0$ は $x2^m$ が整数となる自然数 m が存在するような有理数である．このような x に対して

$$x = n + k2^{-m}, \quad n \in \mathbb{Z}, \quad 0 \leqq k < 2^m$$

188――――第 5 章　数と幾何学

となるような n, k が存在し, n は一意的に定まる(k が 2 と素なものとすれ
ば, k, m は一意に定まるが, ここではこのような仮定をおかない). $\mathbb{R}_0$ は加
法と減法に関して閉じている: $x, y \in \mathbb{R}_0 \implies x \pm y \in \mathbb{R}_0$.

各 $x \in \mathbb{R}_0$ に対して l 上の点 $P(x)$ を次のように対応させよう.

（1）　$x = n \in \mathbb{Z}$ であるとき, $P(x) = P_n$ とする.

（2）　$x \notin \mathbb{Z}$ のとき, $x = n + k2^{-m} \ (0 < k < 2^m)$ と表される. 線分 $P_n P_{n+1}$
を 2^m 等分し, その分点を

$$P_n = M_{n,m}(0) < M_{n,m}(1) < M_{n,m}(2) < M_{n,m}(3) < \cdots < M_{n,m}(2^m) = P_{n+1}$$

としたとき, $P(x) = M_{n,m}(k)$ とする.

(2)において, $P(x)$ は x の表示 $x = n + k2^{-m}$ によらず定まる. すなわち
$k_1 2^{-m_1} = k_2 2^{-m_2}$ であるとき, $M_{n,m_1}(k_1) = M_{n,m_2}(k_2)$ である. これをみるには

$$M_{n,m+1}(2k) = M_{n,m}(k)$$

$$M_{n,m+h}(2^h k) = M_{n,m}(k) \quad (h \text{ に関する帰納法による})$$

を使えばよい.

補題 5.2

$$x < y \iff P(x) < P(y).$$

［証明］　$x = n_1 + k_1 2^{-m_1}$, $y = n_2 + k_2 2^{-m_2}$ とする. $n_1 \neq n_2$ のときは明らか
だから, $n_1 = n_2 = n$ とする.

$m = m_1 + m_2$ とおくと

$$
\begin{aligned}
x < y &\iff k_1 2^{-m_1} < k_2 2^{-m_2} \\
&\iff (k_1 2^{m_2}) 2^{-m} < (k_2 2^{m_1}) 2^{-m} \\
&\iff M_{n,m}(k_1 2^{m_2}) < M_{n,m}(k_2 2^{m_1}) \\
&\iff M_{n,m_1}(k_1) < M_{n,m_2}(k_2)
\end{aligned}
$$

補題 5.3　$A < B$ を満たす任意の $A, B \in l$ に対して, $A < P(x) < B$ とな
る $x \in \mathbb{R}_0$ が無限個存在する.

［証明］　$A < P(x) < B$ を満たす x が 1 つ存在することを証明すれば十分
である. 任意の自然数 m に対して,

$$P(y) \leqq A < P(y + 2^{-m})$$

となる y が存在することに注意. 実際,

$$M_{n,m}(k) \leqq A < M_{n,m}(k+1), \quad 0 \leqq k < 2^m$$

となる整数 n と k が存在するから(アルキメデスの公理),$y = n + k2^{-m}$ とおけばよい.

もし $x = y + 2^{-m}$ に対して結論を否定すると $A < P(y+2^{-m}) < B$ とはならないから

$$B \leqq M_{n,m}(k+1) = P(y+2^{-m})$$

でなければならない.ところが,m として

$$OP < 2^m AB$$

となるものをとると(アルキメデスの公理),

$$OP \equiv 2^m P(y)P(y+2^{-m}) \quad (\text{線分の合同})$$

であるから

$$2^m P(y)P(y+2^{-m}) < 2^m AB \quad (\text{線分の大小})$$

$$P(y)P(y+2^{-m}) < AB \quad (\text{線分の大小})$$

となる.これは $P(y) \leqq A < B \leqq P(y+2^{-m})$ と矛盾する. ∎

上の証明で利用したことは次のように言い換えられる.

補題 5.4 $A \in l$ とする.任意の正数 ε に対して

$$P(x) \leqq A < P(y), \quad y - x < \varepsilon$$

となる $x, y \in \mathbb{R}_0$ が存在する. ☐

Θ を定義しよう.$A \in l$ に対して,$A = P(x)$ となる x が存在すれば,$\Theta(A) = x$ と定める.その他の場合は次のようにする.自然数 n に対して

$$P(x_n) < A < P(y_n), \quad y_n - x_n < 1/n \tag{5.1}$$

となる $x_n, y_n \in \mathbb{R}_0$ をとる.

$$x_n - x_m = x_n - y_m + y_m - x_m < y_m - x_m < 1/m$$

$$x_m - x_n = x_m - y_n + y_n - x_n < y_n - x_n < 1/n$$

であるから,正数 ε に対して,$1/m < \varepsilon$, $1/n < \varepsilon$ とすれば

$$|x_n - x_m| < \varepsilon$$

を得る.同様に

$$|y_n - y_m| < \varepsilon$$

が成り立つ.よって,数列 $\{x_n\}_{n=1}^{\infty}$, $\{y_n\}_{n=1}^{\infty}$ は基本列となり,これらは収束

190———第 5 章　数と幾何学

するから(定理 4.46),
$$x = \lim_{n \to \infty} x_n, \quad y = \lim_{n \to \infty} y_n$$
とおくと, $|x-y| = \lim_{n \to \infty} |x_n - y_n| = 0$ を得る. よって $x = y$ である. この x を $\Theta(A)$ として定義する. $\Theta(A)$ が(5.1)を満たす列 $\{x_n\}_{n=1}^{\infty}, \{y_n\}_{n=1}^{\infty}$ のとり方にはよらないことは容易に確かめられる.

　Θ が目盛関数の性質 (1), (2), (3) を満足することを証明しよう. (1)は自明である. (2)については, $A < P(x) < B$ となる $x \in \mathbb{R}_0$ を考えれば(補題 5.3), Θ の定義から
$$\Theta(A) < x < \Theta(B)$$
となる. (3)を示すために, $AB \equiv CD$ としよう. まず, 特別な場合である
$$A = P(x), \quad B = P(y) \quad (x, y \in \mathbb{R}_0; \ x < y)$$
$$C = P(z), \quad D = P(w) \quad (z, w \in \mathbb{R}_0; \ z < w)$$
となるときを考える. $y-x = n_1 + k_1 2^{-m}$, $w-z = n_2 + k_2 2^{-m}$ $(0 \le k_1, k_2 < 2^m)$ とすると,
$$2^m AB \equiv (n_1 2^m + k_1) OP,$$
$$2^m CD \equiv (n_2 2^m + k_2) OP$$
であるから, $y-x = n_1 + k_1 2^{-m} = n_2 + k_2 2^{-m} = w-z$ となって,
$$\Theta(B) - \Theta(A) = y - x = w - z = \Theta(D) - \Theta(C)$$
が得られる. 次に一般の場合を考えよう.
$$\Theta(B) - \Theta(A) < \Theta(D) - \Theta(C)$$
と仮定する. このとき
$$\Theta(C) < z < w < \Theta(D)$$
$$x < \Theta(A) < \Theta(B) < y$$
$$w - z = y - x$$
となる $x, y, z, w \in \mathbb{R}_0$ が存在する. そして
$$C < P(z) < P(w) < D$$
$$P(x) < A < B < P(y)$$
$$P(w)P(z) \equiv P(x)P(y) \quad (線分の合同)$$
であるから, $AB < CD$ となって矛盾. 同様に $\Theta(B) - \Theta(A) > \Theta(D) - \Theta(C)$

のときは $CD < AB$ となるから，この場合も矛盾である．よって $AB \equiv CD \implies \Theta(B) - \Theta(A) = \Theta(D) - \Theta(C)$ である．

$AB < CD$ とすると，CD 上に $AB \equiv CE$ となる点 E をとれば
$$\Theta(B) - \Theta(A) = \Theta(E) - \Theta(C) < \Theta(D) - \Theta(C).$$
よって，$AB \not\equiv CD$ なら，$\Theta(B) - \Theta(A) \neq \Theta(D) - \Theta(C)$ であるから逆が成り立つ．

（b） 目盛関数の一意性

目盛関数の一意性を示そう．$\Theta_1 : l \longrightarrow \mathbb{R}$ を線分 OP を基準とするもう 1 つの目盛関数とする．$\mathbb{L} = \Theta(l)$ とおく．$\mathbb{L}$ は $\mathbb{R}$ の部分集合であり，次の性質を満たすことが，これまでの議論からわかる．

（1）　$\mathbb{L} \supset \mathbb{R}_0$.

（2）　$a, b \in \mathbb{L} \implies a \pm b \in \mathbb{L}$.

(2)は線分の加法，減法から明らかであろう．

さらに，$a \in \mathbb{L}$ に対して，$\Theta(A) = a$ となる $A \in l$ はただ 1 つ存在するからこの A を $A(a)$ と記す．Θ の性質(3)から，線分 $A(a)A(a+b)$ は線分 $OA(b)$ と合同である．

関数 $f : \mathbb{L} \longrightarrow \mathbb{R}$ を次のように定義する：
$$f(a) = \Theta_1(A(a))$$
この f は性質

$$f(a+b) = f(a) + f(b) \tag{5.2}$$

$$a < b \implies f(a) < f(b) \tag{5.3}$$

$$f(1) = 1 \tag{5.4}$$

を満たす．実際，(5.2)については
$$\begin{aligned}
f(a+b) &= \Theta_1(A(a+b)) \\
&= \Theta_1(A(a+b)) - \Theta_1(A(a)) + \Theta_1(A(a)) \\
&= \Theta_1(A(b)) - \Theta_1(O) + \Theta_1(A(a)) \\
&= f(a) + f(b).
\end{aligned}$$

192——— 第 5 章　数と幾何学

(5.4)は $A(1)=P$ であることから明らかである.

(5.2)により，任意の自然数 k について
$$f(ka) = kf(a).$$

特に
$$f(2^n a) = 2^n f(a) \tag{5.5}$$

が成り立つ．(5.5)に $a=k2^{-n}$ を代入すれば
$$k = f(k) = 2^n f(k2^{-n}).$$

すなわち
$$f(k2^{-n}) = k2^{-n}$$

となる．よって，
$$f(x) = x, \quad x \in \mathbb{R}_0$$

が成り立つ.

任意の $x \in \mathbb{L}$ が与えられたとき，任意の正数 ε に対して
$$x - \varepsilon < a \leqq x \leqq b < x + \varepsilon$$

を満たす $a, b \in \mathbb{R}_0$ が存在する．(5.3)により
$$f(a) \leqq f(x) \leqq f(b)$$
$$\implies \quad a \leqq f(x) \leqq b$$
$$\implies \quad x - \varepsilon < f(x) < x + \varepsilon.$$

ε は任意であったから $x = f(x)$ がすべての $x \in \mathbb{L}$ に対して成り立つ．言い換えれば
$$\Theta_1(A) = \Theta(A)$$

が l 上の任意の点 A について成り立つ．よって目盛関数は一意的に定まる.

基準となる線分を取り替えると目盛関数がどう変わるかをみるのが次の補題である.

補題 5.5　$O_1 P_1, O_2 P_2$ を向きの与えられた直線 l 上の 2 つの基準となる線分とし，Θ_1, Θ_2 をそれらを基準とする目盛関数とするとき，
$$\Theta_2(A) = a\Theta_1(A) + b, \quad A \in l \tag{5.6}$$

が成り立つような定数 $a, b \in \mathbb{R}$ が存在する.

　[証明]　a, b を

$$a = (\Theta_1(P_2) - \Theta_1(O_2))^{-1},$$
$$b = -\Theta_1(O_2)(\Theta_1(P_2) - \Theta_1(O_2))^{-1}$$

とおいて，Θ_2 を (5.6) の右辺により定義すると，Θ_2 は O_2P_2 を基準とする目盛関数になっている． ∎

目盛関数 $\Theta: l \longrightarrow \mathbb{R}$ に対して，像 $\Theta(l)$ を含む $\mathbb{R}$ の部分集合 $\mathbb{K}$ で

（ i ）　$0, 1 \in \mathbb{K}$

（ ii ）　$a, b \in \mathbb{K} \implies a \pm b \in \mathbb{K}$

（iii）　$a, b \in \mathbb{K} \implies ab \in \mathbb{K}$

（iv）　$b \in \mathbb{K}, \ b \neq 0 \implies b^{-1} \in \mathbb{K}$

を満たすものを考えよう．一般に (i), (ii), (iii), (iv) を満たす $\mathbb{R}$ の部分集合を $\mathbb{R}$ の**部分体**という．例えば，$\mathbb{R}$ 自身および有理数の集合 $\mathbb{Q}$ は $\mathbb{R}$ の部分体である．

$\mathbb{R}$ の任意の部分体は $\mathbb{Q}$ を含む．実際，(i), (ii) により，任意の整数がこの部分体に含まれ，(iii), (iv) により任意の有理数も含まれることがわかる．特に $\Theta(l)$ を含む部分体 $\mathbb{K}$ は $\mathbb{Q}$ を含む．

$\mathbb{R}$ の部分体の族 $\{\mathbb{K}_i\}$ の共通部分も部分体であることは容易に確かめられる．このことから，$\Theta(l)$ を含む部分体 $\mathbb{K}$ の中で包含関係に関して最小なものが存在する（実際，すべての $\mathbb{K}$ の共通部分がそれである）．これを $\mathbb{K}(\Theta)$ により表そう．

上の補題 5.5 における定数 a, b は $\mathbb{K}(\Theta_1)$ に属することに注意しよう．

注意 5.6　平行線の公理を満たす平面では Θ の像 $\Theta(l)$ 自身が $\mathbb{R}$ の部分体となり，$\mathbb{K}(\Theta) = \Theta(l)$ となることがわかる（次節参照）．

定理 5.7　l_1, l_2 を向きの与えられた 2 つの直線とし，O_1P_1, O_2P_2 をそれぞれ l_1, l_2 上の基準となる線分とする．$\Theta_1: l_1 \longrightarrow \mathbb{R}$，$\Theta_2: l_2 \longrightarrow \mathbb{R}$ を対応する目盛関数とするとき，$\mathbb{K}(\Theta_1) = \mathbb{K}(\Theta_2)$ となる．さらに，$O_1P_1 \equiv O_2P_2$ であれば，$\Theta_2(l_2) = \Theta_1(l_1)$ である．

特に，$\mathbb{R}$ の部分体 $\mathbb{K}(\Theta)$ は平面 $\mathbb{X}$ のみにより定まり，直線やその向き，および基準となる線分の選び方にはよらない．

194——— 第5章　数と幾何学

[証明]　l_1 から l_2 への全単射 f を次のように構成する．l_1 上の点 A_1 について，$A_1 = O_1$ であるときは $f(A_1) = O_2$ とする．$A_1 \neq O_1$ であるときは，$A_2 = f(A_1) \in l_2$ を

$A_1 < O_1$ の場合，　$A_2 < O_2$, $A_1 O_1 \equiv A_2 O_2$ となる点，

$A_1 > O_1$ の場合，　$A_2 > O_2$, $A_1 O_1 \equiv A_2 O_2$ となる点

として定義する．このとき，明らかに

$$A_1 < B_1 \implies f(A_1) < f(B_1),$$
$$A_1 B_1 \equiv C_1 D_1 \implies f(A_1)f(B_1) \equiv f(C_1)f(D_1)$$

が成り立つ（この性質を満たす写像 f は一意的に定まることに注意）．$P_1' = f^{-1}(P_2)$ とすると，合成 $\Theta_2 \circ f$ は基準となる線分が $O_1 P_1'$ であるような l_1 の目盛関数であるから，補題 5.5 により $\Theta_2 \circ f = a \Theta_1$ $(a = \Theta_1(P_1')^{-1} \in \mathbb{K}(\Theta_1))$ が成り立つ．ゆえに $\Theta_2(l_2) = a\Theta_1(l_1)$ $(= \{a\Theta_1(x) \mid x \in l_1\})$ となり，$\Theta_2(l_2)$ は $\mathbb{K}(\Theta_1)$ に含まれる．こうして

$$\mathbb{K}(\Theta_2) \subset \mathbb{K}(\Theta_1).$$

Θ_1 と Θ_2 の役割を取り替えれば，$\mathbb{K}(\Theta_1) \subset \mathbb{K}(\Theta_2)$ が得られるから，結局 $\mathbb{K}(\Theta_1) = \mathbb{K}(\Theta_2)$ である．$O_1 P_1 \equiv O_2 P_2$ の場合は，$P_1' = P_1$ であることから $a = 1$ となり，$\Theta_2(l_2) = \Theta_1(l_1)$ が得られる．∎

(c)　ユークリッド距離

目盛関数 $\Theta: l \longrightarrow \mathbb{R}$ を使って関数 $d: \mathbb{X} \times \mathbb{X} \longrightarrow \mathbb{R}$ を次のように定義する．$A = B$ のときは $d(A, B) = 0$ とおき，$A \neq B$ のときは，線分 AB に対して $CD \equiv AB$ となる点 C, D を l 上にとり，

$$d(A, B) = |\Theta(D) - \Theta(C)|$$

とおく．関数 d を平面 $\mathbb{X}$ の**ユークリッド距離関数**（Euclidean distance function）あるいは単に**距離関数**という．距離関数 d は，基準となる線分（の合同関係による同値類）を決めれば一意的に定まることに注意しよう．

距離関数 d が次の性質を満たすことは容易に確かめられる．

（ i ）　$(A, B) \in \mathbb{X} \times \mathbb{X}$, $A \neq B$ のとき，$d(A, B) > 0$.

（ ii ）　$d(A, A) = 0$.

§5.1　線分の長さ ——— 195

（iii）　$AB \equiv CD \iff d(A,B) = d(C,D)$.

（iv）　点 C が線分 AB 上にあるとき，$d(A,B) = d(A,C) + d(C,B)$.

$A \neq B$ であるとき，$d(A,B)$ を線分 AB の**長さ**(length)（あるいは，点 A,B の間の**距離**(distance)）という（後節ではむしろ距離という名称を使うことになる）．性質(i)–(iv)は線分の長さがもつべき性質を抽象化したものである．

問1　$AB < CD \iff d(A,B) < d(C,D)$ を示せ．

距離関数を使えば，$\triangle ABC$ に対する3角不等式 $AC < AB + BC$ は
$$d(A,C) < d(A,B) + d(B,C)$$
と同値であることがわかる．

例題 5.8　関数 $d_1 : \mathbb{X} \times \mathbb{X} \longrightarrow \mathbb{R}$ が上記の性質(i)–(iv)を満たすとき，すべての点 A,B に対して
$$d_1(A,B) = \alpha d(A,B)$$
が成り立つような正数 α が存在することを示せ．

［解］　$\Theta : l \longrightarrow \mathbb{R}$ を線分 OP を基準とする目盛関数とする．$\alpha = d_1(O,P)$ とおき，関数 $\Theta_1 : l \longrightarrow \mathbb{R}$ を
$$\Theta_1(A) = \begin{cases} \alpha^{-1} d_1(O,A) & (O \leqq A \text{ のとき}) \\ -\alpha^{-1} d_1(O,A) & (A < O \text{ のとき}) \end{cases}$$

と定義すると，Θ_1 は線分 OP を基準とする目盛関数である．よって一意性により $\Theta_1 = \Theta$ となるから主張を得る．∎

例題 5.9　4つの線分 $A_1B_1, C_1D_1, A_2B_2, C_2D_2$ に対して次の関係が成り立つと仮定する．自然数 m,n について
$$mA_1B_1 > nC_1D_1 \quad \text{ならば} \quad mA_2B_2 > nC_2D_2,$$
$$mA_1B_1 = nC_1D_1 \quad \text{ならば} \quad mA_2B_2 = nC_2D_2,$$
$$mA_1B_1 < nC_1D_1 \quad \text{ならば} \quad mA_2B_2 < nC_2D_2.$$
このとき，

196―――第5章　数と幾何学

$$\frac{d(A_1, B_1)}{d(C_1, D_1)} = \frac{d(A_2, B_2)}{d(C_2, D_2)}$$

が成り立つことを示せ．さらに，逆も成り立つ．

　[解]　$mAB = AB + AB + \cdots + AB$（$AB$ の m 個の和）の長さは $m \cdot d(A, B)$ に等しいことと，

$$mA_1B_1 > nC_1D_1 \quad \Longleftrightarrow \quad m \cdot d(A_1, B_1) > n \cdot d(C_1, D_1)$$

などに注意する．仮定により

$$\frac{n_1}{m_1} \geqq \frac{d(A_1, B_1)}{d(C_1, D_1)} \geqq \frac{n_2}{m_2} \quad \Longrightarrow \quad \frac{n_1}{m_1} \geqq \frac{d(A_2, B_2)}{d(C_2, D_2)} \geqq \frac{n_2}{m_2}$$

が成り立つから主張は明らか（$\mathbb{R}$ における $\mathbb{Q}$ の稠密性を使う）．逆についても明白であろう．　∎

　問2　$d(A, B)/d(C, D)$ は AB, CD のみにより決まり，目盛関数の選び方にはよらないことを示せ（この値を比 $AB : CD$ の値という）．

―― **古代ギリシャの比例の理論** ――

　　エウドクソス（Eudoxos，408?–355?B.C.）は線分の比例についての等式
$$A_1B_1 : C_1D_1 = A_2B_2 : C_2D_2$$
が成り立つことを，例題 5.9 の関係が満たされることとして定義した．彼は，それまでピタゴラス学派による比例の理論が自然数のみの比（有理数）を扱っていたのを改め，もっと一般の比例（無理数比を含む）の理論を確立した．エウドクソスはさらに，「ある線分の半分以上を取り去り，残りからさらに半分以上を取り去る．…… これを繰り返すとついにはその残りの線分はあらかじめ指定された線分より小さくなる」という言い方で，現在の解析学（微分積分学）における ε-δ 論法の類似の論法を確立している．このような論法（積尽法）を用いて，「角錐の体積は同底，同高の角柱の体積の3分の1」，「円錐の体積は同底，同高の円柱の体積の3分の1」，「円の面積の比はその直径の平方に比例する」などを証明した．比例の厳密な基礎づけと合わせて，エウドクソスの功績はきわめて大きいと言える．第4章で

述べたデデキントの切断の理論は，エウドクソスの比例の理論から基本的な考え方を借りている．

古代ギリシャの数学者は，線分の長さを比較するのに面白い方法を用いている．AB, CD を 2 つの線分とし，まず小さい線分(たとえば CD)が大きい線分(たとえば AB)に何個入るか調べる．すなわち
$$n_0 CD \leqq AB < (n_0 + 1)CD$$
となる自然数 n_0 を求める．すると，
$$AB - n_0 CD < CD$$
であるから，$n_0 CD \neq AB$ のときは $AB - n_0 CD = E_1 F_1$ とおいて，$E_1 F_1$ が CD に何個入るか調べる．すなわち
$$n_1 E_1 F_1 \leqq CD < (n_1 + 1)E_1 F_1$$
となる自然数 n_1 を求める．$n_1 E_1 F_1 \neq CD$ のときは $CD - n_1 E_1 F_1$ について同じことを行う．この操作を続けると，

$$
\begin{aligned}
AB &\equiv n_0 CD + E_1 F_1, & E_1 F_1 &< CD \\
CD &\equiv n_1 E_1 F_1 + E_2 F_2, & E_2 F_2 &< E_1 F_1 \\
E_1 F_1 &\equiv n_2 E_2 F_2 + E_3 F_3, & E_3 F_3 &< E_2 F_2 \\
&\quad\cdots\cdots \\
E_{k-2} F_{k-2} &\equiv n_{k-1} E_{k-1} F_{k-1} + E_k F_k, & E_k F_k &< E_{k-1} F_{k-1}
\end{aligned}
$$

を満たす線分の列 $E_1 F_1, E_2 F_2, \cdots, E_k F_k$ が得られる．ここで
$$E_{k-1} F_{k-1} = n_k E_k F_k$$
となれば操作を打ち切り，さもなければさらに同じ操作を続けていく．このようにして，有限または無限の自然数列 $n_0, n_1, \cdots, n_k, \cdots$ が得られるが，これを用いて線分 AB と CD の比の値を
$$AB : CD = n_0 + \cfrac{1}{n_1 + \cfrac{1}{n_2 + \cfrac{1}{\cdots n_k + \cfrac{1}{\cdots}}}}$$

により定めるのである．この式の右辺は，連分数とよばれるものである(連分数については，本シリーズ『代数入門』を参照)．このようなやり方で線分(物理的には 2 本の棒の長さ)の比の値を求める方法は，anthyphairesis とよばれていた．これはユークリッドの互除法の類似である．

(d) 連続公理

$\Theta(A)$（あるいは $d(A,B)$）のとり得る値の集合はどのようなものであろうか．これは，直線の本質と関わる問題である．ここで，§4.4で述べたデデキントによる切断の考え方を直線に適用してみよう．

l を向きの与えられた直線とし，それから決まる順序を考える．有理数の集合の切断の定義にならって，l を空でない2つの部分 l_-, l_+ に分けて，

(1) $l_- \cap l_+ = \emptyset,\ l_- \cup l_+ = l$

(2) $A \in l_-,\ B \in l_+ \implies A < B$

(3) l_- は最大元をもたない

を満たすとき (l_-, l_+) を l の切断というのである．

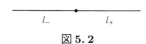

図 5.2

例えば O を l 上の点とし，
$$l_- = \{A \mid A \in l, A < O\}$$
$$l_+ = \{B \mid B \in l, O \leqq B\}$$

とおくと (l_-, l_+) は切断を与える（l_- は l の向きと異なる半直線であり，l_+ は向きが l の向きと適合する半直線から始点 O を除いたものである）．このような切断を数の集合の場合と同様，**正規の切断**といおう．すると，次のような問題が惹起される．すべての切断はこのようなものに限るか？　もしこれが正しければ，l はデデキントの意味で**連続性**を持つということにする．この連続性を持つ直線は，直観的にいえば「すき間」のない直線である．連続性の概念を実数の集合 $\mathbb{R}$ で考えれば，$\mathbb{R}$ は連続性を持っていることを定理 4.43 で示した．

次の補題は，定理 5.7 の証明で用いた順序を保つ全単射 f を用いれば簡単に証明される．

補題 5.10　2条件

(i)　すべて直線はデデキントの意味での連続性を持つ

（ⅱ） 1つの直線がデデキントの意味での連続性を持つ

は互いに同値である. □

$d(A, B)$ や $\Theta(A)$ のとり得る値の集合と直線の連続性との関連について次の定理が成り立つ.

定理 5.11 次の3条件は互いに同値である.

（ⅰ） （任意の）直線はデデキントの連続性を満たす.

（ⅱ） （任意の）目盛関数 Θ について $\Theta(l) = \mathbb{R}$. 言い換えれば Θ は全単射である.

（ⅲ） （任意の）距離関数 d に対して, $d(A, B)$ のとり得る値の集合は, 正または0の実数全体の集合と一致する.

[証明] （ⅰ）$\Longrightarrow$（ⅱ）直線 l に対して, その目盛関数 Θ を考える. Θ は順序を保つ単射であるから, l は $\mathbb{R}$ の部分集合である像 $\Theta(l)$ と順序も込めて同一視できる. Θ が全射でなければ, $\Theta(l)$ に属さない数による $\mathbb{R}$ の切断から l の切断が自然に得られるが, これは正規の切断ではない. よって l が連続性を持たないことになる. 対偶を考えれば $\Theta(l) = \mathbb{R}$.

（ⅱ）$\Longrightarrow$（ⅰ）Θ により l は順序も込めて $\mathbb{R}$ と同一視される. よって,（ⅰ）が成り立つ.

（ⅱ）$\Longleftrightarrow$（ⅲ）$\Theta(l) = \{\pm d(A, B) \mid A, B \in l\}$ に注意すればよい. ∎

我々の観察する直線には,「すき間」があるのかないのか, それは実際のところ判断のしようがない. すなわち,「すき間」はあったとしてもこの世のものではないからである. しかし, 通常の幾何学では「すき間」がないことを宣言する次の公理を導入する.

（Ⅵ） **連続公理** 直線はデデキントの意味での連続性を持つ. 言い換えれば, 任意の正数 a に対して $d(A, B) = a$ となる線分 AB が存在する. □

これが幾何学の公理系の最後を飾る公理である. この公理は, 解析学（微分積分学）と幾何学を結び付ける手段を保証するために設けられる公理であり, 第7章でみるように初等幾何学的事柄に留まる限りは基本的にはこの公理を必要とすることはない. この意味で, 連続公理は人工的なものといえる.

連続公理のもとでは, 目盛関数を用いることにより実数の集合 $\mathbb{R}$ を直線と

200——— 第5章 数と幾何学

して視覚化できる. このようにして $\mathbb{R}$ を直線と同一視するとき, これを**数直線**という.

これまでに述べた公理系をすべて満たす平面(空間)を**ユークリッド平面(空間)**といい, 平行線の公理のみを満たさない平面(空間)を**非ユークリッド平面(空間)**という.

§5.2 線分の比例

前節では, 向きをもつ直線(有向直線)l とその上の基準となる線分 OP に対して目盛関数 $\Theta: l \longrightarrow \mathbb{R}$ を構成した. Θ の像 $\Theta(l)$ を $\mathbb{L}$ により表そう. 本節で問題とするのは, 平行線の公理を満たす平面において, 連続公理を仮定しないときに $\mathbb{L}$ が持つ性質である. このため, 線分の比例と3角形の相似に関する基本的事項を用いる. 以下, 考えている平面は平行線の公理を満足するものとする.

(a) 線分の比例

次の定理は, 線分の比例についての基本的事実を与える.

定理 5.12 $\triangle ABC$ の辺 AB 上の点 D から辺 BC に平行に直線を引き, 辺 AC との交点を E とする. このとき

$$\frac{d(A, D)}{d(D, B)} = \frac{d(A, E)}{d(E, C)}$$

である. 言い換えれば $AD : DB = AE : EC$ である. □

注意 5.13 多くの幾何学のテキストでは, これを

$$\frac{AD}{DB} = \frac{AE}{EC}$$

などと表している. 本書では, 線分 AB とその長さ $d(A, B)$ を区別するため, 異なった記号を用いているのである. しかし長さの比は距離 d のとり方によらないから, これは道理にかなった表現方法といえる.

§5.2 線分の比例 ―― 201

[証明] エウドクソスのアイディアを使う．まず $a = d(A,D)/d(D,B)$ が有理数 m/n の場合に証明する．線分 AB を $m+n$ 等分しよう（定理 1.41）．こうして得られた各分点に A に近いほうから順に番号を付け，$D_1, D_2, \cdots, D_{m+n-1}, D_{m+n} = B$ とおく．$D_m = D$ である．各分点 D_k から BC に平行に直線を引き，線分 AC との交点を E_k とする．$AD_1 \equiv D_1D_2 \equiv \cdots \equiv D_{m+n-1}B$ であるから，定理 1.40 を順次適用すれば $AE_1 \equiv E_1E_2 \equiv \cdots \equiv E_{m+n-1}C$ となることが分かり，$E_1, E_2, \cdots, E_{m+n-1}$ は線分 AC の $m+n$-等分点列となる．$E_m = E$ であるから $d(A,E)/d(E,C) = m/n$ となる．

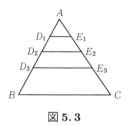

図 5.3

次に $a = d(A,D)/d(D,B)$ が一般の場合，

$$\frac{m_1}{n_1} < a < \frac{m_2}{n_2}$$

を満たす任意の自然数 m_1, n_1, m_2, n_2 をとる．線分 AB を m_1+n_1 等分して A から m_1 番目の分点を D_{m_1}，AB を m_2+n_2 等分して A から m_2 番目の点を D'_{m_2} とする．

このとき

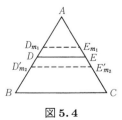

図 5.4

202──── 第 5 章　数と幾何学

$$\frac{d(A, D_{m_1})}{d(A, B)} = \frac{m_1}{m_1 + n_1} = \frac{1}{1 + (n_1/m_1)}$$

$$< \frac{1}{1 + a^{-1}} = \frac{1}{1 + d(D, B)/d(A, D)} = \frac{d(A, D)}{d(A, D) + d(D, B)}$$

$$= \frac{d(A, D)}{d(A, B)}$$

であるから，$d(A, D_{m_1}) < d(A, D)$．同様に $d(A, D) < d(A, D'_{m_2})$ を得るから，D は D_{m_1} と D'_{m_2} の間にある．D_{m_1} と D'_{m_2} から BC と平行な直線を引き，AC との交点をそれぞれ E_{m_1}, E'_{m_2} とすれば，前半で示したことから

$$d(A, E_{m_1})/d(E_{m_1}, C) = m_1/n_1,$$
$$d(A, E'_{m_2})/d(E'_{m_2}, C) = m_2/n_2$$

である．$\triangle AD'_{m_2}E'_{m_2}$ において，E は A と E'_{m_2} の間にあることもわかる（定理 2.32）．さらに同様な理由で線分 AE の内部に E_{m_1} がある．よって E は E_{m_1} と E'_{m_2} の間にあるから

$$d(A, E_{m_1}) < d(A, E) < d(A, E'_{m_2}),$$
$$d(E, C) < d(E_{m_1}, C),$$
$$d(E'_{m_2}, C) < d(E, C)\,.$$

$d(A, E)/d(E, C) = a'$ とおけば

$$\frac{m_1}{n_1} = \frac{d(A, E_{m_1})}{d(E_{m_1}, C)} < \frac{d(A, E)}{d(E_{m_1}, C)} = a' \frac{d(E, C)}{d(E_{m_1}, C)} < a'$$

$$< a' \frac{d(E, C)}{d(E'_{m_2}, C)} = \frac{d(A, E)}{d(E'_{m_2}, C)} < \frac{d(A, E'_{m_2})}{d(E'_{m_2}, C)} = \frac{m_2}{n_2}$$

となり，これから

$$\frac{m_1}{n_1} < a' < \frac{m_2}{n_2}$$

となることがわかる．こうして $a = a'$ であることが証明された．　∎

　次の系は容易に確かめられる．

系 5.14 定理 5.12 と同じ仮定の下で

$$\frac{d(D,B)}{d(A,B)} = \frac{d(E,C)}{d(A,C)}, \quad \frac{d(A,D)}{d(A,B)} = \frac{d(A,E)}{d(A,C)} = \frac{d(D,E)}{d(B,C)}$$

が成り立つ. □

定理 5.15（定理 5.12 の逆）　△ABC において辺 AB, AC 上の点 D, E が

$$\frac{d(A,D)}{d(D,B)} = \frac{d(A,E)}{d(E,C)}$$

を満たすとき，DE は BC に平行である.

［証明］　D から BC に平行な直線を引き，それが AC と交わる点を E' とする．定理 5.12 から

$$\frac{d(A,D)}{d(D,B)} = \frac{d(A,E')}{d(E',C)}$$

これから

$$\begin{aligned}
\frac{d(A,E)}{d(A,C)} &= \frac{d(A,E)}{d(A,E)+d(E,C)} = \frac{d(A,E')}{d(A,E')+d(E',C)} \\
&= \frac{d(A,E')}{d(A,C)}
\end{aligned}$$

を得る．よって $d(A,E)=d(A,E')$ となることがわかるから $E=E'$ が結論される. ∎

これまで述べたことを使って，次の定理を証明しよう.

定理 5.16　$\mathbb{L} = \Theta(l)$ は $\mathbb{R}$ の部分体である．すなわち $\mathbb{L}$ は $0, 1$ を含み，

（ⅰ）　$a, b \in \mathbb{L} \implies a \pm b \in \mathbb{L}$

（ⅱ）　$a, b \in \mathbb{L} \implies ab \in \mathbb{L}$

（ⅲ）　$a, b \in \mathbb{L},\ a \neq 0 \implies b/a \in \mathbb{L}$

が成り立つ．特に $\mathbb{L} = \mathbb{K}(\Theta)$ であり，$\mathbb{L}$ は平面 $\mathbb{X}$ のみによって定まる.

［証明］　(ⅰ)はすでに述べた．(ⅱ), (ⅲ) を示すのに，a, b 共に正と仮定しても一般性を失わない.

(ⅱ) 3 角形 △ABC を $d(A,B)=1,\ d(A,C)=b$ となるように選ぶ．そして，線分 AB またはその延長上に $d(A,D)=a$ を満たす点 D をとる．D から辺

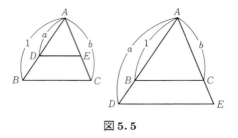

図 5.5

BC に平行に直線を引き,線分 AC またはその延長との交点を E とする.
系 5.14 により
$$d(A, E) = d(A, D) \cdot d(A, C)/d(A, B) = ab$$
であるから, $ab \in \mathbb{L}$ となる.

(iii) 3 角形 $\triangle ABC$ を $d(A, B) = a$, $d(A, C) = 1$ となるように選ぶ. そして,線分 AB の延長上に $d(B, D) = b$ を満たす点 D をとる. D から辺 BC に平行に直線を引き,線分 AC の延長との交点を E とする.

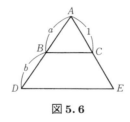

図 5.6

再び系 5.14 によって,
$$d(C, E) = d(B, D) \cdot d(A, C)/d(A, B) = b/a$$
となるから, $b/a \in \mathbb{L}$ となる ∎

$\mathbb{R}$ の部分体としての $\mathbb{L}$ の性質をさらに詳しく調べるには,次に述べる相似の応用として得られるピタゴラスの定理を必要とする.

(b) 相 似

線分の比例の応用として,3 角形の相似に関する基本的性質を述べよう.
2 つの 3 角形 $\triangle ABC$ と $\triangle A'B'C'$ において

$$\angle A \equiv \angle A', \quad \angle B \equiv \angle B', \quad \angle C \equiv \angle C'$$
$$\frac{d(A,B)}{d(A',B')} = \frac{d(B,C)}{d(B',C')} = \frac{d(C,A)}{d(C',A')}$$

が成り立つとき，$\triangle ABC$ と $\triangle A'B'C'$ は互いに**相似**(similar)であるといい，$\triangle ABC \infty \triangle A'B'C'$ により表す.

定理 5.17 $\triangle ABC \infty \triangle A'B'C'$ であるためには，次の 3 つの条件の 1 つが成り立てばよい.

(i) 2 組の対応する角がそれぞれ等しい(たとえば $\angle A \equiv \angle A', \angle B \equiv \angle B'$).

(ii) 2 組の対応する辺の比が等しく，またその夾角が等しい(たとえば，$\angle A \equiv \angle A', \dfrac{d(A,B)}{d(A',B')} = \dfrac{d(C,A)}{d(C',A')}$).

(iii) 3 組の対応する辺の比がそれぞれ等しい.

[証明] (i) $\angle A \equiv \angle A', \angle B \equiv \angle B'$ とすると，3 角形の内角の和に関する定理(§1.1 定理 C)により
$$\angle C = 2\angle R - \angle A - \angle B = 2\angle R - \angle A' - \angle B' = \angle C'$$
である. よって，対応する辺の比が等しいことを証明すればよい.

$\triangle ABC$ の辺 AB, AC またはその延長上にそれぞれ点 D, E を $AD \equiv A'B'$, $AE \equiv A'C'$ となるようにとる.

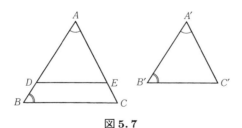

図 5.7

このとき $\angle A \equiv \angle A'$ であるから，
$$\triangle ADE \equiv \triangle A'B'C' \quad (2 \text{辺夾角}).$$
よって $\angle ADE \equiv \angle B' \equiv \angle B$ となり，DE と BC は平行である(補題 1.29). そこで定理 5.12 と系 5.14 を適用すれば

206——— 第5章 数と幾何学

$$\frac{d(A,B)}{d(A,D)} = \frac{d(A,C)}{d(A,E)} = \frac{d(B,C)}{d(D,E)}.$$

一方，$AD \equiv A'B'$，$AE \equiv A'C'$，$DE \equiv B'C'$ であるから

$$\frac{d(A,B)}{d(A',B')} = \frac{d(A,C)}{d(A',C')} = \frac{d(B,C)}{d(B',C')}$$

となることがわかる．したがって $\triangle ABC \backsim \triangle A'B'C'$．

（ii）$\angle A \equiv \angle A'$，$\dfrac{d(A,B)}{d(A',B')} = \dfrac{d(C,A)}{d(C',A')}$ として $\triangle ABC \backsim \triangle A'B'C'$ を証明する．辺 AB, AC またはその延長上に，$AD \equiv A'B'$，$AE \equiv A'C'$ となるように点 D, E をそれぞれとれば，$\triangle ADE \equiv \triangle A'B'C'$ となることは(i)と同様である．一方，

$$\frac{d(A,B)}{d(A',B')} = \frac{d(A,C)}{d(A',C')}$$

であるから

$$\frac{d(A,B)}{d(A,D)} = \frac{d(A,C)}{d(A,E)}$$

となるが，定理5.15により，BC と DE は平行である．よって

$$\angle B \equiv \angle ADE \equiv \angle B', \quad \angle C \equiv \angle AED \equiv \angle C'$$

となる．再び(i)と同様に

$$\frac{d(A,B)}{d(A',B')} = \frac{d(B,C)}{d(B',C')} = \frac{d(C,A)}{d(C',A')}$$

が得られる．したがって $\triangle ABC \backsim \triangle A'B'C'$ である．

（iii）$\dfrac{d(A,B)}{d(A',B')} = \dfrac{d(B,C)}{d(B',C')} = \dfrac{d(C,A)}{d(C',A')}$ とするとき，$\angle A \equiv \angle A'$，$\angle B \equiv \angle B'$，$\angle C \equiv \angle C'$ を示せばよい．

$\triangle ABC$ の辺 AB またはその延長上に $AD \equiv A'B'$ となる点 D をとり，D を通る BC に平行な直線を引いて，AC またはその延長との交点を E とする．このとき

$$\frac{d(A,B)}{d(A,D)} = \frac{d(B,C)}{d(D,E)} = \frac{d(C,A)}{d(E,A)}$$

であるから，関係 $AD \equiv A'B'$ を利用して
$$DE \equiv B'C', \quad EA \equiv C'A'$$
を得る．よって
$$\triangle ADE \equiv \triangle A'B'C' \quad (\S 1.1 \text{ 定理 A})$$
となり，
$$\angle A \equiv \angle A', \quad \angle B \equiv \angle B', \quad \angle C \equiv \angle C'$$
が得られる． ∎

(c) ピタゴラスの定理

ピタゴラスの定理(§1.1 定理 D)を証明する．証明すべきことは，$\angle C$ が直角である直角3角形 $\triangle ABC$ において，
$$d(A,C)^2 + d(B,C)^2 = d(A,B)^2$$
となることである．$a = d(B,C)$, $b = d(A,C)$, $c = d(A,B)$ とおく．そして，C から辺 AB に垂線を下ろし，その足を H とする．$d(C,H) = h$, $d(A,H) = x$, $d(H,B) = y$ とおこう(図 5.8)．

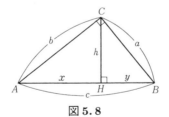

図 5.8

3角形の内角の和が $2\angle R$ であることを使って
$$\angle A + \angle B = 2\angle R - \angle C = \angle R$$
$$\angle A + \angle ACH = 2\angle R - \angle AHC = \angle R$$
よって $\angle B = \angle ACH$ である．よって $\triangle ABC$ と $\triangle ACH$ において
$$\angle A = \angle A, \quad \angle B = \angle ACH, \quad \angle C = \angle AHC (= \angle R)$$
であるから，$\triangle ABC$ と $\triangle ACH$ は相似である(定理 5.17)．よって対応する辺の比が等しいから

208——— 第 5 章　数と幾何学

$$\frac{x}{b} = \frac{b}{c}$$

すなわち, $x = b^2/c$ である.

　同様に $\triangle ABC$ と $\triangle CBH$ は相似であるから

$$\frac{a}{c} = \frac{y}{a}$$

すなわち $y = a^2/c$ となる. $x+y = c$ であるから

$$\frac{a^2}{c} + \frac{b^2}{c} = c.$$

したがって $a^2 + b^2 = c^2$ となる. これは定理 D にほかならない.

　定理 5.18（ピタゴラスの定理の逆）　$d(B,C) = a$, $d(C,A) = b$, $d(A,B) = c$ である 3 角形 $\triangle ABC$ において, $a^2 + b^2 = c^2$ であれば, $\angle C = \angle R$.

　[証明]　C を通り CA に垂線を立てその上に $CB' \equiv CB$ となる点 B' をとる. すると $\triangle AB'C$ は直角 3 角形であるから, 定理 D により $d(A,B')^2 = d(A,C)^2 + d(C,B')^2$. 仮定から, $d(A,B)^2 = d(A,C)^2 + d(C,B)^2$. よって, $d(A,B') = d(A,B)$, $AB' \equiv AB$ である. 合同定理 A により $\triangle AB'C \equiv \triangle ABC$ であるから, $\angle C = \angle ACB' = \angle R$.　∎

　さて, ピタゴラスの定理から, $\mathbb{R}$ の部分体 $\mathbb{L} = \Theta(l)$ の持つべき性質が得られる. それは次の定理である.

　定理 5.19　$\mathbb{L}$ の任意の元 a に対して, $\sqrt{1+a^2}$ も $\mathbb{L}$ の元である.

　[証明]　$\angle B = \angle R$, $d(A,B) = 1$, $d(B,C) = a$ である直角 3 角形 $\triangle ABC$ において, $d(A,C) = \sqrt{1+a^2}$ であることから明らか.　∎

　問 3　任意の自然数 n に対して, $\mathbb{L}$ は $\sqrt{n}$ を含むことを示せ. (ヒント. 帰納法による. $\sqrt{n+1} = \sqrt{1+(\sqrt{n})^2}$ に注意.)

　一般に, $\mathbb{R}$ の部分体 $\mathbb{K}$ は, 性質

$$a \in \mathbb{K} \quad \Longrightarrow \quad \sqrt{1+a^2} \in \mathbb{K}$$

を満たすとき**ピタゴラス体**といわれる. 定理 5.19 は $\mathbb{L}$ がピタゴラス体であ

ピタゴラスの定理と無理数

ピタゴラスの定理は数学史上重要な意味を持っている．すなわち無理数の発見である．学習の手引きにおいても述べたように，ピタゴラスとその学派は，自然数とそれらの比で表される分数(有理数)が宇宙の調和を啓示するものとして絶対視しており，それ以外の数は存在しないものと考えていた．ピタゴラスの定理自身も，1つの調和を体現する例として信じられていたのである．

しかし，この定理にはピタゴラスと彼の信奉者にとってとんでもない陥穽が潜んでいた．ピタゴラスの立場では，3角形の各辺の長さ(の間の比)は有理数で表されるはずである．ところが斜辺の長さをa，他の2つの辺の長さを1とする2等辺直角3角形を考えるとaは$a^2 = 1+1 = 2$を満たさなければならないが，このような数aは有理数とはなり得ない．例1.4で与えた$\sqrt{2}$の無理数性の証明は今では誰もがお馴染みのものであるが，元々ピタゴラス自身かピタゴラス学派の者の手になるといわれている．いずれにしても，自身の首を絞める結果となってしまった定理がピタゴラス学派に与えた動揺は大きく，無理数の存在を外部に漏らすことを固く禁じたという伝説もある．

日常の中にある$\sqrt{2}$　JIS規格で定められた紙のサイズにA4判，B4判，B5判，A5判などの名称がある．本書はA5判の紙が使われている．どのサイズの紙でも，2つ折りにしてできる長方形と元の長方形は相似になっている(B4判の紙を2つ折りにするとB5判になる)．すなわち，短い方の辺の長さをx，長い方の辺の長さをyとすると

$$x : y = \frac{y}{2} : x, \quad y^2 = 2x^2$$

の関係がある．よって，辺の比$y:x$の値は$\sqrt{2}$になっている．

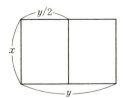

210――――第 5 章 数と幾何学

ることを主張しているのである.

問 4 ピタゴラス体 $\mathbb{K}$ の元 a, b に対して $\sqrt{a^2+b^2}$ は $\mathbb{K}$ の元であることを示せ.

例 5.20 $\mathbb{R}$ はそれ自身ピタゴラス体である. $\mathbb{R}$ の代数的数全体のなす集合 $\mathbb{R}_0$ はピタゴラス体をなすことが知られている(本シリーズ『数論入門』参照).

$\{\mathbb{F}_i\}_{i \in I}$ がピタゴラス体の族であるとき,その共通部分 $\bigcap_{i \in I} \mathbb{F}_i$ もピタゴラス体である. このことから,有理数の体 $\mathbb{Q}$ を含む最小のピタゴラス体が存在することがわかる. これを $\mathbb{P}$ により表す. $\mathbb{P}$ は $\mathbb{R}_0$ に含まれるから,$\mathbb{P}$ は可算集合である(定理 3.29 の証明参照).　　　　　　　　　　　　□

定理 5.19 により,平行線の公理を満たす平面では,$\mathbb{L} = \Theta(l)$ は最小のピタゴラス体 $\mathbb{P}$ を含む. では,$\mathbb{L} = \mathbb{P}$ としても幾何学には矛盾は生じないといえるだろうか. この問題は,線分が有理点のみからなるというピタゴラスの願望を変更したものである. ピタゴラスにとって幸福なことに,この答は是である(§7.2 参照). すなわち,我々の空間に「すき間」があったとしても,何ら奇妙なことは起こらないのである.

(d) 線分の内分と外分

ここでは $\mathbb{X}$ を連続公理を満たす平面とし,平行線の公理は仮定しない.

A, B を有向直線 l 上の点とし,$A \neq B$ と仮定する. l 上の任意の点 P に対して

$$\Theta(P) = (1-t)\Theta(A) + t\Theta(B) \tag{5.7}$$

となる $t \in \mathbb{R}$ がただ 1 つ存在する. 実際

$$t = (\Theta(P) - \Theta(A))(\Theta(B) - \Theta(A))^{-1} \tag{5.8}$$

とおけばよい. 逆に,任意の $t \in \mathbb{R}$ に対して,(5.7)を満たす点 $P \in l$ が存在する(連続公理).

(5.7)が成り立つような点を,線分 AB を $t : (1-t)$ の**比に分ける**点という.

$$1-t = (\Theta(B)-\Theta(P))(\Theta(B)-\Theta(A))^{-1} \tag{5.9}$$

であることに注意しよう.

P_t により AB を $t:(1-t)$ の比に分ける点を表すことにしよう.

補題 5.21

（ⅰ） $0<t<1 \iff P_t$ は線分 AB の内部にある.

（ⅱ） $t>1 \iff P_t$ は線分 AB の延長線上にある.

（ⅲ） $t<0 \iff P_t$ は線分 BA の延長線上にある.

（ⅳ） $t=0 \iff P_t=A$.

（ⅴ） $t=1 \iff P_t=B$.

[証明] $A<B$ とする. Θ は順序を保つから $\Theta(A)<\Theta(B)$ である.

（ⅰ）$0<t<1$ とすると (5.8), (5.9) により,

$$\Theta(P)-\Theta(A)>0, \quad \Theta(B)-\Theta(P_t)>0.$$

よって, $A<P_t<B$ となって, P は線分 AB の内部にある. 逆は明らかである.

（ⅱ）$t>1$ とすると, (5.9) により

$$\Theta(B)-\Theta(P_t)<0$$

であるから, $A<B<P_t$ となって, P_t は線分 AB の延長線上にある. 逆も明らか.

（ⅲ）$t<0$ とすると, (5.8) により

$$\Theta(P_t)-\Theta(A)<0.$$

よって $P_t<A<B$ となって, P_t は線分 BA の延長線上にある. 逆も明らかである.

（ⅳ）, （ⅴ）は明白であろう. また, $B<A$ のときは, A と B の役割を交換すればよい. ∎

もっと一般に, a,b を $\mathbb{L}$ に属する 0 と異なる数とし, $a+b\neq0$ とする.

$$t = \frac{a}{a+b} \quad \left(1-t = \frac{b}{a+b}\right)$$

とおいて, 線分 AB を $a:b$ の比に分ける点 P を, AB を $t:(1-t)$ の比に分ける点として定義する. すなわち P は

212―――第5章　数と幾何学

$$\Theta(P) = \frac{b}{a+b}\Theta(A) + \frac{a}{a+b}\Theta(B) \tag{5.10}$$

を満たす点である.

系5.22　線分 AB を $a:b$ の比に分ける点 P は，次のように特徴づけられる：P は

$$|b|\cdot d(A,P) = |a|\cdot d(P,B) \tag{5.11}$$

を満たす点で，

（ⅰ）　a,b が同符号の場合，P は線分 AB 上の点である.

（ⅱ）　$a+b>0$, $b<0$ または $a+b<0$, $b>0$ の場合は，点 P は線分 AB の延長上にある.

（ⅲ）　$a+b>0$, $a<0$ または $a+b<0$, $a>0$ の場合は，点 P は線分 BA の延長上にある.　　　　　　　　　　　　　　　　　　　　□

（ⅰ）の場合は，点 P は AB を $a:b$ に**内分**(interior division)するといい，（ⅱ），（ⅲ）の場合は**外分**(exterior division)するという.

（e）　アフィン関数

平面上の関数 $f:\mathbb{X}\longrightarrow\mathbb{R}$ は次の性質を満たすとき**アフィン関数**(affine function)といわれる.

任意の2点 A,B に対して，

$$f(P_t) = (1-t)f(A) + tf(B)\,(= (1-t)f(P_0) + tf(P_1)), \quad t\in\mathbb{R}. \tag{5.12}$$

ここで，P_t は AB を $t:(1-t)$ の比に分ける点である.

特に線分 AB の中点を M とするとき，アフィン関数 f は

$$f(M) = \frac{1}{2}\{f(A)+f(B)\}$$

を満たしている.

f,g がアフィン関数であれば，$f+g, cf\ (c\in\mathbb{R})$ もアフィン関数である. ここで $f+g, cf$ は

§5.2 線分の比例 —— *213*

$$(f+g)(A) = f(A)+g(A)$$
$$(cf)(A) = cf(A)$$

により定義される関数とする．定数に値をとる関数(定数関数)もアフィン関数である．また，異なる 2 点 A, B について $f(A)=f(B)$ であれば，アフィン関数 f は直線 AB 上で一定値($=f(A)=f(B)$)をとることも定義から明らかである．

アフィン関数 f が定数でなければ，$f(A) \neq f(B)$ となる点 A, B が存在するから

$$f(P_t) = (1-t)f(A)+tf(B) = (f(B)-f(A))t+f(A)$$

をみることにより $f(\mathbb{X})=\mathbb{R}$ であることがわかる．さらに，直線 AB 上に $f(C)=0$ となる点 C が存在することも明らかであろう．

補題 5.23 f をアフィン関数 f とする．同一直線上にない 3 点 A, B, C に対して

$$f(A) = f(B) = f(C) = 0$$

であれば，f は恒等的に 0 である．

[証明] 直線 AB, BC, CA 上 f は 0 である．さらに $\triangle ABC$ の内部の点 P に対して，P を通る直線は $\triangle ABC$ の辺(または頂点)と 2 箇所で交わるから $f(P)=0$ である．$\triangle ABC$ の外部の点 Q に対しては，それと $\triangle ABC$ の内部の点と直線で結ぶことにより，$f(Q)=0$ となることがわかる． ∎

補題 5.24 f を定数でないアフィン関数とする．このとき，すべての $c \in \mathbb{R}$ に対して原像 $f^{-1}(c) = \{A \,|\, f(A)=c\}$ は直線である．

[証明] まず $f^{-1}(c)$ が異なる 2 点を含むことをみよう．これを否定して $f^{-1}(c) = \{A\}$ とする．点 A を通る直線上に $f(B)<c$, $f(C)>c$ となる点 B, C をとる(このような B, C の存在はアフィン関数の性質から明らか)．点 P を直線 BC 上にはない点とする．$f(P)<c$(または $f(P)>c$)であるときに直線 CP(または BP)を考えると，その上に $f(D)=c$ となる点が存在する．D は A とは異なる点であるからこれは矛盾である．

$f^{-1}(c)$ に属する異なる 2 点 A, B をとり，直線 AB を考えると f はその上で定数 c を値に持つ．よって $f^{-1}(c)$ は直線 AB を含む．もしこの直線上に

はない点 C が $f(C)=c$ を満たせば，アフィン関数 $f-c$ は A, B, C で値 0 をとるから f は恒等的に c に等しくなる．仮定により f は定数ではないから，$f(C) \neq c$ となり，結局 $f^{-1}(c)$ は直線 AB に一致する． ∎

補題 5.25 2つの定数でないアフィン関数 f, g に対して $f^{-1}(0) = g^{-1}(0)$ であれば，$g = cf$ となる 0 と異なる定数 c が存在する．

[証明] 直線 $f^{-1}(0)$ に属さない点を A として
$$c = g(A)/f(A)$$
とおく．アフィン関数 $g-cf$ は A および $f^{-1}(0)$ 上で 0 であるから，補題 5.23 より $g-cf$ は恒等的に 0 である． ∎

定理 5.26 平行線の公理を満たさない平面では，アフィン関数は定数である．

[証明] 定数ではないアフィン関数 f が存在したとする．直線 $f^{-1}(0)$ とその上にはない点 A に対して，A を通り $f^{-1}(0)$ と平行な（交わらない）直線を l としよう．l 上 f は 0 をとらないから f は l 上定数でなければならない．この定数を c とすると，補題 5.24 により $f^{-1}(c) = l$ である．これは A を通り $f^{-1}(0)$ に平行な直線がただ 1 つであることを意味している．よって平面 $\mathbb{X}$ は平行線の公理を満たす．対偶を考えれば主張を得る． ∎

平面 $\mathbb{X}$ が平行線の公理を満たすとき，定数ではないアフィン関数が存在することを確かめよう．平行でない 2 つの直線 l_1 と l_2 が与えられているとする．$\mathbb{X}$ から l_1 への写像 h を次のように定義する．点 A に対して，A を通り l_2 に平行な直線 l'_2 をとり，l_1 と l'_2 の交点を $h(A)$ とする（図 5.9(a)）．

補題 5.27 直線 AB と l_2 は平行ではないと仮定する．点 P が線分 AB を

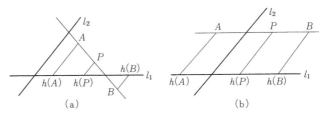

図 5.9

$t:(1-t)$ の比で分けるとき, $h(P)$ は線分 $h(A)h(B)$ を $t:(1-t)$ の比で分ける.

AB と l_2 が平行な場合は, すべての P に対して $h(P)$ は AB と l_2 の交点である.

[証明] まず AB と l_1 が平行な場合を考える(図 5.9(b)). このときは $ABh(B)h(A), APh(P)h(A), PBh(B)h(P)$ はすべて平行 4 辺形になるから, 平行 4 辺形の対辺が等しいことを使えば主張が正しいことは容易にわかる.

AB と l_1 が平行でない場合は, 必要ならば l_1 と平行な直線を適当にとることにより, l_1 に関して A, B, P がすべて同じ側にあるとして一般性を失わない. l_1 と AB の交点を C とし, $\triangle CAh(A), \triangle CPh(P), \triangle CBh(B)$ を考えれば, それらは相似であるから主張は正しい. ∎

$\Theta: l_1 \longrightarrow \mathbb{R}$ を目盛関数とする. このとき, 合成 $f = \Theta \circ h$ は明らかに定数ではないアフィン関数である.

補題 5.28 f をアフィン関数とすると, 任意の平行 4 辺形 $ABCD$ に対して

$$f(A) + f(C) = f(B) + f(D)$$

が成り立つ.

[証明] 対角線 AC, BD の中点は一致することから明らかである. ∎

次章でみるように, アフィン関数は(座標)平面上の 1 次関数と同一視できる.

§5.3 合同変換と相似変換

(a) ユークリッド距離

$\mathbb{X}$ を平行線の公理以外のすべての公理を満たす平面とする. 基準となる線分を 1 つ選んでおき, それから定まるユークリッド距離関数を d とする.

定理 5.29 距離関数 d は次の性質をもつ.

（ⅰ） $d(A, B) \geqq 0$.

（ⅱ） $d(A, B) = d(B, A)$.

216——第5章　数と幾何学

（iii）　$d(A,B)=0 \iff A=B$.

（iv）　$d(A,B)+d(B,C) \geqq d(A,C)$.

　[証明]　(i), (ii), (iii) は定義から明らか. (iv) については, A, B, C が同一直線上にないときには, $\triangle ABC$ に対する 3 角不等式による(§5.1 参照). 実際, このときには不等号 $>$ が成り立つ. A, B, C が同一直線上にあるとしよう. $A=C$ の場合は (iv) は自明. またこのとき (iv) において等号が成り立つのは, $d(A,B)=d(B,C)=0$, すなわち $A=B=C$ のときである. $A \neq C$ の場合

（1）　B が線分 AC 上にあれば, $d(A,B)+d(B,C)=d(A,C)$.

（2）　B が線分 AC 上になければ, C が線分 AB 上にあるか, A が線分 BC 上にあるかのどちらかである. 前者の場合は,

$$d(A,C)+d(C,B)=d(A,B)$$

となるから

$$d(A,B)+d(B,C)=d(A,C)+2d(C,B)>d(A,C).$$

後者の場合は

$$d(B,A)+d(A,C)=d(B,C)$$

となるから

$$d(A,B)+d(B,C)=d(A,C)+2d(A,B)>d(A,C).$$

いずれにしても $d(A,B)+d(B,C) \geqq d(A,C)$ が成り立つ.　∎

　今の証明から, 次の定理が得られる.

　定理 5.30　$d(A,B)+d(B,C)=d(A,C)$ が成り立つのは

（i）　$A \neq C$ の場合は, B が線分 AC 上にあるとき, またこのときのみである.

（ii）　$A=C$ の場合は, $A=B=C$ のとき, またこのときのみである.　□

　問5　$d(A,C)=|d(A,B)-d(B,C)|$ とする. このとき A, B, C は同一直線上にあり, $A \neq C$ であるときは, B は線分 AC の内部にはないことを示せ.

　定理 5.29 で述べたユークリッド距離の性質は, 一般の距離の概念の原型

§5.3 合同変換と相似変換————*217*

を与える(巻末の「現代数学への展望」参照). しばらくの間, ユークリッド距離に関する基本的事柄を述べよう.

例題 5.31 異なる点 A, B を通る直線 l 上にある点 C, C' が
$$d(A, C) = d(A, C'), \quad d(B, C) = d(B, C')$$
を満たしているとき, $C = C'$ であることを示せ.

[解] 線分 AB に関する C の位置により

$d(A, C) + d(C, B) = d(A, B) \iff C$ が線分 AB 上にあるとき,

$d(A, B) + d(B, C) = d(A, C) \iff C$ が線分 AB の延長上にあるとき,

$d(C, A) + d(A, B) = d(C, B) \iff C$ が線分 BA の延長上にあるとき

の 3 つの場合に分けられるが, 仮定より C' の位置も C と同じ状況にある. このことから, 主張は容易に証明される. ∎

上の例題 5.31 において, C, C' が A, B を通る直線 l 上にない場合は, 次の 2 つの場合が考えられる:

(1) C, C' が l に関して同じ側にあるとき.

(2) C, C' が l に関して異なる側にあるとき.

いずれにしても, $\triangle ABC$, $\triangle ABC'$ は合同であるから(合同定理), $\angle BAC \equiv \angle BAC'$. よって(1)の場合は $C = C'$. (2)の場合は, 線分 CC' と直線 l の交点を D とすると, $\triangle ACD \equiv \triangle AC'D$(2 辺夾角)であるから, $\angle CDA \equiv \angle C'DA \equiv \angle R$, $CD \equiv C'D$.

一般に, 2 点 C, C' と直線 l について, 線分 CC' が l と垂直に交わり, しかもその交点が CC' の中点であるとき(言い換えれば, l が線分 CC' の垂直2 等分線であるとき), C, C' は l に関して**対称な位置**にあるという.

こうして, つぎの定理を得る.

定理 5.32 異なる点 A, B を通る直線 l 上にない点 C, C' が
$$d(A, C) = d(A, C'), \quad d(B, C) = d(B, C')$$
を満たしているとき, $C = C'$ または, C, C' は直線 l に関して対称な位置にある. ∎

定理 5.33 A, B, C は同一直線上にはない 3 点とする. 点 D が

218——— 第 5 章 数と幾何学

$$d(A, D) = d(A, D'), \quad d(B, D) = d(B, D'), \quad d(C, D) = d(C, D')$$

を満たせば $D = D'$ である。 □

[証明] $D \neq D'$ とすれば，D, D' は 3 直線 AB, BC, CA に関して対称な位置にあることになるが，それらの直線は線分 DD' の垂直 2 等分線に一致することになり，A, B, C が同一直線上にはないことに反する。 ∎

（b） 合同変換と相似変換

§1.3 では 3 角形の合同条件，前節では相似の条件についてみてきたが，もっと一般の図形について合同・相似を論じるには，合同変換や相似変換の概念を導入すると便利である。特に合同変換の考え方は，形を変えない図形の移動という「人為的操作」の厳密な意味での復権を目指すものである。

定義 5.34 $\lambda > 0$ とする。平面 $\mathbb{X}$ からそれ自身への全単射（平面を平面全体に写す 1 対 1 の対応）φ が，条件

$$\text{任意の点 } A, B \text{ に対して，} d(\varphi(A), \varphi(B)) = \lambda d(A, B)$$

を満たすとき，φ を倍率 λ の**相似変換**という。特に，倍率 1 の相似変換を**合同変換**(congruent transformation, motion)という。すなわち，合同変換は 2 点間の距離を変えない変換である。 □

ここで，相似変換とその倍率の概念は，距離関数 d のとり方にはよらない（正確にいえば，基準とする線分の選び方によらない）ことに注意しよう。すなわち，φ が d についての倍率 λ の相似変換であれば，他の基準となる線分に対する距離関数についても倍率 λ の相似変換である。

問 6 次のことを示せ。

(1) φ, ψ がそれぞれ倍率 λ, μ の相似変換とするとき，合成 $\varphi \circ \psi$ は倍率 $\lambda\mu$ の相似変換である。

(2) φ が倍率 λ の相似変換とするとき，逆変換 φ^{-1} は倍率 λ^{-1} の相似変換である。

(3) $\mathbb{X}$ の恒等変換 I は合同変換である。また，φ, ψ が合同変換なら，合成 $\varphi \circ \psi$ も合同変換である。さらに，合同変換の逆変換（逆写像）も合同変換で

§5.3 合同変換と相似変換 —— *219*

ある.

平面の基本図形(直線, 線分, 半平面)が相似変換により同じ種類の図形に写ることをいうのが次の定理である.

定理 5.35 相似変換は,

(ⅰ) 線分を線分に写す.

(ⅱ) 直線を直線に写す.

(ⅲ) 半直線を半直線に写す.

(ⅳ) 半平面を半平面に写す.

[証明] φ を倍率 λ の相似変換とする.

(ⅰ) B を線分 AC 上の点とすると, 定理 5.30 のから
$$d(A, B) + d(B, C) = d(A, C).$$
この両辺に λ を掛けて, 相似変換の定義を使えば
$$d(\varphi(A), \varphi(B)) + d(\varphi(B), \varphi(C)) = d(\varphi(A), \varphi(C))$$
が得られる. 再び, 定理 5.30 を使って, $\varphi(B)$ は線分 $\varphi(A)\varphi(C)$ 上にあることがわかる.

(ⅱ) 直線 l 上の異なる 2 点 A, B をとる. もう 1 つの点 $C \in l$ と A, B の位置関係で場合分けして, (ⅰ)を適用することにより A, B, C は同一直線上, すなわち l 上にあることがわかる.

(ⅲ) これも(ⅰ)により明らかである.

(ⅳ) 半平面を α とするとき, 境界 $\partial\alpha$ は φ によりある直線 l に写る. A, B を α の内部の点とするとき, $\varphi(A), \varphi(B)$ が l に関して同じ側にあることを示せばよい. もし異なる側にあるとすると, 線分 $\varphi(A)\varphi(B)$ は l と交わる. 交点を C としよう. C の原像 $\varphi^{-1}(C)$ は線分 AB 上にあり, さらに $\partial\alpha$ 上にある. これは A, B が $\partial\alpha$ に関して異なる側にあることを意味するから矛盾である. ∎

定理 5.36 φ を相似変換とする. 線分 AB を $t : (1-t)$ の比に分ける点を P_t とするとき, $\varphi(P_t)$ は線分 $\varphi(A)\varphi(B)$ を同じ比に分ける.

[証明] 例えば, P_t が線分 AB の内部にあれば, P_t は

220———第5章　数と幾何学

$$t \cdot d(A, P_t) = (1-t) \cdot d(P_t, B) \quad (0 < t < 1)$$

により特徴づけられる（系5.22）.

$$t \cdot d(\varphi(A), \varphi(P_t)) = (1-t) \cdot d(\varphi(P_t), \varphi(B))$$

であるから，$\varphi(P_t)$ は線分 $\varphi(A)\varphi(B)$ を同じ比 $t : (1-t)$ に分ける. P_t が AB の外部にあるときも同様である. ∎

定理5.37　合同変換は，任意の角をそれと合同な角に写す.

［証明］　角を角に写すことをみるには，定理5.35の(iv)を使えばよい（角は，2つの半平面の共通部分であることに注意）. 角 $\angle AOB$ に対して $\triangle AOB$ と $\triangle \varphi(A)\varphi(O)\varphi(B)$ は合同であるから（合同定理），

$$\angle AOB = \angle \varphi(A)\varphi(O)\varphi(B).$$ ∎

注意5.38　実は，任意の相似変換も角をそれと合同な角に写すことがわかる（演習問題5.5参照）.

（c）　合同変換の性質

まず，合同変換の例をあげよう.

例5.39　平面 $\mathbb{X}$ の点 O に対して，写像 $\tau_O : \mathbb{X} \longrightarrow \mathbb{X}$ を

$$\tau_O(P) = \begin{cases} 点 O に関して P に対称な点 & （P \neq O のとき） \\ P & （P = O のとき） \end{cases}$$

により定義する. すなわち $\tau_O(P) = P'$ は，O が線分 PP' の中点となるような点 P' として定義される. τ_O を，点 O に関する**点対称変換**という. ▯

例題5.40　τ_O は合同変換であることを示せ. さらに $(\tau_O)^2 = \tau_O \circ \tau_O = I$ を示せ.

［解］　対頂角が等しいことと，合同定理を用いればよい（図5.10）. $(\tau_O)^2 = I$ は定義から明らか. ∎

直線 l に関する対称変換 τ_l も同様に定義される.

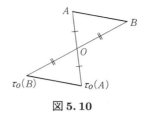

図 5.10

$$\tau_l(q) = \begin{cases} l \text{に関して } q \text{ に対称な点} & (q \notin l \text{ のとき}) \\ q & (q \in l \text{ のとき}) \end{cases}$$

τ_l を l に関する**線対称変換**という.

例題 5.41 τ_l は合同変換であり, $(\tau_l)^2 = I$ を満たすことを示せ.

[解] 図 5.11 参照.

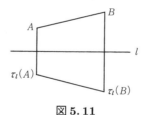

図 5.11

定理 5.42 A, B を異なる 2 点とし, 合同変換 φ が $\varphi(A) = A$, $\varphi(B) = B$ を満たしているとする. このとき $\varphi = I$ または $\varphi = \tau_l$ である. ただし, l は A, B を通る直線である.

[証明] 定理 5.35(ii) により, φ は l を l に写す. C を l 上の点とすると,
$$d(A, \varphi(C)) = d(\varphi(A), \varphi(C)) = d(A, C),$$
$$d(B, \varphi(C)) = d(\varphi(B), \varphi(C)) = d(B, C)$$
であるから, $C = \varphi(C)$ (例題 5.31).

定理 5.35(iv) を使えば, φ は l が分ける 2 つの側のそれぞれをそれ自身に写すか, または逆の側に写すかのどちらかである. それ自身に写すときは, φ は恒等変換であり, 逆の側に写すときは τ_l であることは定理 5.32 からた

222———第5章　数と幾何学

だちにわかる.

定理 5.43　A, B, C は同一直線上にはない3点とする. 合同変換 φ が,
$\varphi(A) = A$, $\varphi(B) = B$, $\varphi(C) = C$ を満たせば, $\varphi = I$(恒等変換)である.

　［証明］　任意の点 D について,

$$d(A, D) = d(\varphi(A), \varphi(D)) = d(A, \varphi(D))$$
$$d(B, D) = d(\varphi(B), \varphi(D)) = d(B, \varphi(D))$$
$$d(C, D) = d(\varphi(C), \varphi(D)) = d(C, \varphi(D))$$

であるから, 定理 5.33 により $D = \varphi(D)$. よって φ は恒等変換である. ∎

定理 5.44　$AB \equiv A'B'$, 言い換えれば $d(A, B) = d(A', B')$ であるとき, 合同変換 φ で, $A' = \varphi(A)$, $B' = \varphi(B)$ となるものが存在する. 特に, 任意の点 A, A' に対して, $A' = \varphi(A)$ となる合同変換 φ が存在する.

　［証明］　場合分けをして φ を構成する.

　(1) $A = A'$ のとき, $\angle BAB'$ の2等分線を l とする. φ を l に関する線対称変換 τ_l とすると

$$\varphi(A) = A = A', \quad \varphi(B) = B'$$

である.

　(2) $A \neq A'$ のとき, 線分 AA' の垂直2等分線を l とし, $\tau_l(B) = C$ とおく. $C = B'$ であれば, $\varphi = \tau_l$ とおけばよい. $C \neq B'$ であるとき, $\angle CA'B'$ の2等分線を m とすれば

$$\varphi = \tau_m \circ \tau_l$$

が求める合同変換である. ∎

定理 5.45　任意の合同変換は, 有限個(実はたかだか3個)の線対称変換の合成である.

　［証明］　線分 AB の合同変換 φ によるその像 $A'B'$ を考えよう($A' = \varphi(A)$, $B' = \varphi(B)$). 定理 5.44 からたかだか2個の線対称変換の合成で表される合同変換 ψ により

$$A' = \psi(A), \quad B' = \psi(B)$$

とできる. このとき

$$\psi^{-1} \circ \varphi(A) = A, \quad \psi^{-1} \circ \varphi(B) = B$$

§5.3 合同変換と相似変換 —— 223

であるから, $\psi^{-1} \circ \varphi$ は恒等変換 I か直線 $l = AB$ に関する線対称変換 τ_l である. したがって

$$\varphi = \psi \quad \text{または} \quad \varphi = \psi \circ \tau_l$$

となって, φ はたかだか 3 個の線対称変換の合成になる. ∎

(d) 相似変換の例

平行線の公理を満たす平面では, 相似変換として次のようなものが存在する.

λ を正数とし, 点 O を 1 つとる. $\varphi: \mathbb{X} \longrightarrow \mathbb{X}$ を

$\varphi(O) = O$,

$\varphi(A) = B \quad (A \neq O) \quad \Longleftrightarrow \quad B$ は O を始点とし A を通る半直線上の
点で $d(O, B) = \lambda d(O, A)$ となるもの

により定義する. 相似 3 角形の性質を用いれば, φ が倍率 λ の相似変換であることが容易に証明できる. この φ を, 中心が O, 倍率 λ の**拡大変換**($\lambda > 1$ のとき)または**縮小変換**($\lambda < 1$ のとき)という.

次の定理は, 定理 5.17(iii)からの帰結である.

定理 5.46 φ を相似変換とする. $\triangle ABC$ が与えられたとき, $\varphi(A) = A'$, $\varphi(B) = B'$, $\varphi(C) = C'$ とおくと, $\triangle ABC$ と $\triangle A'B'C'$ は相似である. とくに, 相似変換は角を保つ. ◻

逆も成立する.

定理 5.47 $\triangle ABC$ と $\triangle A'B'C'$ が互いに相似であるとする. このとき平面の相似変換 φ で $\varphi(A) = A'$, $\varphi(B) = B'$, $\varphi(C) = C'$ となるものが存在する.

[証明] A を始点とする半直線 AB と AC 上にそれぞれ点 D, E で $AD = A'B'$, $AE = A'C'$ となるものをとる. $\triangle A'B'C'$ と $\triangle ADE$ は合同であるから, $\angle B = \angle B' = \angle D$, よって辺 BC と DE は平行である. こうして

$$\frac{d(A, D)}{d(A, B)} = \frac{d(A, E)}{d(A, C)}.$$

これを λ とおき, A を中心とする倍率 λ の縮小または拡大変換を ϕ とすると $\phi(A) = A$, $\phi(B) = D$, $\phi(C) = E$ である. $\triangle ADE$ と $\triangle A'B'C'$ は合同であ

224——第5章　数と幾何学

るから，合同変換 ψ で，$\psi(A)=A'$, $\psi(D)=B'$, $\psi(E)=C'$ となるものが存在する．実際，定理 5.44 により，$\sigma(A)=A'$, $\sigma(D)=B'$ となる合同変換 σ が存在するが，$\sigma(E)=C'$ のときは，$\psi=\sigma$ とすればよい．$\sigma(E)\neq C'$ のときは，τ を直線 $A'B'$ に関する線対称変換として，$\psi=\tau\cdot\sigma$ とおけばよい．いま $\varphi=\psi\circ\phi$ とおけば，$\varphi(A)=\psi(\phi(A))=\psi(A)=A'$, $\varphi(B)=\psi(\phi(B))=\psi(D)=B'$, $\psi(\phi(C))=\psi(E)=C'$ となり，φ が求める相似変換である．　∎

§5.4　変　換　群

（a）　群

前節で述べた合同変換および相似変換が満たす最も基本的な性質を抜き出して抽象化してみよう．

平面 $\mathbb{X}$ の相似変換のなす集合を $H(\mathbb{X})$ とすると，次の事柄が成り立つ．

（1）　$I\in H(\mathbb{X})$　　（I は $\mathbb{X}$ の恒等変換を表す）

（2）　合成写像を対応させる対応 $(\varphi,\phi)\longrightarrow\varphi\phi$ は写像

$$H(\mathbb{X})\times H(\mathbb{X})\longrightarrow H(\mathbb{X})$$

　　を定める．

（3）　逆写像を対応させる対応 $\varphi\longrightarrow\varphi^{-1}$ は写像

$$H(\mathbb{X})\longrightarrow H(\mathbb{X})$$

　　を定める．

さらに，次の性質が成り立つことは写像の一般的性質から明らかであろう．

（ⅰ）　すべての $\varphi,\phi,\theta\in H(\mathbb{X})$ に対して，

$$(\varphi\phi)\theta=\varphi(\phi\theta)．$$

（ⅱ）　すべての $\varphi\in H(\mathbb{X})$ に対して，$I\varphi=\varphi=\varphi I$．

（ⅲ）　すべての $\varphi\in H(\mathbb{X})$ に対して，$\varphi\varphi^{-1}=I=\varphi^{-1}\varphi$．

相似変換の代わりに合同変換の集合 $G(\mathbb{X})$ を考えると，上に述べた性質は $H(\mathbb{X})$ を $G(\mathbb{X})$ で置き換えてもそのまま成立することがわかる．

これらの事実を抽象化して，群の概念を定義する．

定義 5.48（群の公理）　集合 G と，2つの写像

§5.4 変 換 群 ——— 225

$$S: G \times G \longrightarrow G, \quad T: G \longrightarrow G$$

および, 元 e が存在して, 次の性質が成り立つとき, G は**単位元** e **を持つ群**
(group)(あるいは簡単に, G は群)であるという.

（ⅰ）　すべての $g, h, k \in G$ に対して, $S(S(g, h), k) = S(g, S(h, k))$.

（ⅱ）　すべての $g \in G$ に対して, $S(e, g) = g = S(g, e)$.

（ⅲ）　すべての $g \in G$ に対して, $S(g, T(g)) = e = S(T(g), g)$.　　　□

記号の繁雑さを避けるため, $S(g, h) = gh$, $T(g) = g^{-1}$ と簡単に書くことに
しよう. すると, (ⅰ), (ⅱ), (ⅲ)は次のように書くことができる.

（ⅰ）　$(gh)k = g(hk)$.

（ⅱ）　$eg = g = ge$.

（ⅲ）　$gg^{-1} = e = g^{-1}g$.

g^{-1} を g の**逆元**(inverse element)という.

問 7　$gh = e$ であるとき, $h = g^{-1}$ となることを示せ.

例 5.49　合同変換のなす群 $G(\mathbb{X})$ を**合同変換群**という. 相似変換のなす
群 $H(\mathbb{X})$ を**相似変換群**という.　　　□

例 5.50　整数の集合 $\mathbb{Z}$ は加法により群である. 単位元は 0, 逆元はマイ
ナス元で実現されている. 同様に, 有理数の集合 $\mathbb{Q}$, 実数の集合 $\mathbb{R}$ も加法に
より群である. これらの群は演算の交換律を満たしている. 一般に群 G は,
すべての $h, g \in G$ に対して交換律 $gh = hg$ が成り立つとき, **可換群**あるいは
アーベル群とよばれる.　　　□

例 5.51　$\mathbb{Q} - \{0\}$, $\mathbb{R} - \{0\}$ をそれぞれ $\mathbb{Q}^*, \mathbb{R}^*$ により表そう. $\mathbb{Q}^*, \mathbb{R}^*$ は乗
法に関して可換群であり, その単位元は 1 である.　　　□

例 5.52　$GL_2(\mathbb{R}) = \left\{ 実行列 A = \begin{pmatrix} a & b \\ c & d \end{pmatrix}; \det A = ad - bc \neq 0 \right\}$ とする.
$GL_2(\mathbb{R})$ は行列の積に関して群である. 単位元は単位行列

$$I_2 = \begin{pmatrix} 1 & 0 \\ 0 & 1 \end{pmatrix}$$

226——第5章　数と幾何学

であり，$A = \begin{pmatrix} a & b \\ c & d \end{pmatrix}$ の逆元は

$$A^{-1} = (\det A)^{-1} \begin{pmatrix} d & -b \\ -c & d \end{pmatrix}$$

により与えられる．この $GL_2(\mathbb{R})$ を 2 次の**一般実線形群**という（本シリーズ『行列と行列式』を参照のこと）．　　　　　　　　　　　　　□

　問8

　　（1）　上の例が実際に群となることを示せ．

　　（2）　$SL_2(\mathbb{R}) = \left\{ A = \begin{pmatrix} a & b \\ c & d \end{pmatrix} \in GL_2(\mathbb{R}); \ ad - bc = 1 \right\}$ とおくと，$SL_2(\mathbb{R})$ も行列の積に関して群となることを示せ．$SL_2(\mathbb{R})$ を，2 次の**特殊線形群**という．

　$\mathbb{X}$ を平面とするとき，$G(\mathbb{X})$ は $H(\mathbb{X})$ の部分集合であり，$G(\mathbb{X})$ と $H(\mathbb{X})$ の単位元は一致し，$G(\mathbb{X})$ の演算 $\varphi\phi, \varphi^{-1}$ は $H(\mathbb{X})$ の演算を制限したものである．また，$SL_2(\mathbb{R})$ は，$GL_2(\mathbb{R})$ の部分集合であり，$SL_2(\mathbb{R})$ と $GL_2(\mathbb{R})$ の単位元は一致し，$SL_2(\mathbb{R})$ における演算 AB, A^{-1} は，$GL_2(\mathbb{R})$ の演算を制限したものである．

　一般に，群 G が与えられたとき，その部分集合 H が**部分群**であるとは，$e \in H$ であり，すべての $g, h \in H$ について

$$gh \in H, \quad g^{-1} \in H$$

が成り立つことである．

　この定義から，合同変換群 $G(\mathbb{X})$ は相似変換群 $H(\mathbb{X})$ の部分群である．さらに $SL_2(\mathbb{R})$ は $GL_2(\mathbb{R})$ の部分群である．

　例題5.53　群 G の部分集合 H が，部分群であるための必要十分条件は，

（1）　$H \neq \varnothing$

（2）　H のすべての元 g, h に対して，$gh^{-1} \in H$ が成り立つこと

であることを示せ．

　［解］　H が部分群であれば，$e \in H$ であるから，$H \neq \varnothing$．（2）については，$h^{-1} \in H$ であるから，$gh^{-1} \in H$．逆に，H が（1），（2）を満たすとすると，（1）

§5.4 変換群 —— 227

によりある元 $g \in H$ が存在するから，(2)を使って $e = gg^{-1} \in H$. よって H は単位元 e を含む．再び(2)を使って，$g \in H$ に対して $g^{-1} = eg^{-1} \in H$. さらに，$g, h \in H$ に対して，$gh = g(h^{-1})^{-1} \in H$. ∎

(b) 群の作用と変換群

相似変換群 $H(\mathbb{X})$ の元 φ と，平面 $\mathbb{X}$ の点 p に対して，同じ平面の点 $\varphi(p)$ が対応するから，$U(\varphi, p) = \varphi(p)$ とおいて，写像

$$U : H(\mathbb{X}) \times \mathbb{X} \longrightarrow \mathbb{X}, \quad U(\varphi, A) = \varphi(A)$$

が得られる．U は，次の性質を満足する．

$$U(\varphi, U(\phi, A)) = U(\varphi\phi, A),$$
$$U(I, A) = A.$$

一般に，群 G と集合 X について，写像 $U : G \times X \longrightarrow X$ が与えられて，次の条件を満たすとき，G は X に**作用する**といい，G は X の**変換群**であるという．

$$U(g, U(h, p)) = U(gh, p), \quad g, h \in G, \quad p \in X$$
$$U(e, p) = p$$

この場合も，記号の簡単化のため，$U(g, p) = gp$ と書くことにする．すると，U の性質は，

$$g(hp) = (gh)p$$
$$ep = p$$

と書くことができる．群 G が X に作用するとき，G の部分群 H も X に自然な仕方で作用する(実際，写像 $H \times X \longrightarrow X$ は，U の制限として定義すればよい).

例題 5.54 複素数平面 $\mathbb{C}$ の部分集合 $X = \{z = x + yi \in \mathbb{C}; \ y > 0\}$ を考える(複素上半平面という).写像 $U : SL_2(\mathbb{R}) \times X \longrightarrow X$ を次のように定義しよう．

$$U(A, z) = \frac{az + b}{cz + d}, \quad A = \begin{pmatrix} a & b \\ c & d \end{pmatrix}$$

228──────第 5 章　数と幾何学

このとき，U は $SL_2(\mathbb{R})$ の X 上の作用となることを示せ（複素数については本シリーズの『複素関数入門』を参照せよ）.

[解]　まず，$U(A, z)$ の虚部が正であることを確かめる．一般に複素数 w の虚部を $\mathrm{Im}\,(w)$ により表すと

$$\mathrm{Im}\,(w) = \frac{1}{2i}(w - \overline{w}) \quad (\overline{w} \text{ は } w \text{ の複素共役})$$

であるから，

$$\frac{az+b}{cz+d} - \overline{\left(\frac{az+b}{cz+d}\right)} = \frac{az+b}{cz+d} - \frac{a\overline{z}+b}{c\overline{z}+d} = \frac{(az+b)(c\overline{z}+d) - (a\overline{z}+b)(cz+d)}{(cz+d)(c\overline{z}+d)}$$

$$= \frac{(ad-bc)(z-\overline{z})}{|cz+d|^2} = \frac{z-\overline{z}}{|cz+d|^2}.$$

すなわち，$\mathrm{Im}\,(U(A, z)) = |cz+d|^{-2}\,\mathrm{Im}\,(z) > 0$ となり，$U(A, z) \in X$ である.

明らかに $U(I_2, z) = z$.

$$A = \begin{pmatrix} a_1 & b_1 \\ c_1 & d_1 \end{pmatrix}, \quad B = \begin{pmatrix} a_2 & b_2 \\ c_2 & d_2 \end{pmatrix}$$

とすると，

$$AB = \begin{pmatrix} a_1 a_2 + b_1 c_2 & a_1 b_2 + b_1 d_2 \\ c_1 a_2 + d_1 c_2 & c_1 b_2 + d_1 d_2 \end{pmatrix}$$

であるから，

$$U(A, U(B, z)) = \frac{a_1 \dfrac{a_2 z + b_2}{c_2 z + d_2} + b_1}{c_1 \dfrac{a_2 z + b_2}{c_2 z + d_2} + d_1} = \frac{(a_1 a_2 + b_1 c_2)z + (a_1 b_2 + b_1 d_2)}{(c_1 a_2 + d_1 c_2)z + (c_1 b_2 + d_1 d_2)}$$

$$= U(AB, z)$$

こうして，U は $SL_2(\mathbb{R})$ の X への作用を定める. ∎

　G を集合 X に作用する変換群とする．p を X の元とし，

$$G(p) = \{g \in G\,;\, gp = p\}$$

とおく.

§5.4 変 換 群 —— 229

例題 5.55　$G(p)$ は G の部分群であることを示せ.

[解]　明らかに $e \in G(p)$. $h \in G(p)$ とすると, $hp = p$ より $h^{-1}p = h^{-1}(hp)$
$= (h^{-1}h)p = ep = p$. よって $h^{-1} \in G(p)$. $g, h \in G(p)$ に対して, $(gh)p = g(hp)$
$= gp = p$, よって $gh \in G(p)$. ∎

$G(p)$ を, p に関する**等方群**(isotropy group)という.

例 5.56　合同変換群 $G(\mathbb{X})$ の点 O に関する等方群の元を, O を中心とする**直交変換**という. ∎

問 9　S を X の任意の部分集合とし,
$$G(S) = \{g \in G;\ gS = S\}$$
とおく. このとき, $G(S)$ は G の部分群になることを示せ.

群 G が集合 X に作用しているとき, X に次のような関係を導入できる:
$$p \sim q \iff \text{ある } g \in G \text{により}, \ q = gp.$$

例題 5.57　関係 $\sim$ は同値関係であることを示せ.

[解]　$p = ep \implies p \sim p$. $q = gp \implies p = g^{-1}q$ であることから $p \sim q \implies$
$q \sim p$. $q = gp, r = hq \implies r = h(gp) = (hg)p$ であることから $p \sim q, q \sim r \implies$
$r \sim p$. ∎

この同値関係 $\sim$ による同値類を**軌道**(orbit)といい, X の商集合 $X/\sim$ を
X の G による**軌道空間**(orbit space)という.

軌道空間が 1 つの元からなるとき, G は X に**推移的に作用**するという.
言い換えれば, 任意の 2 点 $p, q \in X$ に対して, $q = gp$ となる $g \in G$ が存在
するとき, G は X に推移的に作用する. 定理 5.44 は, 平面 $\mathbb{X}$ の合同変換
群 $G(\mathbb{X})$ が $\mathbb{X}$ に推移的に作用することを言っている. 実際にはもっと強く,
$d(A, B) = d(A', B')$ を満たす任意の A, B, A', B' に対して, $A' = \varphi(A)$, $B' =$
$\varphi(B)$ となる $\varphi \in G(\mathbb{X})$ が存在する. この事実が, 平面が「等質・等方」であ
ることの言い換えである.

230———第5章　数と幾何学

例題 5.58　例題 5.54 で定義した $SL_2(\mathbb{R})$ の複素上半平面 X への作用は，推移的であることを示せ．

［解］　$z = x + yi \in X$ とする．$U(A,i) = z$ となる $A \in SL_2(\mathbb{R})$ が存在することを示せば十分である（実際，z, w を複素上半平面の任意の 2 点とすると，$U(A,i) = z$, $U(B,i) = w$ となる A, B をとれば，$U(BA^{-1}, z) = w$）．

$$A = \begin{pmatrix} y^{1/2} & xy^{-1/2} \\ 0 & y^{-1/2} \end{pmatrix}$$

により定義すると，明らかに $A \in SL_2(\mathbb{R})$ である．$U(A,i) = z$ となることも簡単な計算で確かめることができる．∎

G_1, G_2 を群とする．写像 $\rho: G_1 \longrightarrow G_2$ は次の条件を満たすとき**準同型写像**（homomorphism）といわれる：

$$\rho(hg) = \rho(h)\rho(g) \quad (h, g \in G_1).$$

特に，準同型写像 ρ が全単射であるとき，ρ を**同型写像**（isomorphism）といい，G_1 と G_2 は同型であるという．

例題 5.59　次を示せ．

（1）　$\rho(e) = e$（単位元については共通の記号 e を使う）．

（2）　$\rho(g^{-1}) = (\rho(g))^{-1}$．

（3）　$\operatorname{Ker}\rho = \{g \in G_1 \mid \rho(g) = e\}$ とおくとき，$\operatorname{Ker}\rho$ は G_1 の部分群である．

［解］　（1）$\rho(e) = \rho(e \cdot e) = \rho(e)\rho(e) \implies \rho(e) = e$．（2）$e = \rho(e) = \rho(gg^{-1}) = \rho(g)\rho(g^{-1}) \implies \rho(g^{-1}) = (\rho(g))^{-1}$．（3）証明は容易である．∎

例 5.60　相似変換 φ に対して，その倍率 λ を $\rho(\varphi)$ と表すとき，$\rho: H(X) \longrightarrow \mathbb{R}^*$ は準同型である．$\operatorname{Ker}\rho = G(X)$ となることは定義から明らか．　□

例 5.61　$A \in GL_2(\mathbb{R})$ に対して $\rho(A) = \det A$ とおけば，$\rho: GL_2(\mathbb{R}) \longrightarrow \mathbb{R}^*$ は準同型であり，$\operatorname{Ker}\rho = SL_2(\mathbb{R})$．　□

変換群の考え方は，ユークリッド幾何学以外の幾何学（例えば，射影幾何

§5.5 角の大きさ——円周の長さとは何か——*231*

学や共形幾何学)においても重要な役割を果たす．変換群(群作用)の立場から幾何学を統一的に見直すことは，クライン(F. Klein, 1849–1925)によりもっと一般的な観点から行われた(エルランゲン・プログラム, 1872)．

なお，複素上半平面は非ユークリッド平面の1つのモデルであり，特殊線形群はこのモデルの合同変換として作用することが知られている(本シリーズ『双曲幾何』参照)．

§5.5　角の大きさ——円周の長さとは何か

§5.1において線分の長さの定義を与えたが，本節では角に対してその大きさを表す数を対応させよう．

メソポタミアでは60進法の記数法をもっていたシュメール人と，その数学を受け継ぎ発展させたバビロニア人が，円周(全角)を360等分することにより角を度の単位を用いて測る習慣を始めた(したがって，直角は90°，平角は180°である)．直観的には角を数値化するにはこれで十分なのであるが，厳密な論証の立場からは角の等分は自明なことではない．定理1.26でみたように，角の2等分(したがって2^n等分)の存在は言えるが，一般の等分の存在についてはまだ何も言っていないのである(作図の意味の等分の可能性とは異なることに注意)．ここでは，円周の長さというものを最初に考察し，この長さを用いて角の大きさを定義する．

(a) 円　周

特に断らない限り，ここでは連続公理を仮定し平行線の公理は仮定しない．そして基準となる線分を選び，それから定まる距離関数をdとする．

まず円(circle)の定義を行おう．点Oを**中心**(center)とし**半径**(radius)r (>0)の円$C(O, r)$は

$$C(O, r) = \{P \mid d(O, P) = r\}$$

により定義される平面の部分集合である．円の代わりに**円周**(circumference)ということもある．半径が1の円を**単位円**という．

232——第 5 章　数と幾何学

$$U(O,r) = \{P \mid d(O,P) < r\}$$

を**開円板**(open disk),

$$B(O,r) = \{P \mid d(O,P) \leqq r\}$$

を**閉円板**(closed disk)あるいは単に**円板**(disk)という.

例題 5.62　A を円周 $C(O,r)$ の点とし, A において直線 OA に垂線 l を立てると, l は開円板 $U(O,r)$ の外にあることを示せ. l を円周 $C(O,r)$ の A における**接線**という.

[解]　B を l 上の点とすると

$$d(O,B) \geqq d(O,A) = r$$

であるから(定理 1.21), B は $U(O,r)$ には属さない.　∎

例題 5.63　A, B が $U(O,r)$ (または $B(O,r)$)に属するならば, 線分 AB は $U(O,r)$ (または $B(O,r)$)に含まれることを示せ.

[解]　直線 AB 上の任意の点 C に対して

$$d(O,C) \leqq \max\{d(O,A),\ d(O,B)\}$$

を示せばよい(ここで $\max\{a,b\}$ は, a, b のうち大きい方の値を意味する). O, A, B が同一直線上にある場合は明らかであろう. そうでない場合は, O から直線 AB に垂線を下ろして, 定理 1.21 を使えばよい.　∎

両端が円周上にある線分を円の**弦**(chord)といい, 中心を通る弦(およびその長さ)をとくに**直径**(diameter)という. 1 つの円においてすべての直径は合同であり(長さが等しい), また中心によって 2 等分される.

中心 O の円周上の 2 点 A, B によって, 円周は劣角 $\angle AOB$ との共通部分と優角との共通部分に分けられる. そのそれぞれを**弧**(arc)といい, **劣弧** $\overset{\frown}{AB}$, **優弧** $\overset{\frown}{AB}$ などと書く. $\angle AOB$ をその角内にある $\overset{\frown}{AB}$ (または弦 AB)に対する**中心角**といい, $\overset{\frown}{AB}$ (または弦 AB)をそれを含む中心角 $\angle AOB$ に対する弧(または弦)という. ただ単に $\overset{\frown}{AB}$ と書けば, 劣弧の方を意味する.

例題 5.64　半径の等しい 2 つの円周は合同である. さらに, 半径が等しく中心角が合同であるような 2 つの弧は合同である.

§5.5 角の大きさ——円周の長さとは何か——*233*

[解] （前半）$C(O_1, r)$, $C(O_2, r)$ に対して，$P_1 \in C(O_1, r)$, $P_2 \in C(O_2, r)$ をとり，合同変換 φ を

$$\varphi(O_1) = O_2, \quad \varphi(P_1) = P_2$$

を満足するように選ぶ（定理5.44）．このとき，$\varphi(C(O_1, r)) = C(O_2, r)$ である．

（後半）$\angle A_1 O_1 B_1 \equiv \angle A_2 O_2 B_2$ とする（$A_1, B_1 \in C(O_1, r)$, $A_2, B_2 \in C(O_2, r)$）．$\triangle A_1 O_1 B_1 \equiv \triangle A_2 O_2 B_2$ であるから，

$$\varphi(O_1) = O_2, \quad \varphi(A_1) = A_2, \quad \varphi(B_1) = B_2$$

を満たす合同変換 φ が存在する．明らかに $\varphi(\overparen{A_1 B_1}) = \overparen{A_2 B_2}$ である． ∎

同じ円周における 2 つの弧 $\overparen{AB}$, $\overparen{CD}$ が合同であるとき，$\overparen{AB} \equiv \overparen{CD}$ と書くことにする．また，2 つの弧 $\overparen{AB}$, $\overparen{CD}$ の和 $\overparen{AB} + \overparen{CD}$ は，中心角 $\angle AOB$, $\angle COD$ の和 $\angle AOB + \angle COD$ に対する弧として定義する．弧の大小関係についても，線分と同様に定義する．

問10 劣弧 $\overparen{AB}$ 上の点 C が与えられたとき，$d(A, C) \leqq d(A, B)$ となることを示せ．（ヒント．中心 O から弦 AB および AC に下ろした垂線の足をそれぞれ M, N とする．M, N はそれぞれ AB, AC の中点である．直角3角形 $\triangle OAM, \triangle OAN$ を考えて，例題1.23 を適用すればよい．）

(b) 円周と弧の長さ

半径 r の円 $C(O, r)$ の弧 $\overparen{AB}$ の長さを定義しよう．

弧 $\overparen{AB}$ 上に点列 $P_0, P_1, P_2, \cdots, P_n$ を次の性質を満たすようにとる（図5.12）．

（ⅰ）　$P_0 = A$, $P_n = B$．

（ⅱ）　$\angle AOP_1 < \angle AOP_2 < \cdots < \angle AOP_{n-1} < \angle AOB$．

このような点列を弧 $\overparen{AB}$ の**分割**といい，$\Delta = (P_0, P_1, P_2, \cdots, P_n)$ により表す．P_i $(i = 0, 1, \cdots, n)$ を分割 Δ の**分点**という．$\overparen{AB}$ の分割 Δ' が Δ の**細分**であるとは，Δ のすべての分点が Δ' の分点になっていることをいう．

弧 $\overparen{AB}$ の**長さ**の Δ–近似を

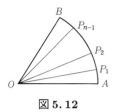

図 5.12

$$L(\widehat{AB};\Delta) = d(P_0,P_1) + d(P_1,P_2) + \cdots + d(P_{n-1},P_n)$$

により定義する.

3 角不等式を使えば, Δ の細分 Δ' に対して

$$L(\widehat{AB};\Delta) \leqq L(\widehat{AB};\Delta')$$

が成り立つことがわかる.

定義 5.65 $L(\widehat{AB};\Delta)$ において, 弧 $\widehat{AB}$ のすべての分割 Δ を動かしたときの上限

$$\sup_{\Delta} L(\widehat{AB};\Delta)$$

を $L(\widehat{AB})$ とおいて, 弧 $\widehat{AB}$ の**長さ**という. 明らかに $L(\widehat{AB}) > 0$ である. □

弧の長さを定義したのはいいが, まず問題になるのは $L(\widehat{AB})$ の値が有限かどうかである. 読者はこれを当たり前のことと思っているかもしれないが, 実は自明なことではない (平行線の公理を満足する平面では比較的容易だが, 一般の場合は証明に技巧を要する).

$L(\widehat{AB})$ の有限性を証明する前に, 次の補題を示そう.

補題 5.66 弧 $\widehat{AB}$ 上の点 $C (\neq A, B)$ に対して

$$L(\widehat{AB}) = L(\widehat{AC}) + L(\widehat{CB})$$

が成り立つ.

[証明] $\widehat{AC}$ の分割 Δ_1 と $\widehat{CB}$ の分割 Δ_2 を合わせて $\widehat{AB}$ の分割が得られるから, それを Δ とすると

§5.5 角の大きさ——円周の長さとは何か——235

$$L(\widehat{AB};\Delta) = L(\widehat{AC};\Delta_1) + L(\widehat{CB};\Delta_2)$$

である. よって

$$L(\widehat{AC};\Delta_1) + L(\widehat{CB};\Delta_2) \leqq L(\widehat{AB};\Delta) \leqq L(\widehat{AB})$$

がすべての分割 Δ_1, Δ_2 について成り立つから

$$L(\widehat{AC}) + L(\widehat{CB}) \leqq L(\widehat{AB})$$

となる.

逆向きの不等式を示すために $\Delta = (P_0, P_1, \cdots, P_n)$ を $\widehat{AB}$ の任意の分割としよう. Δ に C を分点として加えたものを Δ' とし, Δ' が $\widehat{AC}, \widehat{CB}$ に生じる分割をそれぞれ Δ'_1, Δ'_2 とする. このとき,

$$L(\widehat{AB};\Delta) \leqq L(\widehat{AB};\Delta') = L(\widehat{AC};\Delta'_1) + L(\widehat{CB};\Delta'_2)$$
$$\leqq L(\widehat{AC}) + L(\widehat{CB})$$

となるから $L(\widehat{AB}) \leqq L(\widehat{AC}) + L(\widehat{CB})$ を得る. ∎

補題 5.67 2つの弧 $\widehat{AB}, \widehat{CD}$ が合同ならば, $L(\widehat{AB}) = L(\widehat{CD})$ である.

[証明] φ が $\widehat{AB}$ を $\widehat{CD}$ に写す合同変換であるとき (ただし $\varphi(A) = C$, $\varphi(B) = D$ とする), $\widehat{AB}$ の分割 $\Delta = (P_0, P_1, \cdots, P_n)$ に対して, $\Delta' = (\varphi(P_0), \varphi(P_1), \cdots, \varphi(P_n))$ は CD の分割である.

$$L(\widehat{CD}) \geqq L(\widehat{CD};\Delta')$$
$$= d(\varphi(P_0), \varphi(P_1)) + d(\varphi(P_1), \varphi(P_2))$$
$$+ \cdots + d(\varphi(P_{n-1}), \varphi(P_n))$$
$$= d(P_0, P_1) + d(P_1, P_2) + \cdots + d(P_{n-1}, P_n)$$
$$= L(\widehat{AB};\Delta)$$

であるから, $L(\widehat{CD}) \geqq L(\widehat{AB})$ を得る. $\widehat{AB}$ と $\widehat{CD}$ の役割を交換すれば $L(\widehat{AB}) \geqq L(\widehat{CD})$ であるから, $L(\widehat{AB}) = L(\widehat{CD})$ である. ∎

系 5.68 $L(\widehat{AB} + \widehat{CD}) = L(\widehat{AB}) + L(\widehat{CD})$. □

弧の長さの有限性を確立しよう．

定理 5.69 任意の弧 $\widehat{AB}$ に対して，$L(\widehat{AB}) < \infty$ である． □

系 5.70 同じ円周上の 2 つの弧 $\widehat{AB}, \widehat{CD}$ について，$L(\widehat{AB}) = L(\widehat{CD})$ ならば，$\widehat{AB} \equiv \widehat{CD}$ である． □

実際，$\widehat{AB} \equiv \widehat{CD}$ でなければ，$\widehat{AB} < \widehat{CD}$ または $\widehat{CD} < \widehat{AB}$ であるが，たとえば $\widehat{AB} < \widehat{CD}$ のときは，$\widehat{CD}$ 上に $\widehat{AB} \equiv \widehat{CE}$ となる点 $E(\neq D)$ が存在するから

$$L(\widehat{AB}) = L(\widehat{CE}) = L(\widehat{CD}) - L(\widehat{ED}) < L(\widehat{CD})$$

となって，$L(\widehat{AB}) \neq L(\widehat{CD})$ である．

定理 5.69 の証明にはいくつかの補題が必要である．$\angle AOB$ は平角と異なると仮定して差し支えない(実際，直角に対して $L(\widehat{AB})$ が有限であることがわかれば，平角に対する弧の長さはその 2 倍になっている)．

補題 5.71 $\angle C \equiv \angle R$ であるような直角 3 角形 $\triangle ABC$ において，D, E がそれぞれ辺 AB, AC の延長上にあれば，$BC \leqq DE$ である．

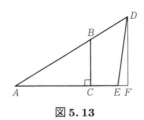

図 5.13

[証明] $D = B$ の場合は補題 1.20 に帰着する．$E = C$ の場合には C から直線 AD に垂線を下ろすと，その足 H は辺 AB 上にある．よって，定理 1.21 を直角 3 角形 $\triangle CHD$ に適用して $BC \leqq DC = DE$ を得る．

$D \neq B$，$E \neq C$ の場合には，D から直線 AC に垂線を下ろし，その足を F として，4 辺形 $BCFD$ に着目する．$DF \leqq DE$ であるから $BC \leqq DF$ を示せばよい．§1.7 でみたように 3 角形の内角の和は $2\angle R$ に等しいかまたは小さいから，

$$\angle ABC \leqq 2\angle R - (\angle BAC + \angle R) < \angle R$$

§5.5 角の大きさ——円周の長さとは何か —— 237

$$\angle ADF \leqq 2\angle R - (\angle DAF + \angle R) < \angle R$$

であり，$\angle ABC$ の補角である $\angle DBC$ は $\angle R$ より大きい．よって

$$\angle BDF = \angle ADF < \angle DBC$$

である．補題 1.42 により，$BC < DF$ を得る． ∎

系 5.72 $AB \equiv AC$ である2等辺3角形 $\triangle ABC$ において，D, E がそれぞれ辺 AB, AC の延長上にあれば，$BC \leqq DE$ である．

[証明] $\angle A$ の2等分線が線分 BC, DE と交わる点をそれぞれ M, N とすれば，直線 AM は，BC の垂直2等分線である．上の補題から，

$$BM \leqq DN, \quad MC \leqq NE$$
$$BC = BM + MC \leqq DN + NE = DE$$

となる． ∎

元の状況に戻ろう．まず，A において直線 OA に垂線を立て，OA に関して B と同じ側に $OA = AC$ となる点 C をとる．半直線 OC が円周と交わる点を B_1 としよう（B_1 は $d(O, B_1) = r$ となる OP 上の点である）．平行線の公理を満たす平面では，$\angle AOB_1 = \dfrac{1}{2}\angle R$ であるが，一般には $\angle AOB_1 \leqq \dfrac{1}{2}\angle R$ となる．

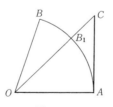

図 5.14

補題 5.73 $L(\overset{\frown}{AB_1}) \leqq d(A, C)$. とくに $L(\overset{\frown}{AB_1}) < \infty$ である．

[証明] 弧 $\overset{\frown}{AB_1}$ の分割 $\Delta = (P_0, P_1, \cdots, P_n)$ を任意にとる．P_i' を半直線 OP_i が線分 AC と交わる点とする．

$$d(P_0', P_1') + d(P_1', P_2') + \cdots + d(P_{n-1}', P_n') = d(A, C)$$

であるから，

$$d(P_{i-1}, P_i) \leqq d(P_{i-1}', P_i') \quad (i = 1, 2, \cdots, n)$$

を示せばよい．しかし，これは，系 5.72 の結論にほかならない． ∎

238──── 第5章 数と幾何学

B が弧 $\overset{\frown}{AB_1}$ 上にあるときは，補題 5.66 により $L(\overset{\frown}{AB}) \leqq L(\overset{\frown}{AB_1})$ であるから，$L(\overset{\frown}{AB}) < \infty$ となる．一般の弧 $\overset{\frown}{AB}$ に対して $L(\overset{\frown}{AB}) < \infty$ を示すには，角に対するアルキメデスの公理の類似（第1章§1.7(d)）が成り立つことに注意すればよい．実際，$\overset{\frown}{AB} \leqq n\overset{\frown}{AB_1}$ となる自然数 n が存在するから，$L(\overset{\frown}{AB}) \leqq nL(\overset{\frown}{AB_1}) < \infty$ を得る．

円 $C(O, r)$ の長さ $L(r)$ は，中心角が直角であるような弧の長さの4倍として定義する．$L(r)$ は円の半径のみにより，中心のとり方にはよらない（例題 5.64）．

明らかに，$L(\overset{\frown}{AB}) < L(\overset{\frown}{CD}) \iff \angle AOB < \angle COD$．

次の補題は，線分に対する連続公理の類似が，弧に対して成り立つことをいう．

補題 5.74 a を $0 < a < L(r)$ を満たす任意の実数とするとき，$L(\overset{\frown}{AB}) = a$ となる弧（$a \leqq L(r)/2$ のときは劣弧，$L(r)/2 < a < L(r)$ のときは優弧）$\overset{\frown}{AB}$ が存在する．

［証明］　再び，円周 $C(O, r)$ 上の点 A において直線 OA に垂線を立て，OA に関して B と同じ側に $OA = AC$ となる点 C をとる．そして半直線 OC が円周と交わる点を B_1 とする．$a \leqq L(\overset{\frown}{AB_1})$ としてよい（一般の a に対しては，自然数 k を十分大きくとって $a/k \leqq L(\overset{\frown}{AB_1})$ としておくと，$a/k = L(\overset{\frown}{AB})$ となる弧 $\overset{\frown}{AB}$ の存在から，$a = L(k \cdot \overset{\frown}{AB})$ となることに注意すればよい）．

t を $0 < t \leqq d(A, C)$ を満たす実数として，$d(A, P_t) = t$ となる点を線分 AC 上にとり，OP_t が円周と交わる点を B_t とおく．そして，$f(t) = L(\overset{\frown}{AB_t})$ とおくと，関数 f は t の増加関数であり

$$f(t) - f(s) = L(\overset{\frown}{B_s B_t}) \leqq d(P_s, P_t) = t - s \quad (0 < s < t \leqq d(A, C))$$

となることが，補題 5.73 の証明と同様の方法で導かれる．さらに $f(t) \leqq t$ であるから，$f(0) = 0$ とおけば，f は区間 $[0, t_0]$ 上の連続関数である．よって，中間値の定理により，$a = f(t_1)$ を満たす t_1 が存在する．このとき $L(\overset{\frown}{AB_{t_1}}) =$

a である.

例題 5.75 $C(O, r)$ の弧 $\overset{\frown}{AB}$ と $C(O, 1)$ の弧 $\overset{\frown}{A_1 B_1}$ に対して,それらの中心角 $\angle AOB$, $\angle A_1 OB_1$ が等しいとき

$$L(\overset{\frown}{AB})/L(\overset{\frown}{A_1 B_1}) = L(r)/L(1)$$

を示せ.特に,$L(\overset{\frown}{AB})/L(r)$ は中心角 $\angle AOB$ にのみ依存し,半径にはよらない.

[解] $m/n < L(\overset{\frown}{AB})/L(r) < m_1/n_1$($m, n, m_1, n_1$ は自然数)とし,$C(O, r)$ の弧 $\overset{\frown}{PQ}$ を

$$L(\overset{\frown}{PQ})/L(r) = (n n_1)^{-1}$$

となるようにとる.$\overset{\frown}{P_1 Q_1}$ を中心角が $\angle POQ$ と等しいような $C(O, 1)$ の弧とする.このとき $L(n n_1 \overset{\frown}{PQ}) = L(r)$,$L(n n_1 \overset{\frown}{P_1 Q_1}) = L(1)$ であるから,

$$L(m n_1 \overset{\frown}{PQ})/L(r) = m/n = L(m n_1 \overset{\frown}{P_1 Q_1})/L(1),$$

$$L(m_1 n \overset{\frown}{PQ})/L(r) = m_1/n_1 = L(m_1 n \overset{\frown}{P_1 Q_1})/L(1)$$

$$\implies m n_1 \overset{\frown}{PQ} \text{ の中心角} < \angle AOB < m_1 n \overset{\frown}{PQ} \text{ の中心角}$$

$$\implies m n_1 \overset{\frown}{P_1 Q_1} \text{ の中心角} < \angle A_1 OB_1 < m_1 n \overset{\frown}{P_1 Q_1} \text{ の中心角}$$

よって

$$m/n < L(\overset{\frown}{A_1 B_1})/L(1) < m_1/n_1$$

である.これからただちに主張を得る.

(c) 円 周 率

平行線の公理を満たす平面では,円周の長さについて次の著しい性質をもつ.

定理 5.76
$$L(r) = r L(1) \quad (r > 0).$$

240──────第5章　数と幾何学

[証明]　同じ中心 O をもつ $C(O,r)$ と $C(O,1)$ を考える．O を中心とする倍率 r の拡大（または縮小）変換を φ とすると

$$\varphi(C(O,1)) = C(O,r)$$

である．$C(O,1)$ の弧 $\overset{\frown}{AB}$ に対し，$\varphi(A)=A_1$，$\varphi(B)=B_1$ とおくと，$C(O,r)$ の弧 $\overset{\frown}{A_1B_1}$ は $\overset{\frown}{AB}$ の中心角と等しい中心角をもつ．$\overset{\frown}{AB}$ の分割を $(P_0, P_1, \cdots, P_n)$ とすると，$(\varphi(P_0), \varphi(P_1), \cdots, \varphi(P_n))$ は $\overset{\frown}{A_1B_1}$ の分割である．この分割を $\varphi(\Delta)$ により表すとき

$$
\begin{aligned}
& L(\overset{\frown}{A_1B_1}; \varphi(\Delta)) \\
&= d(\varphi(P_0), \varphi(P_1)) + d(\varphi(P_1), \varphi(P_2)) + \cdots + d(\varphi(P_{n-1}), \varphi(P_n)) \\
&= r(d(P_0, P_1) + d(P_1, P_2) + \cdots + d(P_{n-1}, P_n))
\end{aligned}
$$

となるから，$rL(\overset{\frown}{AB}) \leqq L(\overset{\frown}{A_1B_1})$．同様に（$\varphi$ の代わりに φ^{-1} を考えれば）$L(\overset{\frown}{A_1B_1}) \leqq rL(\overset{\frown}{AB})$ を得るから

$$L(\overset{\frown}{A_1B_1}) = rL(\overset{\frown}{AB})$$

である．特に中心角が直角に等しい弧を考えれば，定理の主張が得られる．■

習慣により，単位円の周の長さの半分を考え，

$$\pi = L(1)/2$$

とおいて，これを**円周率**（number π）という．今示したことから，$L(r) = 2\pi r$ である．これから定理 E（第1章）で述べた事柄「円周（の長さ）と直径の比は一定（$=\pi$）」が得られる．

注意5.77　π の値は，長さの関数 d のとり方によらない．実際，d の代わりに α 倍した長さの関数 $d_1 = \alpha d$ に関する半径 1 の円周 $C_1(O,1)$ は $C(O, \alpha^{-1})$ に一致し，d_1 に関する $C_1(O,1)$ の長さ $L_1(1)$ は $\alpha L(\alpha^{-1}) = L(1)$ に等しい．

（d）　弧度法──角の大きさの単位

さて，いよいよ角に数値を与えよう．平行線の公理を満たす平面とそうでない場合に分けて考える．

（1）平行線の公理を満たす場合．角 θ に対して半径が 1 の円周 $C(O,1)$ の，

絶対定数 π

　長さの基準によらない定数(絶対定数)の中で，π は人類が最初に発見した深い意味をもつ定数であり，数学や物理学の多くの場面に登場する．ときには一見円周とは無関係な文脈の中に π が現れることもある．例えばオイラー(L. Euler，1707–83)が発見した等式

$$\sum_{n=1}^{\infty} n^{-2} = 1 + \frac{1}{2^2} + \frac{1}{3^2} + \cdots = \frac{\pi^2}{6}$$

はその代表的なものである．

　実用的な見地からも，π の値については古代から興味をもたれていた．歴史的には π の値の近似値として

　　　3　(メソポタミア)

　　　3.16　(古代エジプト)

　　　3.140845 < π < 3.142857　(アルキメデス)

　　　3.1415926535 < π < 3.1415926537

　　(ヴィエト(F. Viète，ラテン名 Vieta，1540–1603))

などが知られている．このような π の値を求めるために用いた方法は，正多角形による円の近似である．たとえばヴィエトによる数値は 293216 角形を使っている(演習問題 5.4 参照)．現在では，π の値は大型コンピュータを用いて小数点以下 10 億桁まで計算されている．

　中心角 $\angle AOB$ が θ に等しいような弧 $\overparen{AB}$ をとり，θ の値を $L(\overparen{AB})$ と定める．特に直角 $\angle R$ の値は $\pi/2$ であり，平角の値は π である．この角の単位は**ラジアン**(radian)とよばれる．このような角の大きさの表し方を**弧度法**という．日常使われる度の単位との関連は

$$a \text{ 度 } (= a°) = \frac{2\pi}{360} a \text{ ラジアン}$$

$$b \text{ ラジアン} = \frac{360b}{2\pi} \text{ 度}$$

である．記号の簡略化のため，角 θ そのものを数値で表すことにする(例：$\theta = \pi/4$).

理論的な問題に対しては，弧度法の方が便利である．

(2) 平行線の公理を満たさない場合．角 θ に対して $C(O,1)$ の中心角 $\angle AOB$ が θ に等しいような弧 $\overset{\frown}{AB}$ をとり，θ の値を
$$2\pi L(AB)/L(1)$$
と定める．この場合も，平角の大きさは π であり，直角の大きさは $\pi/2$ である．

(e) 3 角関数

3 角形の角と辺の間の関係を記述するのに便利なものが 3 角関数である．

平行線の公理を満たす平面を考えよう．

θ を $0 < \theta < \pi/2$ として，$\angle A = \theta$, $\angle B = \angle R$ $(= \pi/2)$ である直角 3 角形 $\triangle ABC$ において

$$\sin\theta = \frac{d(B,C)}{d(A,C)}, \quad \cos\theta = \frac{d(A,B)}{d(A,C)}, \quad \tan\theta = \frac{d(B,C)}{d(A,B)}$$

とおく．

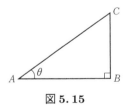

図 5.15

3 角形の相似の考え方を用いれば，$\sin\theta, \cos\theta, \tan\theta$ は直角 3 角形 $\triangle ABC$ のとり方によらずに定まることがわかる．$\sin\theta, \cos\theta, \tan\theta$ をそれぞれ θ の**正弦**(sine)，**余弦**(cosine)，**正接**(tangent)という．明らかに

$$\tan\theta = \frac{\sin\theta}{\cos\theta}$$

である．さらにピタゴラスの定理を用いれば

$$\sin^2\theta + \cos^2\theta = 1. \tag{5.13}$$

ここで $\sin^2\theta$ は $(\sin\theta)^2$, $\cos^2\theta$ は $(\cos\theta)^2$ のことである. 実際,

$$AC^2 = BC^2 + AB^2 = \sin^2\theta AC^2 + \cos^2\theta AC^2$$
$$= (\sin^2\theta + \cos^2\theta)AC^2.$$

$\sin\theta, \cos\theta$ を θ が 0 および $\pi/2$ のときも

$$\sin 0 = 0, \quad \cos 0 = 1$$
$$\sin \pi/2 = 1, \quad \cos \pi/2 = 0$$

とおいて拡張しておく. 正弦, 余弦, 正接のほかに

$$\cot\theta = (\tan\theta)^{-1}$$
$$\sec\theta = (\cos\theta)^{-1}$$
$$\operatorname{cosec}\theta = (\sin\theta)^{-1}$$

とおいて, それぞれ余接(cotangent), 正割(secant), 余割(cosecant)という. これらの関数を総称して**3角関数**(trigonometric functions)という.

問 11 $\sin\left(\dfrac{\pi}{2}-\theta\right)=\cos\theta$, $\cos\left(\dfrac{\pi}{2}-\theta\right)=\sin\theta$ を示せ.

補題 5.78 $\sin\theta, \cos\theta$ は, $[0, \pi/2]$ で定義された θ の連続関数である.

[証明] (5.13)により, $\cos\theta = \sqrt{1-\sin^2\theta}$ であるから, $\sin\theta$ の連続性をいえば十分.

まず, $0 < \theta < \pi/2$ とする. $d(O,A)=1$ となる点 O, A と, A において直線 OA に垂直に立てた半直線 l を考える. $\angle AOT = \theta$ となる点 T を l 上にとり, P を半直線 OT と円周 $C(O,1)$ の交点とする. Q を P から直線 OA に下ろした垂線の足として, $s=d(P,Q)$, $t=d(A,T)$ とおく.

このとき

$$s = \sin\theta = t(1+t^2)^{-1/2} \tag{5.14}$$

である($\triangle OTA$ に対するピタゴラスの定理と $\triangle OPQ \backsim \triangle OTA$ を使う). 前にみたように, θ は t の関数として連続であり(補題 5.74 の証明参照), しかも次の意味で t の狭義の増加関数である:

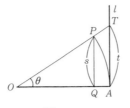

図 5.16

$$t_1 < t_1 \implies \theta(t_1) < \theta(t_2).$$

よって，$\theta=\theta(t)$ の逆関数 $t=t(\theta)$ も連続で狭義の増加関数である．したがって，(5.14) により，$\sin\theta$ は θ の連続関数である．

$\theta=0$ での連続性は $\lim_{\theta\to 0} t(\theta)=0$ から明らか．

$\theta=\pi/2$ での連続性は $\sin\left(\dfrac{\pi}{2}-\theta\right)=\cos\theta$ と，$\cos\theta$ の $\theta=0$ での連続性による． ∎

補題 5.79
$$\lim_{\theta\to 0}\theta^{-1}\sin\theta=1.$$

[証明] 上の補題と同じ状況を考える．明らかに

$$s \leqq d(P,A) \leqq L(\widehat{AP}) \leqq t$$

であるから，$s<\theta<t$ である．よって $s=\sin\theta$ に注意して

$$\frac{1}{\sqrt{1+t^2}} = \frac{s}{t} < \frac{\sin\theta}{\theta} < 1.$$

$\theta\to 0$ のとき，$t=t(\theta)\to 0$ であるから主張が成り立つ． ∎

これまで，鋭角に対する 3 角関数を考えたが，鈍角に対する 3 角関数を
$$\sin\theta=\sin(\pi-\theta),\quad \cos\theta=-\cos(\pi-\theta)$$
$$(\pi/2<\theta\leqq\pi)$$

により定義する(ほかの 3 角関数は，この定義に応じて行う)．さらに優角に対する 3 角関数も
$$\sin\theta=-\sin(\theta-\pi),\quad \cos\theta=-\cos(\theta-\pi)$$

§5.5 角の大きさ——円周の長さとは何か ——— 245

$$(\pi < \theta < 2\pi)$$

により定義する.

$\sin \angle A$, $\cos \angle A$ などを $\sin A, \cos A$ と略記することにしよう.

問 12 $\triangle ABC$ において,$a = d(B, C)$,$b = d(A, C)$,$c = d(A, B)$ とするとき

$$\frac{a}{\sin A} = \frac{b}{\sin B} = \frac{c}{\sin C}$$

となることを示せ(正弦定理).

定理 5.80(余弦定理) $\triangle ABC$ において,$a = d(B, C)$,$b = d(A, C)$,$c = d(A, B)$ とするとき

$$a^2 = b^2 + c^2 - 2bc \cdot \cos A$$

が成り立つ. □

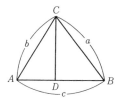

図 5.17

この定理がピタゴラスの定理の一般化であることは一目瞭然であろう.

[証明] $\angle A$ が鋭角の場合,C から直線 AB に下ろした垂線の足を D とするとき

$$c = b \cdot \cos A + a \cdot \cos B \quad \cdots ①$$

$\angle A$ が鈍角の場合も同じ等式が成り立つことが容易に確かめられる.同じ理由で

$$b = a \cdot \cos C + c \cdot \cos A \quad \cdots ②$$
$$a = c \cdot \cos B + b \cdot \cos C \quad \cdots ③$$

が成り立つ.③$\times a -$②$\times b -$①$\times c$ を計算すれば,$\cos B, \cos C$ が消去されて求める式を得る. ∎

246───── 第5章　数と幾何学

《まとめ》

5.1　平面 $\mathbb{X}$ の有向直線 l とその上にある線分 OP $(O < P)$ に対して，次の性質を満たす関数 $\Theta: l \longrightarrow \mathbb{R}$ がただ1つ存在する：

(1) $\Theta(O) = 0$, $\Theta(P) = 1$.

(2) $A < B \iff \Theta(A) < \Theta(B)$.

(3) $AB \equiv CD$ $(A < B, C < D)$ $\iff \Theta(B) - \Theta(A) = \Theta(D) - \Theta(C)$.

Θ を線分 OP を基準とする，l の**目盛関数**という.

5.2　関数 $d: \mathbb{X} \times \mathbb{X} \longrightarrow \mathbb{R}$ を

$$d(A, B) = \begin{cases} 0 & (A = B \text{ のとき}) \\ |\Theta(D) - \Theta(C)| & (CD \text{ は線分 } AB \text{ と合同な } l \text{ 上の線分}) \end{cases}$$

とおいて，**ユークリッド距離関数**という. 関数 d は基準となる線分 OP(の合同類)により一意に定まる.

5.3　ユークリッド距離関数は次の性質を満たす.

(a) $d(A, B) \geqq 0$.

(b) $d(A, B) = 0 \iff A = B$.

(c) $d(A, B) + d(B, C) \geqq d(A, C)$　(3角不等式).

(d) 3角不等式において等号が成り立つのは，$A = B = C$ または点 B が線分 AC 上にあるとき，かつこのときのみである.

5.4　**連続公理**　(すべての)直線 l に対して，$\Theta(l) = \mathbb{R}$ を満たすとき，平面 $\mathbb{X}$ は連続公理を満たすという.

5.5　幾何学のすべての公理を満たす平面(空間)を**ユークリッド平面(ユークリッド空間)**といい，平行線の公理のみを満たさない平面(空間)を**非ユークリッド平面(非ユークリッド空間)**という.

5.6　平面 $\mathbb{X}$ からそれ自身への全単射 φ が倍率 λ (> 0) の**相似変換**とは，すべての $A, B \in \mathbb{X}$ に対して

$$d(\varphi(A), \varphi(B)) = \lambda d(A, B)$$

が成り立つときにいう. とくに倍率が1の相似変換を**合同変換**という.

5.7　中心が O, 半径 r の円周 $C(O, r)$ の長さを $L(r)$, $C(O, r)$ 上の弧 $\widehat{AB}$ の長さを $L(\widehat{AB})$ により表すとき，

$$\angle AOB \text{ の大きさ} = 2\pi L(\widehat{AB})/L(r)$$

とする. ここで 2π はユークリッド平面における単位円周の長さを表す. $\angle AOB$ の大きさは半径 r にはよらない.

─────── 演習問題 ───────

5.1 連続公理は満たすが平行線の公理を満たすとは限らない平面において, O を始点とする半直線 l を考える. d をユークリッド距離として, 正数 t に対して, P_t を $d(O, P_t) = t$ を満たす l 上の点とする. 各点 A に対して

$$f_t(A) = t - d(P_t, A)$$

とおくとき, 次のことを示せ.

(1) A を固定すると, $f_t(A)$ は t の関数として増加関数であること, すなわち $s \leqq t$ とすると

$$f_s(A) \leqq f_t(A)$$

が成り立つ.

(2) $f_t(A) \leqq d(O, A)$.

(3) $f(A) = \lim_{t \to \infty} f_t(A)$ とおくとき ((1), (2) から極限は存在する), $|f(A) - f(B)| \leqq d(A, B)$.

(関数 f をブーゼマン (Busemann) 関数という.)

5.2 あるとき, 月と太陽が同時に見え, 月の見える方向と太陽の見える方向のなす角が 89 度 51 分であった. しかも, 月は半月の状態であった. このことから, 地球から太陽までの距離が地球から月までの距離の何倍かを計算せよ. ただし, 地球, 月, 太陽は点と考え, 89 度 51 分の余弦が 0.002618 であることを用いてよい (ギリシャの天文学者アリスタルコス (Aristarkhos, 310–230 B.C.) は, 角度を 87 度として, 月および太陽までの距離の比を測ろうとした).

5.3 エジプトのエラトステネス (Eratosthenes, 275–194 B.C.) は地球を球体と推測し, 次のような観測からその半径を測ろうとした. ナイル河畔のシエネ (現在のアスワン) において夏至の正午になると太陽の光が井戸の底まで届くという. 同じ時刻にアレキサンドリアでは地面に垂直に立てた棒に影ができて, 棒と太陽光線のなす角度が 7.2 度であることが計測された. 一方, シエネとアレキサ

ンドリアの距離はラクダの隊商がその間を旅するのにかかる日数と旅行速度から 925 km と見積もった．もし，シエネが北回帰線上にあり，しかもアレキサンドリアとシエネが同一子午線上にあると仮定すれば，子午線の全長はいくらか．

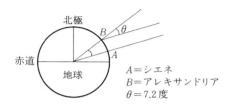

A＝シエネ
B＝アレキサンドリア
$\theta = 7.2$ 度

5.4 ユークリッド平面において単位円周を n 等分した点 $A_1, A_2, \cdots, A_n$ を順に線分で結んで得られる正 n 角形(内接正多角形)の辺の長さの和を s_n，また各 A_i において接線を引くことにより得られる正 n 角形(外接正多角形)の辺の長さの和を s'_n とおけば次のことが成り立つことを示せ．

(1) $s_n < s_{2n} < L(1) < s'_{2n} < s'_n$

(2) $s'_{2n} = \dfrac{2 s_n s'_n}{s_n + s'_n}, \quad s_{2n} = \sqrt{s_n s'_{2n}}$

(3) $s'_{2n} - s_{2n} \to 0 \quad (n \to \infty)$

とくに，$\lim s_{2n} = L(1)$．

5.5 平面において，任意の相似変換は角をそれと合同な角に写すことを示せ(平行線の公理は仮定しない)．

5.6 5.5 の結果を用いて，非ユークリッド平面では相似変換は合同変換のみに限ることを証明せよ．

座標とベクトル

6

> 私がそれを疑ういかなる理由をももたないほど明晰に
> かつ判明に，私の精神に現われるもの以外の何ものを
> も，私の判断のうちにとり入れないこと
>
> ——デカルト（野田又夫訳）

前章では線分や角の大きさに数が結びつく様子を見た．本章ではこの観点をさらに徹底して，平行線の公理を満たす平面や空間そのものを数で記述することを考える．それは読者がすでに学んでいる座標の考え方そのものであり，その復習をするのが本章の目標になる．

座標の現代数学的な意味は次の通りである．第2章で与えた幾何学の公理は集合を基礎において，無定義用語としての平面や直線から出発した．それらは我々の目の前にある具体的対象を形式化（抽象化）したものであるからそのような集合の存在を誰も疑いはしない．すなわち，幾何学の公理系を満たす集合が実際に存在すると信じている．しかし，もし直観を排してその存在を厳密にいおうとしたらどうすればよいのだろうか．これに答えるのが座標の考え方なのである．すなわち，実数という平面や空間の概念とは独立に構成される数学的対象を利用して**モデル**（数平面，数空間）を作り，その中で直線や角の概念を定義して，平面や空間が実はこのモデルで実現されることをいうのである．このモデルの考え方を押し進めると，公理系を設定して構成

される一般の数学の理論について，論理上の問題点が明らかになる．このことについては次章で触れることにする．

座標は幾何学のモデルとしての役割を果たすだけではない．デカルトが座標を導入したのは，もともと幾何学の問題を代数的に扱うための補助的な手段としてであったが，さらにニュートンやライプニッツにより創始された微分積分学と結びつくことにより，一般の曲線や曲面を座標を通して自由に扱うことが可能になる．すなわち，解析的手段による幾何学(微分幾何学)への出発点になる．

§6.2で扱うベクトルは，位置を問題にせず，方向と大きさのみ考えた線分(有向線分)のことである．このベクトルの概念を用いて，平行線の公理を満たす平面や空間の別の見方を与える．それは，本シリーズ『行列と行列式』で扱われる線形構造という代数的構造である．このベクトルの考え方も，幾何学に現代的視点を提供する．

§6.1 座 標

(a) 平面の座標表示

$\mathbb{X}$ をユークリッド平面(すなわち幾何学のすべての公理を満たす平面)とする．まず $\mathbb{X}$ の1つの点 O をとり，O を通る2つの直線 l_1, l_2 を考える．平面の任意の点 A に対して，A を通り l_2 に平行な直線 l_2' が l_1 と交わる点を A_1，A を通り l_1 に平行な直線 l_1' が l_2 と交わる点を A_2 とする(図6.1)．$A \in \mathbb{X}$ に $(A_1, A_2) \in l_1 \times l_2$ を対応させる写像を $h: \mathbb{X} \longrightarrow l_1 \times l_2$ とする．

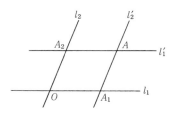

図 **6.1**

§6.1 座 標 —— 251

補題 6.1 h は全単射である.

[証明] $(A_1, A_2) \in l_1 \times l_2$ とする. 平行線の公理から, A_1 を通り l_2 に平行な直線 l_2' と, A_2 を通り l_1 に平行な直線 l_1' はそれぞれただ 1 つである. l_1', l_2' は平行ではないから, その交点が存在する. それを A とし, (A_1, A_2) に A を対応させる写像を $g: l_1 \times l_2 \longrightarrow \mathbb{X}$ とすると, 明らかに $h \circ g$, $g \circ h$ は恒等写像である. よって h は全単射である. ∎

次に l_1, l_2 に向きを入れ, その上に基準となる線分 OP_1, OP_2 をそれぞれ選ぶ. すると §4.1 で構成したように, 目盛関数 $\Theta_1: l_1 \longrightarrow \mathbb{R}$, $\Theta_2: l_2 \longrightarrow \mathbb{R}$ が得られる. 写像 $\Phi: \mathbb{X} \longrightarrow \mathbb{R} \times \mathbb{R}$ を

$$\Phi(A) = (\Theta_1(A_1), \Theta_2(A_2)) \quad (h(A) = (A_1, A_2))$$

として定義しよう.

系 6.2 Φ は全単射である. ∎

点 A に対して定まる実数の組 $\Phi(A) = (x, y)$ を A の **斜交座標**(あるいは平行座標)という. $x = x(A)$, $y = y(A)$ と書いて, $x(A)$ を A の x 座標, $y(A)$ を A の y 座標という言い方もする. 逆に $(x, y) \in \mathbb{R} \times \mathbb{R}$ に対応する点 A を $A(x, y)$ で表す. $A = (x, y)$ と書くこともある.

$x(A), y(A)$ は A の関数としてアフィン関数である(補題 5.27).

点 O, P_1, P_2 の座標はそれぞれ $(0,0), (1,0), (0,1)$ である. O を **原点**(origin), 2 直線 l_1, l_2 を **座標軸**, 組 $(l_1, l_2; P_1, P_2)$ あるいは P_1, P_2 を略して (l_1, l_2) を **(斜交)座標系**(coordinate system)という. 慣例により, l_1 を **x 軸**, l_2 を **y 軸**という. 座標軸 (l_1, l_2) を有向直線の順序のついた組と思うことにすれば, 座標系を選ぶことにより平面には向きが定まることに注意しよう(§2.5). この向きを, 座標により決まる向きという.

特に l_1, l_2 が O で垂直に交わり, $OP_1 \equiv OP_2$ であるとき (l_1, l_2) を **直交座標系** という. d を線分 OP_1 を基準とするユークリッド距離とする. 次の定理はピタゴラスの定理の簡単な応用として得られる.

定理 6.3 (l_1, l_2) を直交座標系とする. このとき, 2 点 $A(x_1, y_1), B(x_2, y_2)$ に対して

$$d(A, B) = \sqrt{(x_1 - x_2)^2 + (y_1 - y_2)^2}$$

252——第6章　座標とベクトル

である.　　　　　　　　　　　　　　　　　　　　　　　　　　　　　□

　斜交座標 (l_1, l_2) により，直線がどのように表されるかみよう.

　補題 6.4　l を異なる 2 点 $A(x_1, y_1), B(x_2, y_2)$ を通る直線とする. このとき A, B を $t : (1-t)$ の比に分ける点 P_t の座標は

$$((1-t)x_1 + tx_2,\ (1-t)y_1 + ty_2)$$

により与えられる. 逆に，このような座標をもつ点は，l 上にある.

　[証明]　補題 5.27 により，$h(A) = (A_1, A_2)$,　$h(B) = (B_1, B_2)$,　$h(P_t) = (P_{t1}, P_{t2})$ とすると，P_{ti} は A_i, B_i を $t : (1-t)$ の比に分ける点である $(i = 1, 2)$. よって P_t の座標は

$$\Theta_i(P_{ti}) = (1-t)\Theta_i(A_i) + t\Theta_i(B_i) \quad (i = 1, 2)$$

$$= \begin{cases} (1-t)x_1 + tx_2 & (i = 1) \\ (1-t)y_1 + ty_2 & (i = 2) \end{cases}$$

により与えられる.　　　　　　　　　　　　　　　　　　　　　　■

　定理 6.5　アフィン関数 $f : \mathbb{X} \longrightarrow \mathbb{R}$ に対して，

$$f(A(x, y)) = ax + by + c$$

が成り立つような定数 a, b, c が存在する.

　[証明]　$P = A(1, 1)$ とする. $A(x, y)$ は $A(x, 0)$ と $A(x, 1)$ を $y : (1-y)$ の比に分ける点である. $A(x, 0)$ は O と P_1 を $x : (1-x)$ の比に分ける点である. さらに $A(x, 1)$ は P_2 と P を $x : (1-x)$ の比に分ける点である. よってアフィン関数の定義から

$$\begin{aligned} f(A(x, y)) &= (1-y)f(A(x, 0)) + yf(A(x, 1)) \\ &= (1-y)\{(1-x)f(O) + xf(P_1)\} + y\{(1-x)f(P_2) + xf(P)\} \\ &= \{f(P_1) - f(O)\}x + \{f(P_2) - f(O)\}y \\ &\quad + \{f(P) + f(O) - f(P_1) - f(P_2)\}xy + f(O). \end{aligned}$$

ここで，OP_1PP_2 は平行 4 辺形になるから，xy の係数は 0 である（補題 5.28）. よって

$$a = f(P_1) - f(O),\quad b = f(P_2) - f(O),\quad c = f(O)$$

とおけば定理の主張を得る.　　　　　　　　　　　　　　　　　■

§6.1 座 標——253

以下，斜交座標系を1つ決めて，$\mathbb{R}_2 = \mathbb{R} \times \mathbb{R}$ と平面を同一視する．$\mathbb{R}_2$ を平面と見なすとき，これを **座標平面** あるいは **数平面** という．

系 6.6 任意の直線 l に対して，
$$l = \{(x, y) \in \mathbb{R}_2 \mid ax + by + c = 0\}$$
となる定数 a, b, c $((a, b) \neq (0, 0))$ が存在する． □

問 1 上の系において，a, b, c は0でない1つの数による定数倍を除いて一意に定まることを示せ（$a_1 x + b_1 y + c_1 = 0$ が $ax + by + c = 0$ と同じ直線を定めれば，$a_1 = \alpha a,\ b_1 = \alpha b,\ c_1 = \alpha c$ となる $\alpha \neq 0$ が存在する）．

問 2 $(a, b) \neq (0, 0)$ であるとき，$\mathbb{R}_2$ の部分集合 $\{(x, y) \in \mathbb{R}_2 \mid ax + by + c = 0\}$ は直線であることを示せ．

問 3 直線 $l = \{(x, y) \in \mathbb{R}_2 \mid ax + by + c = 0\}$ に対して，l を境界とする半平面は
$$\{(x, y) \in \mathbb{R}_2 \mid ax + by + c \leqq 0\}$$
または
$$\{(x, y) \in \mathbb{R}_2 \mid ax + by + c \geqq 0\}$$
により与えられることを示せ．

問 4 斜交座標系に関して，方程式 $a_1 x + b_1 y + c_1 = 0$, $a_2 x + b_2 y + c_2 = 0$ により表される2直線が等しいか平行であるための必要十分条件は，$a_2 = \alpha a_1,\ b_2 = \alpha b_1$ となる α が存在することであることを示せ．

（b） 極 座 標

定理 6.7 直交座標系に関して，方程式 $a_1 x + b_1 y + c_1 = 0$, $a_2 x + b_2 y + c_2 = 0$ により表される2直線が角 θ $(0 < \theta < \pi)$ で交わるとき
$$\cos \theta = \pm \frac{a_1 a_2 + b_1 b_2}{\sqrt{a_1^2 + b_1^2}\ \sqrt{a_2^2 + b_2^2}}.$$ □

注意 6.8 交わる2直線のなす角は2通り考えられる．すなわち，その1つが θ であるとき，$\pi - \theta$（θ の補角）も2直線のなす角である．$\cos(\pi - \theta) = -\cos \theta$ に注意．

[証明] 原点を通る直線 $m_1 = \{(x, y) \mid a_1 x + b_1 y = 0\}$, $m_2 = \{(x, y) \mid a_2 x +$

254———第 6 章　座標とベクトル

$b_2 y = 0$} について示せばよい．$A_1(b_1, -a_1), A_2(b_2, -a_2)$ はそれぞれ m_1, m_2 上にある．$\triangle OA_1A_2$ に余弦定理を適用して

$$d(A_1, A_2)^2 = d(O, A_1)^2 + d(O, A_2)^2 - 2d(O, A_1) \cdot d(O, A_2) \cos\theta \quad (6.1)$$

を得るが，定理 6.3 により

$$d(A_1, A_2)^2 = (a_2 - a_1)^2 + (b_2 - b_1)^2$$

$$d(O, A_1)^2 = a_1^2 + b_1^2, \quad d(O, A_2)^2 = a_2^2 + b_2^2$$

であるから，これを (6.1) に代入して，$\cos\theta$ について解けばよい．∎

系 6.9　直交座標系に関して，方程式 $a_1 x + b_1 y + c_1 = 0$, $a_2 x + b_2 y + c_2 = 0$ により表される 2 直線が互いに垂直に交わるための必要十分条件は，$a_1 a_2 + b_1 b_2 = 0$ となることである．

[証明]　上の定理 6.7 において

$$m_1, m_2 \text{ が垂直} \quad \Longleftrightarrow \quad \theta = \pi/2$$
$$\Longleftrightarrow \quad \cos\theta = 0$$
$$\Longleftrightarrow \quad a_1 a_2 + b_1 b_2 = 0\,.$$
∎

直交座標系に関して，原点を中心とし半径 r の円 $C(O, r)$ は

$$C(O, r) = \{(x, y) \mid x^2 + y^2 = r^2\}$$

により与えられる．$P_1 = (r, 0)$ としよう．この円周上の点 $P = P(x, y)$ に対して，θ $(0 \leqq \theta < 2\pi)$ を次のように定める．

（1）　$P = P_1$ のとき $\angle P_1 OP = \theta = 0$.

（2）　$P(x, y)$ において，$y \geqq 0$ であるとき，$\theta = \angle P_1 OP$ $(0 < \theta \leqq \pi)$.

（3）　$P(x, y)$ において，$y < 0$ であるとき，$\theta = 2\pi - \angle P_1 OP$.

逆に，$0 \leqq \theta < 2\pi$ を満たす θ に対して，$P = P(x, y)$ を (1),(2),(3) が成り立つように一意に決めることができる．

相似 3 角形の性質から，$x/r, y/r, y/x$ は円の半径 r によらないで，θ だけで決まることに注意しよう．このことから，一般角 θ の 3 角関数を次のように定義する．

$$\cos\theta = x/r, \quad \sin\theta = y/r, \quad \tan\theta = y/x$$

（ただし，$\tan\theta$ の定義では，$x = 0$ の場合を除く）．$0 < \theta < \pi$ のとき，これは §5.5 において与えた定義と一致する．

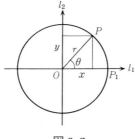

図 6.2

このことから,原点と異なる任意の点 $P = P(x,y)$ に対して,
$$x = r\cdot\cos\theta, \quad y = r\cdot\sin\theta \quad (r = \sqrt{x^2+y^2}) \tag{6.2}$$
となる. (r,θ) は P により決まり,逆に (r,θ) を与えると点 P が(6.2)により定まる. (r,θ) を P の**極座標**(polar coordinates)という.

(c) 座標変換

2つの座標系の間の関係について考えよう. $(l_1',l_2'; P_1',P_2')$ をもう1つの斜交座標系とする. この座標系に関する点 A の座標を (x',y') とし,元の座標系に関する座標を (x,y) とすると,2つの座標の間には次のような関係がある.
$$x' = ax+by+e, \quad y' = cx+dy+f. \tag{6.3}$$
ここで,6つの実数 a,b,c,d,e,f は A のとり方によらない. このことは,$x'(A), y'(A)$ が A のアフィン関数であることから明らかである. 行列と列ベクトルの記号を使えば
$$\begin{pmatrix} x' \\ y' \end{pmatrix} = \begin{pmatrix} a & b \\ c & d \end{pmatrix} \begin{pmatrix} x \\ y \end{pmatrix} + \begin{pmatrix} e \\ f \end{pmatrix}$$
と表される(行列と列ベクトルについては,本シリーズ『行列と行列式』を参照のこと).
$$T = \begin{pmatrix} a & b \\ c & d \end{pmatrix}$$
を座標系 $(l_1,l_2; P_1,P_2)$ から $(l_1',l_2'; P_1',P_2')$ への**変換行列**という.

256——— 第 6 章　座標とベクトル

問5　T の行列式 $\det T = ad-bc$ は 0 ではないことを示せ. (ヒント. (6.3)が
x, y について解けることを使う.)

例題 6.10　座標軸 $(l_1, l_2), (l_1', l_2')$ が同じ向きを与えるための必要十分条件
は $\det T = ad-bc$ が正であることを示せ.

[解]　$l_1' \neq l_1$, $e = f = 0$ と仮定してもよい. $x'y'$ 座標に関して $P_1'(1,0)$ に対
応する xy 座標は

$$1 = ax + by$$
$$0 = cx + dy$$

を解いて, $((\det T)^{-1}d, -(\det T)^{-1}c)$ である. $\alpha = \{(x, y) \mid cx+dy > 0\}$, $\alpha_0 = \{(x, y) \mid y \geqq 0\}$ とおくとき,

$(l_1, l_2), (l_1', l_2')$ が同じ向きを与える

$\Longleftrightarrow$ 　(1)　$P_1' \in \alpha_0$, $P_1 \notin \alpha$　または

　　　　(2)　$P_1' \notin \alpha_0$, $P_1 \in \alpha$

$\Longleftrightarrow$ 　(1)　$-(\det T)^{-1}c > 0$, $c < 0$　または

　　　　(2)　$-(\det T)^{-1}c < 0$, $c > 0$

$\Longleftrightarrow$ 　$\det T > 0$. ∎

$(l_1, l_2; P_1, P_2), (l_1', l_2'; P_1', P_2')$ を直交座標系としよう. ただし, 基準となる
線分はすべて合同とする.

例題 6.11　直交座標系の変換行列 A は直交行列であることを示せ. すな
わち, ${}^tT$ により T の転置行列を表すとき, ${}^tTT = I$(単位行列)を満たす.

念のため記号を説明すると

$${}^tT = \begin{pmatrix} a & c \\ b & d \end{pmatrix}, \quad I = \begin{pmatrix} 1 & 0 \\ 0 & 1 \end{pmatrix}$$

である.

[解]　座標変換の式(6.3)に対して

$$O \text{ の } x'y' \text{座標} = (e, f),$$

$$P_1 \text{ の } x'y' \text{ 座標} = (a+e, c+f),$$
$$P_2 \text{ の } x'y' \text{ 座標} = (b+e, d+f).$$

$d(O, P_1) = d(O, P_2) = 1$ であるから, 定理 6.3 を用いて

$$a^2 + c^2 = b^2 + d^2 = 1$$

となる. さらに OP_1, OP_2 が垂直であることから $ab + cd = 0$. これから ${}^t TT = I$ がただちにしたがう. ∎

(d) 空間の座標系

平行線の公理と連続公理を満たす空間の座標系についても平面と同様に考えることができる. 詳細についての考察は読者に委ねるが, 基本的な定義は次の通りである.

1 点 O を通り同一平面上にはない 3 つの直線 l_1, l_2, l_3 を考える. 空間の任意の点 A に対して, A を通り l_2, l_3 を含む平面に平行な平面が直線 l_1 と交わる点を A_1 とする. 同様にして, $A_2 \in l_2$, $A_3 \in l_3$ を定める. このとき, $A \in \mathbb{X}$ に $(A_1, A_2, A_3) \in l_1 \times l_2 \times l_3$ を対応させる写像を $h: \mathbb{X} \longrightarrow l_1 \times l_2 \times l_3$ とすると, h は全単射となることがわかる. さらに, l_1, l_2, l_3 上に単位となる点 P_1, P_2, P_3 を選べば, 空間の点 A は $\mathbb{R}_3 = \mathbb{R} \times \mathbb{R} \times \mathbb{R}$ の元と 1 対 1 に対応する. A に対応する $\mathbb{R}_3$ の元 (x, y, z) を A の座標といい, $(x, y, z) \in \mathbb{R}_3$ に対応する点 A を $A(x, y, z)$ で表す. O を原点, 3 直線 l_1, l_2, l_3 を座標軸, 組 $(l_1, l_2, l_3; P_1, P_2, P_3)$ を斜交座標系という. l_1 を x 軸, l_2 を y 軸, l_3 を z 軸ということがある.

特に l_1, l_2, l_3 のどの 2 つも O で垂直に交わり, $OP_1 \equiv OP_2 \equiv OP_3$ であるとき, $(l_1, l_2, l_3; P_1, P_2, P_3)$ を特に直交座標系という.

直交座標系に関しては, $A(x_1, y_1, z_1)$, $B(x_2, y_2, z_2)$ について

$$d(A, B) = \sqrt{(x_1 - x_2)^2 + (y_1 - y_2)^2 + (z_1 - z_2)^2}$$

が成り立つ(ピタゴラスの定理).

座標変換についても, 平面とまったく同様のことが成り立つ.

―――― デカルトの「幾何学」――――

　座標の考え方は数学に深く浸透しているので，読者もそれが画期的な概念とは思いもしないだろう．しかし，それは近代科学への大きなステップを確立したという点で，科学史上きわめて重要なものなのである．

　点の位置を 2 つの数で表すアイディアはオレーム（N. Oresme, 1323 頃–82）が最初に与えたと言われている．その後，17 世紀前半の最大の数学者であるデカルト（R. Descartes, 1596–1650）が『方法序説』（1637）（正確にはその一部である「幾何学」）において幾何学的方法と代数的方法の統一を提唱し，座標を用いて幾何学の対象の間の関係を数の関係にうつし，逆に代数計算を幾何学的に解釈することを行った．デカルトが解析幾何学の創始者といわれる所以はここにある．

　それまで，線分の長さと面積を表す量は異なる範疇に属するものと考えられ，それらの間の自由な代数計算は制限されていた．例えば，古代ギリシャの幾何学的代数では，線分の長さ a にそれを辺の長さとする正方形の面積 a^2 を加えることなどは考えられもしなかった．デカルトはこの制限を解除し，すべての数を線分の長さで表して，そのような量の間のいかなる演算を行っても，その結果は再び線分の長さを表すとしたのである．その際，量を表すのに $a, b, c, \cdots$（既知量），$x, y, z, \cdots$（未知量）などの記号を用いた．これは当時混乱の極みにあった代数の記号法を明確にしたという意味で大きな意義がある（記号については，ヴィエトが創始した記号代数学も忘れてはならない）．さらに，円と直線（あるいは円錐曲線としての 2 次曲線）のみを考察の対象とする古代幾何学から飛躍し，もっと一般の曲線（現代的観点からみれば代数曲線）を幾何学の対象にすることを提唱した．

　ユークリッドの『原本』やニュートンの『プリンキピア』と同様，デカルトの「幾何学」がその時代およびその後の科学の発展に果たした役割は大きい．

§6.2 ベクトル

(a) 幾何ベクトル

ユークリッド平面の中の線分 AB において, A, B の順序を考慮したものを**有向線分**といい, A を始点, B を終点という. 有向線分 AB に対して, $A < B$ となるような向きを直線 AB に入れるとき, これを有向線分 AB が定める向きという.

有向線分でその位置を問題にせず, その大きさと向きだけを考えたものを**幾何ベクトル**, あるいは単に**ベクトル**(vector)という.

もっと正確にいおう. 有向線分 AB, CD に対して

(1) $ABDC$ が平行 4 辺形, または

(2) AB, CD が同一直線上にあり, AB, CD が定める向きが同じで, しかも $AB \equiv CD$

が成り立つとき, $AB \sim CD$ と定める. 関係 $\sim$ は同値関係である. すなわち,

$$AB \sim AB,$$
$$AB \sim CD \implies CD \sim AB,$$
$$AB \sim CD, CD \sim EF \implies AB \sim EF$$

である. この同値関係の同値類のことをベクトルというのである.

有向線分 AB を含む同値類(ベクトル)を $\overrightarrow{AB}$ により表す. 本書では幾何ベ

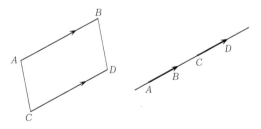

図 6.3

クトルを表すのに，a, b などの記号を用いる．

　ベクトル a を代表する線分の長さをベクトルの大きさといい，$\|a\|$ により表す．すなわち，$\|\overrightarrow{AB}\|$ は線分 AB の長さである．特に大きさが 1 のベクトルを**単位ベクトル**という．(高校の教科書ではベクトルの大きさを表すのに $|a|$ を用いているが，絶対値の記号と区別するため，本書では $\|\ \|$ を使うことにする．)

　ベクトル $\overrightarrow{AB}$ で，始点 A と終点 B が一致する場合も，大きさが 0 のベクトルと考えることにして，これを**零ベクトル**といい，$\mathbf{0}$ で表す．

　2 つのベクトル a, b について，$a = \overrightarrow{AB}$, $b = \overrightarrow{BC}$ と表したとき，ベクトル $\overrightarrow{AC}$ を a と b の**和**といい，$a+b$ で表す．この定義が AB, BC のとり方によらないことは，容易に確かめられる．

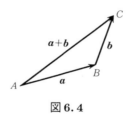

図 6.4

問 6　ベクトルの和について，次のことを示せ．
(1) (交換律)　$a+b = b+a$
(2) (結合律)　$(a+b)+c = a+(b+c)$
(3) (零ベクトルの性質)　$a+\mathbf{0} = a$
(ヒント．図 6.5 を参照．)

　ベクトル $a = \overrightarrow{AB}$ に対し，$\overrightarrow{BA}$ を $-a$ で表す．すなわち $-a$ は a と大きさが等しく，向きが反対のベクトルである．$-a$ を a の**逆ベクトル**という．ベクトルの和の定義から

$$a + (-a) = \overrightarrow{AB} + \overrightarrow{BA} = \overrightarrow{AA} = \mathbf{0}$$

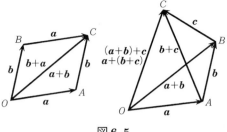

図 6.5

である．$a+(-b)$ を $a-b$ と書く(**ベクトルの差**)．

k を正数とするとき，零でないベクトル a に対して ka により，a と同じ向きで大きさが $k\|a\|$ であるベクトルを表す．$(-k)a$ は，a と反対の向きで，大きさが $k\|a\|$ のベクトルとする．特に $(-1)a = -a$ である．

定義から，簡単に次のことがわかる．h, k を実数とするとき

$$1a = a$$
$$(hk)a = h(ka)$$
$$(h+k)a = ha + ka$$
$$k(a+b) = ka + kb$$

が成り立つ．こうして，幾何ベクトルの全体は，ベクトルの和と実数倍により $\mathbb{R}$ 上の線形空間をなす(線形空間の一般論と以下使う術語については，本シリーズ『行列と行列式』を参照のこと)．

$\mathbb{R}^2$ により，列ベクトル $\begin{pmatrix} x \\ y \end{pmatrix}$ のなす線形空間を表すことにする．平面の直交座標系を考え，点を座標 $(x, y) \in \mathbb{R}_2$ を用いて表そう．O を座標の原点とすると，P の座標を $P(x, y)$ としたとき

$$\overrightarrow{OP} = \begin{pmatrix} x \\ y \end{pmatrix}$$

とおき，これを $\overrightarrow{OP}$ の(縦ベクトルによる)**成分表示**ということにする．すなわち，成分表示は，幾何ベクトル $p = \overrightarrow{OP}$ に対して縦ベクトル $\begin{pmatrix} x \\ y \end{pmatrix} \in \mathbb{R}^2$ を定める対応である．逆に，$\begin{pmatrix} x \\ y \end{pmatrix} \in \mathbb{R}^2$ に対して，点 $P(x, y)$ を考え，$p = \overrightarrow{OP}$

とすれば，$\mathbb{R}^2$ の元から幾何ベクトルへの逆の対応が得られる．

点 $P_1 = P_1(1,0)$, $P_2 = P_2(0,1)$ を考え，
$$e_1 = \overrightarrow{OP_1}, \quad e_2 = \overrightarrow{OP_2}$$
とおいて，**基本ベクトル**という．これらの成分表示は，$\mathbb{R}^2$ の基本ベクトル $\begin{pmatrix} 1 \\ 0 \end{pmatrix}, \begin{pmatrix} 0 \\ 1 \end{pmatrix}$ にほかならない．

$a = \begin{pmatrix} a_1 \\ a_2 \end{pmatrix}$ とするとき，明らかに
$$a = a_1 e_1 + a_2 e_2$$
となる．

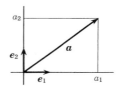

図 6.6

補題 6.12 $a = \begin{pmatrix} x_1 \\ y_1 \end{pmatrix}$, $b = \begin{pmatrix} x_2 \\ y_2 \end{pmatrix}$ とすると
$$a + b = \begin{pmatrix} x_1 + x_2 \\ y_1 + y_2 \end{pmatrix}, \quad ka = \begin{pmatrix} kx_1 \\ ky_1 \end{pmatrix}.$$

[証明] $a = x_1 e_1 + y_1 e_2$, $b = x_2 e_1 + y_2 e_2$ であるから
$$\begin{aligned} a + b &= (x_1 e_1 + y_1 e_2) + (x_2 e_1 + y_2 e_2) \\ &= (x_1 + x_2) e_1 + (y_1 + y_2) e_2, \\ ka &= k(x_1 e_1 + y_1 e_2) \\ &= kx_1 e_1 + ky_1 e_2. \end{aligned}$$
∎

この補題により，ベクトルにその成分表示を対応させる写像は線形であり，さらに全単射であるから，次の系を得る．

系 6.13 平面の幾何ベクトルのなす線形空間は $\mathbb{R}^2$ と同型であり，特に 2 次元である．

§6.2 ベクトル——*263*

問7 **0** と異なるベクトル $\boldsymbol{a}, \boldsymbol{b}$ が線形独立であるためには，$\boldsymbol{a}, \boldsymbol{b}$ を代表する線分が平行でないことが必要十分条件であることを示せ（$h\boldsymbol{a}+k\boldsymbol{b}=\boldsymbol{0} \Longrightarrow h=k=0$ であるとき，$\boldsymbol{a}, \boldsymbol{b}$ は線形独立といわれる）．

（b） 位置ベクトル

原点 O を定めておく．このとき，点 P の位置はベクトル $\overrightarrow{OP}$ によって定まる．$\boldsymbol{p}=\overrightarrow{OP}$ を P の**位置ベクトル**という．

$\boldsymbol{p}=\overrightarrow{OP}, \; \boldsymbol{q}=\overrightarrow{OQ}$ に対して

$$d(P, Q) = \|\boldsymbol{p}-\boldsymbol{q}\|$$

となることに注意しよう．

幾何学にベクトルを応用するときは，この位置ベクトルの考えが役に立つ．

例題6.14 線分 AB を $t:(1-t)$ の比に分ける点を P_t とするとき

$$\overrightarrow{OP_t} = (1-t)\overrightarrow{OA}+t\overrightarrow{OB}$$

であることを示せ．特に，AB の中点を表す位置ベクトルは

$$\frac{1}{2}(\boldsymbol{a}+\boldsymbol{b}).$$

[解] O を原点とする直交座標系を考えれば，$A=A(x_1, y_1)$, $B=B(x_2, y_2)$ とするとき P_t の座標は

$$((1-t)x_1+tx_2, \; (1-t)y_1+ty_2)$$

により与えられる．よって $\overrightarrow{OP_t}$ の成分表示をみると

$$\overrightarrow{OP_t} = \begin{pmatrix} (1-t)x_1+tx_2 \\ (1-t)y_1+ty_2 \end{pmatrix} = \begin{pmatrix} (1-t)x_1 \\ (1-t)y_1 \end{pmatrix} + \begin{pmatrix} tx_2 \\ ty_2 \end{pmatrix}$$

$$= (1-t)\begin{pmatrix} x_1 \\ y_1 \end{pmatrix} + t\begin{pmatrix} x_2 \\ y_2 \end{pmatrix} = (1-t)\overrightarrow{OA}+t\overrightarrow{OB}$$

を得る． ∎

$\triangle ABC$ において，辺 AB の中点を L，辺 BC の中点を M，辺 CA の中点を N とする．

264——第 6 章　座標とベクトル

例題 6.15　線分 AM, BN, CL は 1 点で交わることを示せ.

[解]　位置ベクトルを用いて証明しよう. 頂点 A, B, C を表す位置ベクトルをそれぞれ $\boldsymbol{a}, \boldsymbol{b}, \boldsymbol{c}$ とする. G を

$$\overrightarrow{OG} = \frac{1}{3}(\boldsymbol{a} + \boldsymbol{b} + \boldsymbol{c})$$

により定められる点とする.

$$\overrightarrow{AG} = \frac{1}{3}(\boldsymbol{a} + \boldsymbol{b} + \boldsymbol{c}) - \boldsymbol{a} = \frac{1}{3}(\boldsymbol{b} + \boldsymbol{c} - 2\boldsymbol{a}),$$

$$\overrightarrow{AM} = \frac{1}{2}(\boldsymbol{b} + \boldsymbol{c}) - \boldsymbol{a} = \frac{1}{2}(\boldsymbol{b} + \boldsymbol{c} - 2\boldsymbol{a})$$

であるから, $\overrightarrow{AG} = \dfrac{2}{3}\overrightarrow{AM}$. 同様に, $\overrightarrow{BG} = \dfrac{2}{3}\overrightarrow{BN}$, $\overrightarrow{CG} = \dfrac{2}{3}\overrightarrow{CL}$ であるから G は線分 AM, BN, CL 上にあり, G が共通の交点である.　∎

上の例題で求めた点 G を $\triangle ABC$ の**重心**という.

（c）　幾何ベクトルの内積

2 つのベクトル $\boldsymbol{a}, \boldsymbol{b}$ に対して, 点 O をとって $\overrightarrow{OA} = \boldsymbol{a}$, $\overrightarrow{OB} = \boldsymbol{b}$ とするとき, $\angle AOB$ の大きさは, O のとり方に関係なく, $\boldsymbol{a}, \boldsymbol{b}$ によって決まる. この角を $\boldsymbol{a}, \boldsymbol{b}$ の**なす角**という. 角度については, 以下ラジアンを単位とする弧度法(§5.5 参照)を使う.

ベクトル $\boldsymbol{a}, \boldsymbol{b}$ の**内積** $\langle \boldsymbol{a}, \boldsymbol{b} \rangle$ を,

$$\langle \boldsymbol{a}, \boldsymbol{b} \rangle = \|\boldsymbol{a}\| \|\boldsymbol{b}\| \cos\theta$$

により定義する. ここで θ は $\boldsymbol{a}, \boldsymbol{b}$ のなす角である. 定義から明らかに $\langle \boldsymbol{a}, \boldsymbol{b} \rangle = \langle \boldsymbol{b}, \boldsymbol{a} \rangle$, $\|\boldsymbol{a}\|^2 = \langle \boldsymbol{a}, \boldsymbol{a} \rangle$, $|\langle \boldsymbol{a}, \boldsymbol{b} \rangle| \leqq \|\boldsymbol{a}\| \|\boldsymbol{b}\|$ である.

$\boldsymbol{0}$ でないベクトル $\boldsymbol{a}, \boldsymbol{b}$ は, $\langle \boldsymbol{a}, \boldsymbol{b} \rangle = 0$ を満たすとき, 互いに**垂直**(または**直交**する)といわれる. 内積の定義から

$\boldsymbol{a}, \boldsymbol{b}$ が垂直　$\Longleftrightarrow$　$\boldsymbol{a}, \boldsymbol{b}$ のなす角が $\pi/2\,(= 90°)$

$\boldsymbol{a}, \boldsymbol{b}$ が平行　$\Longleftrightarrow$　$\boldsymbol{a}, \boldsymbol{b}$ のなす角が 0 または $\pi\,(= 0°$ または $180°)$

$\Longleftrightarrow$　$|\langle \boldsymbol{a}, \boldsymbol{b} \rangle| = \|\boldsymbol{a}\| \|\boldsymbol{b}\|$

§6.2 ベクトル —— 265

である.

以下, 直交座標系による成分表示を考える. 次の補題は, 前節の定理6.7 の証明を参照すれば容易に示すことができる.

補題 6.16 a, b を補題 6.12 に与えたベクトルとするとき
$$\langle a, b \rangle = x_1 x_2 + y_1 y_2.$$ □

系 6.17 $a = \begin{pmatrix} x \\ y \end{pmatrix}$ について $\|a\|^2 = x^2 + y^2$ が成り立つ. □

成分表示を使って計算することにより, 次の系を得る.

系 6.18
$$k\langle a, b \rangle = \langle ka, b \rangle = \langle a, kb \rangle,$$
$$\langle a + b, c \rangle = \langle a, c \rangle + \langle b, c \rangle.$$ □

問 8 次を示せ.
$$\|a \pm b\|^2 = \|a\|^2 \pm 2\langle a, b \rangle + \|b\|^2,$$
$$\langle a + b, a - b \rangle = \|a\|^2 - \|b\|^2.$$

例題 6.19 a, b を任意の定数とする. p, q が線形独立であるとき,
$$\langle x, p \rangle = a, \quad \langle x, q \rangle = b$$
を満たす x がただ1つ存在する.

[解] 条件を成分で表せば, x の成分に関する連立1次方程式を得るが, これが一意的に解けることから明らか. あるいは $x = sp + tq$ と表して条件 式に代入すると,
$$s\|p\|^2 + t\langle p, q \rangle = a$$
$$s\langle p, q \rangle + t\|q\|^2 = b$$
を得るから, これを s, t について解いて
$$s = (\|p\|^2\|q\|^2 - \langle p, q \rangle^2)^{-1}(a\|q\|^2 - b\langle p, q \rangle)$$
$$t = (\|p\|^2\|q\|^2 - \langle p, q \rangle^2)^{-1}(b\|q\|^2 - a\langle p, q \rangle)$$
を得る(p, q が線形独立 $\iff \|p\|^2\|q\|^2 - \langle p, q \rangle^2 \neq 0$). ∎

直線や円を表す方程式をベクトルを用いて表すことができる.

266──── 第 6 章　座標とベクトル

（1）　P が A, B を通る直線上にあるための条件は

$$\overrightarrow{OP} = (1-t)\overrightarrow{OA} + t\overrightarrow{OB}$$

となる $t \in \mathbb{R}$ が存在することである．ここで，$\overrightarrow{OA} = \boldsymbol{a}$, $\overrightarrow{OB} = \boldsymbol{b}$, $\overrightarrow{OP} = \boldsymbol{p}$ と
すると

$$\boldsymbol{p} = (1-t)\boldsymbol{a} + t\boldsymbol{b}, \quad t \in \mathbb{R}$$

となるから，これが A, B を通る直線のベクトル方程式である．さらに，こ
れを書き直して，$\boldsymbol{p} = \boldsymbol{a} + t(\boldsymbol{b} - \boldsymbol{a})$ と表すこともできる．

（2）　$\boldsymbol{0}$ と異なるベクトル $\boldsymbol{n}$ が与えられたとき，A を通り $\boldsymbol{n}$ に垂直な直線
のベクトル方程式は

$$\langle \boldsymbol{n}, \boldsymbol{p} - \boldsymbol{a} \rangle = 0 \quad (\overrightarrow{OP} = \boldsymbol{p}, \quad \overrightarrow{OA} = \boldsymbol{a})$$

により表される．$\langle \boldsymbol{n}, \boldsymbol{a} \rangle$ は定数であるからこれを b により表すと，ベクトル
方程式は

$$\langle \boldsymbol{n}, \boldsymbol{p} \rangle = b$$

となる．

（3）　中心が A，半径が r の円周上に点 P があるための条件は，$\overrightarrow{OA} = \boldsymbol{a}$, $\overrightarrow{OP} = \boldsymbol{p}$ とすると

$$\|\boldsymbol{p} - \boldsymbol{a}\| = r \tag{6.4}$$

となることである．よって(6.4)が円のベクトル方程式である．

問 9　ベクトル $\boldsymbol{a}$ と定数 b が与えられたとき，$\|\boldsymbol{p}\|^2 + \langle \boldsymbol{p}, \boldsymbol{a} \rangle + b = 0$ が円の方程式
であるための $\boldsymbol{a}, b$ についての条件を求めよ．また，円の中心と半径も求めよ．
（ヒント．$\left\| \boldsymbol{p} - \dfrac{1}{2}\boldsymbol{a} \right\|^2 = \|\boldsymbol{p}\|^2 - \langle \boldsymbol{p}, \boldsymbol{a} \rangle + \dfrac{1}{4}\|\boldsymbol{a}\|^2$）

（d）　内積の図形への応用

内積は図形の問題を解くのに有効に使われる．以下，代表的な例を述べよ
う．

§6.2 ベクトル—267

例 6.20 平面上に 4 点 O, A, B, C があるとき,

$$OA \perp BC, \quad OB \perp CA \quad ならば \quad OC \perp AB$$

であることを示そう ($\perp$ は垂直であることを意味する記号である).
$\overrightarrow{OA} = a, \overrightarrow{OB} = b, \overrightarrow{OC} = c$ とおく.

$$\overrightarrow{AB} = b - a, \quad \overrightarrow{BC} = c - b, \quad \overrightarrow{CA} = a - c$$

となるから,

$$OA \perp BC \quad \Longleftrightarrow \quad \langle a, c - b \rangle = 0 \quad \Longleftrightarrow \quad \langle a, c \rangle = \langle a, b \rangle,$$
$$OB \perp CA \quad \Longleftrightarrow \quad \langle b, a - c \rangle = 0 \quad \Longleftrightarrow \quad \langle b, a \rangle = \langle b, c \rangle.$$

$\langle a, b \rangle = \langle b, a \rangle$ に注意して

$$\langle a, c \rangle = \langle b, c \rangle,$$
$$\langle a - b, c \rangle = 0.$$

これは, $OC \perp AB$ であることを示している. □

上の例で述べたことは,$\triangle ABC$ において,OA, OB がそれぞれ BC, CA に垂直であれば,OC が自動的に AB に垂直になることを意味しており,「3 角形の 3 垂線は 1 点(垂心)に集まる」ことを証明したことになる.

例 6.21 $\triangle ABC$ の外心を O とし,$\overrightarrow{OH} = \overrightarrow{OA} + \overrightarrow{OB} + \overrightarrow{OC}$ となる H をとると,H は $\triangle ABC$ の垂心である. これを示すのに,O を原点とする位置ベクトルを用いて考えよう.
$\overrightarrow{OA} = a, \overrightarrow{OB} = b, \overrightarrow{OC} = c, \overrightarrow{OH} = h$ とおくと

$$h = a + b + c, \quad \|a\| = \|b\| = \|c\|$$

である. $\overrightarrow{AH} = h - a = b + c, \overrightarrow{BC} = c - b$ であり

$$\langle b + c, c - b \rangle = \|c\|^2 - \|b\|^2 = 0$$

となるから

$$AH \perp BC.$$

同様に,$BH \perp CA, CH \perp AB$ が成り立つから,H は $\triangle ABC$ の垂心である.

268——第6章 座標とベクトル

上で示したことから，$\triangle ABC$ の重心，外心，垂心は1直線上にあること
がわかる．実際，原点 O を $\triangle ABC$ の外心として，A, B, C をそれぞれ位置
ベクトル $\boldsymbol{a}, \boldsymbol{b}, \boldsymbol{c}$ で表せば，

$$重心 G の位置ベクトル = \frac{1}{3}(\boldsymbol{a} + \boldsymbol{b} + \boldsymbol{c}),$$

$$垂心 H の位置ベクトル = \boldsymbol{a} + \boldsymbol{b} + \boldsymbol{c}.$$

このことから，重心 G は OH の3等分点であり，特に O, G, H は1直線上
にある．　　　　　　　　　　　　　　　　　　　　　　　　　　　　　□

（e）　空間ベクトル

これまで述べた平面のベクトルについての理論は，ほとんど変更なく，空
間のベクトルの場合にも成り立つ．

一応空間の幾何ベクトルの定義を与えておこう．有向線分 AB, CD が同一
平面上にあり，しかもこの平面の中で，§6.1 の最初に定義した同値関係 ～
について，$AB \sim CD$ であるとき，AB と CD は同値であるという．この関
係が同値関係であることは容易に確かめられる．同値類をベクトルといい，
有向線分 AB により代表されるベクトルを $\overrightarrow{AB}$ と表すこともまったく同じで
ある．

ベクトルの和と実数倍，内積は，平面のベクトルの場合とまったく同様に
定義され，ベクトル全体のなす集合が線形空間となることも簡単に示すこ
とができる．また，O を原点とする空間の直交座標系を選び，P の座標が
(x, y, z) であるとき

$$\overrightarrow{OP} = \begin{pmatrix} x \\ y \\ z \end{pmatrix}$$

とおいて，これをベクトル $\overrightarrow{OP}$ の成分表示という．

この成分表示を用いれば，空間のベクトルのなす線形空間は3次元の列ベ
クトルのなす線形空間 $\mathbb{R}^3$ と同型になることがわかる．ベクトル $\boldsymbol{a}, \boldsymbol{b}$ の成分
表示を

とするとき

$$\boldsymbol{a} = \begin{pmatrix} x_1 \\ y_1 \\ z_1 \end{pmatrix}, \quad \boldsymbol{b} = \begin{pmatrix} x_2 \\ y_2 \\ z_2 \end{pmatrix}$$

とするとき

$$\langle \boldsymbol{a}, \boldsymbol{b} \rangle = x_1 x_2 + y_1 y_2 + z_1 z_2$$

となることも,平面のベクトルの場合と同様である.

問 10 空間のベクトル $\boldsymbol{a}, \boldsymbol{b}, \boldsymbol{c}$ が線形独立であることと,$\boldsymbol{a} = \overrightarrow{OA}$, $\boldsymbol{b} = \overrightarrow{OB}$, $\boldsymbol{c} = \overrightarrow{OC}$ としたとき,(半)直線 OA, OB, OC が同一平面に含まれないこととは同値であることを示せ.

《まとめ》

6.1 ユークリッド平面 $\mathbb{X}$ において,点 O で交わる 2 つの直線 l_1, l_2,および O と異なる 2 点 $P_1 \in l_1$, $P_2 \in l_2$ が与えられたとき,$(l_1, l_2 ; P_1, P_2)$ を O を原点とする**斜交座標系**という.斜交座標は全単射 $\varPhi \colon \mathbb{X} \longrightarrow \mathbb{R}_2 (= \mathbb{R} \times \mathbb{R})$ を定める.点 A の座標 (x, y) は $\varPhi(A) = (x, y)$ として定義される実数の組である.

6.2 斜交座標系 $(l_1, l_2 ; P_1, P_2)$ において,l_1, l_2 が垂直に交わり,しかも $OP_1 \equiv OP_2$(合同)であるとき,$(l_1, l_2 ; P_1, P_2)$ を**直交座標系**という.

6.3 直交座標系 $(l_1, l_2 ; P_1, P_2)$ において,d を線分 OP_1 を基準とするユークリッド距離とするとき

$$d(A, B) = \sqrt{(x_1 - x_2)^2 + (y_1 - y_2)^2}$$

である.ここで $(x_1, y_1), (x_2, y_2)$ はそれぞれ A, B の座標を表す.

6.4 ユークリッド平面(空間)において

(1) (**幾何**)**ベクトル**は,有向線分について,その位置を問題にせず,向きと大きさだけを考えたものである.

(2) 幾何ベクトルの演算(加法 $\boldsymbol{a} + \boldsymbol{b}$ と,実数倍 $k\boldsymbol{a}$)により,幾何ベクトルの全体は線形空間になる.その次元は,平面では 2 次元,空間では 3 次元である.

(3) $\langle \boldsymbol{a}, \boldsymbol{b} \rangle = \|\boldsymbol{a}\| \|\boldsymbol{b}\| \cos\theta$($\theta$ は $\boldsymbol{a}, \boldsymbol{b}$ のなす角)により定義される幾何ベクトルの**内積**は,次の性質を満足する.

270―――第 6 章　座標とベクトル

$$\langle \boldsymbol{a}, \boldsymbol{b} \rangle = \langle \boldsymbol{b}, \boldsymbol{a} \rangle$$

$$\langle \boldsymbol{a}+\boldsymbol{b}, \boldsymbol{c} \rangle = \langle \boldsymbol{a}, \boldsymbol{c} \rangle + \langle \boldsymbol{b}, \boldsymbol{c} \rangle, \quad k\langle \boldsymbol{a}, \boldsymbol{b} \rangle = \langle k\boldsymbol{a}, \boldsymbol{b} \rangle$$

$$\langle \boldsymbol{a}, \boldsymbol{a} \rangle \geqq 0, \quad \langle \boldsymbol{a}, \boldsymbol{a} \rangle = 0 \iff \boldsymbol{a} = \boldsymbol{0}$$

（4）O を原点とする直交座標を考え，2 点 $A(x_1, y_1, z_1), B(x_2, y_2, z_2)$ に対する位置ベクトルを $\boldsymbol{a} = \overrightarrow{OA}, \boldsymbol{b} = \overrightarrow{OB}$ とするとき

$$\langle \boldsymbol{a}, \boldsymbol{b} \rangle = x_1 x_2 + y_1 y_2 + z_1 z_2$$

である（平面の場合は $A(x_1, y_1), B(x_2, y_2)$ に対して

$$\langle \boldsymbol{a}, \boldsymbol{b} \rangle = x_1 x_2 + y_1 y_2$$

となる）．

――――――――― 演習問題 ―――――――――

6.1　ユークリッド空間の中の平面 α 上に直線 l と，l 上に点 K がある．また，α 上で l 上にない点 H，および，α の外に点 A がある．このとき，ベクトルを用いて次のことを示せ．

$$AH \perp \alpha, \quad HK \perp l \quad \text{ならば} \quad AK \perp l \quad （3 垂線の定理）$$

（ここで $\perp$ は垂直であることを表す．）

6.2　平面上に $\triangle ABC$ と点 O がある．辺 BC, CA, AB の長さをそれぞれ a, b, c とするとき，$(a+b+c)\overrightarrow{OP} = a\overrightarrow{OA} + b\overrightarrow{OB} + c\overrightarrow{OC}$ で定まる点 P は $\triangle ABC$ の内心（内接円の中心）であることを示せ．

6.3　空間に単位ベクトル $\boldsymbol{a}, \boldsymbol{b}, \boldsymbol{c}$ がある．$\boldsymbol{a}, \boldsymbol{b}$ のなす角を γ，$\boldsymbol{b}, \boldsymbol{c}$ のなす角を α，$\boldsymbol{c}, \boldsymbol{a}$ のなす角を β とするとき，次の関係が成立することを示せ．またここで等号が成立するのはどのような場合か．

$$0 \leqq \cos^2\alpha + \cos^2\beta + \cos^2\gamma - 2\cos\alpha\cos\beta\cos\gamma \leqq 1.$$

6.4　半径 1 の円周上の 3 点 A, B, C に対して次のことを証明せよ．

（1）　$AB^2 + BC^2 + CA^2 \leqq 9$　（AB^2 は $d(A, B)^2$ の略記）

（2）　$AB^2 + BC^2 + CA^2 = 9$ ならば，$\triangle ABC$ は正 3 角形である．

6.5　半径 1 の内接円をもつ $\triangle ABC$ と内心 I に対して

$$\frac{1}{AI^2} + \frac{1}{BI^2} + \frac{1}{CI^2} \geqq \frac{3}{4}.$$

ここで等号が成立するのは，$\triangle ABC$ が正 3 角形のときである．これを証明せよ．

ベクトルの理論と物理学

　物理学では，大きさだけではなく，方向も一緒に考えた量——速度，加速度，力などが登場するが，このような量を数学的に表したものがベクトルである．たとえば空気の流れ(風)を表すのに，各地点での風力と風向を1つのベクトルを用いて記述することにより，視覚的にも便利な表現が得られる．一般に，平面や空間の各点にそれを始点とする位置ベクトルが割り当てられているとき，これを**ベクトル場**(vector field)という．ベクトル場を与えることは，ある意味で常微分方程式を考えていることになる．例えば空気の流れはベクトル場を定めるが，逆に，ベクトル場が与えられたとき，空気の流れが完全に決まる事実は，常微分方程式の解の存在と一意性定理にほかならない．物理学の中でも特に電磁場の理論では，ベクトル場は大変有効な表現方法である．

　ベクトルの理論は，このように物理学の研究から始まったが，現在では数学的に整理・抽象化され，線形空間の理論(線形代数)としてまとめられている(本シリーズ『行列と行列式』)．そして，現代数学のほとんどすべての分野でこの線形空間の考え方が重要な役割を果たしている．とくに解析学では，「無限次元」の線形空間が登場し，その構造を研究することは20世紀数学の大きな課題であった．その背景には，数学自身の内的動機(偏微分方程式論)があったが，物理学における量子論の発展に伴う応用的側面からの要請もあった．ベクトルの理論において数学と物理学の双方が果たした役割は，科学史の点から見ても興味深い．

　しかし，このような線形空間の構造の背景にあるのは，平面や空間の「平坦性」，すなわち平行線の公理であることは，つねに銘記しておきたいことである．

公理系とモデル

7

論理的空間のなかにある事実が，すなわち，世界である．
——ウィトゲンシュタイン『論理哲学論』(山元一郎訳)

　我々の周りに広がる空間を理解するために出発した旅も，いよいよその目的地に達しようとしている．この最終章で，平面や空間の「平坦性」が「等質・等方性」とは独立な概念か否かについての問題に解答を与えよう．

　第2章で述べた公理系による幾何学は，集合とその部分集合の族，およびそれらの間の関係をもとに築き上げる理論であった．公理系のもとで打ち立てられる一般の数学理論において論理上問題となるのは，次の事柄である．

(1) **公理系の独立性**　公理系の内容に重複はないか．すなわち，公理系のうちの1つの公理が，それ以外の公理の結果として導かれるとき，その公理は必要としないことになるが，このようなことがないことを保証できるか．

(2) **公理系の無矛盾性**　公理系は矛盾を含まないか．すなわち，公理系をもとに論証を行い，ある命題とそれを否定する命題の両方が証明されるとき，公理系は矛盾を含むといわれるが，このようなことが起きないことを保証できるか．

(3) **公理系の範疇性**　公理系を満たす幾何学は「ただ1つ」か．

　このうちの(1)が，平坦性を具現化する「平行線の公理」が他の公理系の

274───第7章　公理系とモデル

帰結かどうかの問題に関連する.

　2番目の無矛盾性については，何が問題なのか訝しく思う読者もいるだろう．幾何学では現実にあるもの(平面や空間)を扱っているのだから，矛盾など現れるはずはないというのが大方の反応に違いない．しかし，我々は平面や空間を特徴づけると信じて公理系を提起したのだが，そこには人間の恣意的な選択が入り込んでいる．平面や空間は現実にあったとしても，公理系は決して先天的に与えられるものではない．場合によっては，我々の選んだ公理系には欠陥があるかもしれないのである.

　このような問題に答える手段が**モデル**の考え方である．一般に，数学理論とはあらかじめ定められた公理系から推論を有限回行うこと(証明)により得られる命題(定理)の総体をいう．そして数学理論のモデルとは，既知の数学理論(幾何学の場合は実数論)を使って具体的方法で作った集合とその部分集合族，およびそれらの間の関係も具体的な形で規定したものであり，公理系に述べられている言明をすべて満たすものである．したがって，モデルを与えることによって，この数学理論における命題は(証明とは無関係に)，真か偽のいずれかが定まっていると考える.

　このモデルを用いることにより，上で述べた，公理系の独立性，無矛盾性，範疇性は次のような考え方で解決される.

（1）　1つの公理(例えば公理Aと名付ける)を除き他の公理を満たすモデルで，公理Aを満たさないものが構成できれば，公理Aは他の公理から独立である．実際，もし公理Aが他の公理の帰結ならば，当然公理Aで述べられている性質もこのモデルは満足しなければならないからである.

（2）　もしモデルが1つでも構成できれば，公理系に矛盾はないと考えられる．実際，もし矛盾があれば，ある命題がその否定とともに証明されることになるが，この命題をモデルの言葉で述べたとき，これが真でもあり偽でもあることになる.

（3）　2つのモデルに対して，それらの間の1対1の写像で，しかも部分集合族とその間の関係を保つものをつねに構成できるとき，公理系は範

§7.1 有限射影平面 ——— 275

疇的である.

例えば群の公理系(第5章§5.4)は範疇的ではない. 実際, 同型でない群の例は数多くある. 一方自然数についてのペアノの公理系は範疇的である(定理4.2)(ペアノの公理を満たすモデルの存在については, 公理的集合論まで溯らなければならない).

本章では, モデルの考え方に慣れるために, 最初に有限射影幾何学の公理系を扱う(§7.1). 次に座標平面がユークリッド平面のモデルであることを確かめ(§7.2), 最後に非ユークリッド平面のモデルを用いて平行線の公理の独立性を確立する(§7.3).

§7.1 有限射影平面

モデルの考え方を理解するため, 次のような公理系を満たす幾何学を考えよう.

有限射影平面 $\mathbb{P}^2(\mathbb{F}_2)$ の公理　空でない集合 P とその部分集合の族 Λ が次の公理系を満たすとき, (P, Λ) を有限射影平面 $\mathbb{P}^2(\mathbb{F}_2)$ という.

(P–1)　P の任意の異なる元 p, q に対して, p, q を含む Λ の元がただ1つ存在する.

(P–2)　Λ の任意の2つの元 λ, μ に対して, $\lambda \cap \mu$ は空ではない.

(P–3)　P の互いに異なる4つの元で, そのどの3点も1つの Λ に含まれないようなものが存在する.

(P–4)　Λ の任意の元は, P の元をちょうど3つ含む.　　　　　□

もし, P の元を「点」, Λ の元を「直線」と呼ぶことにすると, 上の公理系の幾何学的表現は次のようになる.

(P–1)　任意の異なる2点を通る直線がただ1つ存在する.

(P–2)　任意の2つの直線は交わる.

(P–3)　互いに異なる4点で, そのどの3点も同一直線上にないようなものが存在する.

(P–4)　任意の直線はちょうど3点を含む.

注意 7.1 (P–1),(P–2),(P–3)を，一般射影平面の公理系という．

公理系(P–1)〜(P–4)の無矛盾性，独立性，完全性を示してみよう．

(1) **無矛盾性** 次のようなモデル (P_0, Λ_0) を考える．

$P_0 = \{(1,0,0),(0,1,0),(0,0,1),(1,1,0),(1,0,1),(0,1,1),(1,1,1)\}$

$\Lambda_0 = \{\lambda_1, \lambda_2, \lambda_3, \lambda_4, \lambda_5, \lambda_6, \lambda_7\}$

$\lambda_1 = \{(1,0,0),(1,1,0),(0,1,0)\}$

$\lambda_2 = \{(0,1,0),(0,1,1),(0,0,1)\}$

$\lambda_3 = \{(0,0,1),(1,0,1),(1,0,0)\}$

$\lambda_4 = \{(1,0,0),(1,1,1),(0,1,1)\}$

$\lambda_5 = \{(0,1,0),(1,1,1),(1,0,1)\}$

$\lambda_6 = \{(0,0,1),(1,1,1),(1,1,0)\}$

$\lambda_7 = \{(1,1,0),(0,1,1),(1,0,1)\}$

このモデルが，有限射影平面の公理系を満たすことは，1つ1つチェックすれば可能だが，図 7.1 を見れば一目瞭然であろう（同一線分上または円周上にある 3 点の集合が Λ の元を表している）．

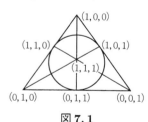

図 7.1

(2) **公理(P–1)の独立性** $P = \{a,b,c,d,e\}$ とする．
$$\Lambda = \{\{a,b,c\},\{a,d,e\}\}$$
とおくと，b, d を含む Λ の元が存在しないから(P–1)を満たさない．(P–2)，(P–4)は明らかに満たされ，(P–3)については $\{b,c,d,e\}$ がその性質を満たす．よって，モデル (P, Λ) は，公理(P–1)は満たさないが，他の公理を満たす．

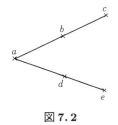

図 **7.2**

公理(P–2)の独立性　$P=\{a,b,c,d,e,f,g,h,i\}$ とする.
$$\Lambda = \{\{a,b,c\},\{d,e,f\},\{g,h,i\},\{a,d,g\},\{b,e,h\},\{c,f,i\},$$
$$\{a,e,i\},\{c,e,g\},\{c,d,h\},\{b,f,g\},\{a,f,h\},\{b,d,i\}\}$$

とおくと，モデル (P, Λ) は(P–2)を満たさない. 実際 $\{a,b,c\} \cap \{d,e,f\} = \emptyset$(空集合). 他の公理を満たすことは，次の図7.3を見ればただちに理解される.

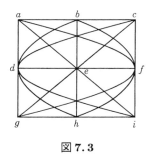

図 **7.3**

公理(P–3)の独立性　$P=\{a,b,c\}$, $\Lambda=\{\{a,b,c\}\}$ とおく. モデル (P, Λ) は公理(P–3)を満たさないが，他の公理は満たしている.

公理(P–4)の独立性　$P=\{a,b,\cdots,m\}$ (13文字) とする. Λ としては，行列

$$\begin{array}{ccccccccccccc}
a & b & c & d & e & f & g & h & i & j & k & l & m \\
b & c & d & e & f & g & h & i & j & k & l & m & a \\
d & e & f & g & h & i & j & k & l & m & a & b & c \\
j & k & l & m & a & b & c & d & e & f & g & h & i
\end{array}$$

278――――第7章　公理系とモデル

の縦に並ぶ文字の集合からなる P の部分集合の族とする. Λ の元は P の 4 つの元からなるから, 公理(P–4)を満たさない. 他の公理を満たすことは, 読者に証明を委ねよう(このモデル (P, Λ) は通常 $\mathbb{P}^2(\mathbb{F}_3)$ と書かれる).

(3) 範疇性　以下, (P, Λ) は公理(P–1)〜(P–4)を満たすモデルとする.

まず公理(P–3)により, P の 4 つの元 p, q, r, s でどの 3 つをとっても同一直線上にないものが存在する. 公理(P–1)により $\{p, s\}, \{q, s\}, \{r, s\}$ を含む Λ の元がそれぞれ 1 つ, しかもただ 1 つ存在するが, それらは公理(P–4)から, P の元 t, u, v によりそれぞれ $\{p, s, t\}, \{q, s, u\}, \{r, s, v\}$ と書ける. このとき, p, q, r, s, t, u, v は相異なる. 実際, $t \neq q$, $t \neq r$, $u \neq p$, $u \neq r$, $v \neq p$, $v \neq q$(もし 1 つでも等号が成立すると p, q, r, s のとり方に反する). さらに, t, u, v のうちどれか 2 つが等しいとすると, 公理(P–1)に反する(例えば $t = u$ とすると, s, t を含む Λ の元が 2 つ $\{p, s, t\}, \{q, s, u\}$ 存在することになるから矛盾). よって P は少なくとも 7 つの元を含む.

P が p, q, r, s, t, u, v 以外の元 w を含むと仮定してみよう. p, w を含む Λ の元を $\{p, w, x\}$ とする. 公理(P–2)により

$$\{p, w, x\} \cap \{q, s, u\} \neq \emptyset \qquad \cdots\cdots①$$
$$\{p, w, x\} \cap \{r, s, v\} \neq \emptyset \qquad \cdots\cdots②$$

①から x は q, s, u のどれかに等しく, ②から x は r, s, v のどれかに等しい. よって $x = s$ でなければならない. すると p, s を含む Λ の元が 2 つ $\{p, s, t\}, \{p, w, s\}$ 存在することになり, 公理(P–1)に矛盾. よって P はちょうど 7 つの元からなる集合である.

次に, $\{p, v, q\}, \{q, t, r\}, \{r, u, p\}, \{t, u, v\}$ が Λ の元であることをみよう. 例えば $\{p, v, q\}$ が Λ の元であることをみるのには, $\{p, q, x\}$ を p, q を含む Λ の元として, x が r, s, t, u のいずれとも異なることを示せばよい. x が r, s と異なることは p, q, r, s のとり方から, x が t, u と異なることは公理(P–1)から明らかである. p, q の代わりに q, r および r, p について同様のことを行えば $\{q, t, r\}, \{r, u, p\}$ が Λ の元であることが示される. 公理(P–1)を用いれば $\{t, u, v\}$ についても Λ の元となることが示される.

こうして, Λ は 7 つの元 $\{p, s, t\}$, $\{q, s, u\}$, $\{r, s, v\}$, $\{p, v, q\}$, $\{q, t, r\}$,

$\{r,u,p\}$, $\{t,u,v\}$ を含むことがわかった．Λ はこれ以外には元を含まないことを示そう．$\{x,y,z\}$ をこれら 7 つの元と異なる Λ の元とする．P の任意の 2 つの元をとってくると（その総数は ${}_7C_2 = 21$)，それらは上の 7 つの部分集合のどれか 1 つには入っている．よって Λ の元 $\{x,y,z\}$ は 7 つの部分集合のどれかと 2 元を共通にもつが，これは公理(P–1)に矛盾する．

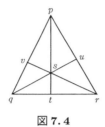

図 7.4

(P_0, Λ_0) を(1)で与えたモデルとし，写像 φ を
$$\varphi(p) = (1,0,0), \quad \varphi(q) = (0,1,0), \quad \varphi(r) = (0,0,1)$$
$$\varphi(s) = (1,1,1), \quad \varphi(t) = (0,1,1), \quad \varphi(u) = (1,0,1)$$
$$\varphi(v) = (1,1,0)$$
により定義すると，φ はモデル $(P, \Lambda), (P_0, \Lambda_0)$ の間の同型を与える(すなわち，φ は点を点，直線を直線に写す 1 対 1 の対応である)．

注意 7.2 有限射影平面の説明の中で，説明なしに記号 $\mathbb{F}_2$ や $\mathbb{F}_3$ を用いたが，これらは元の個数が p(=素数) であるような有限体 $\mathbb{F}_p$ の特別の場合である．

§7.2 ユークリッド平面のモデルと連続公理

直交座標を用いることにより，すべての幾何学の公理を満たす平面(ユークリッド平面)が座標平面 $\mathbb{R}_2 = \mathbb{R} \times \mathbb{R}$ と同一視され，直線は $\mathbb{R}_2$ の中の次のような形の部分集合
$$l(a,b,c) = \{(x,y) \in \mathbb{R}_2 \mid ax+by+c = 0\}$$
と同じものと考えることができた(ただし，$(a,b) \neq (0,0)$)．

逆に，平面と直線の集合族 $\mathcal{L}$ のモデルとして $\mathbb{R}_2$ および

280——— 第7章　公理系とモデル

$$\mathcal{L} = \{l(a,b,c) \mid (a,b,c) \in \mathbb{R}_3, \ (a,b) \neq (0,0)\}$$

を考えることができる．これが実際にモデルであることを示すには，公理系すべてを満足することをいわなければならない．たとえば，**直線公理 I** は次のように言い換えられる．

(I–a)　$A(x_1, y_1), B(x_2, y_2)$ に対して，

$$ax_1 + by_1 + c = 0, \quad ax_2 + by_2 + c = 0$$

となる定数 a, b, c $((a,b) \neq (0,0))$ が存在し，$A(x_1, y_1) \neq B(x_2, y_2)$ のときは，a, b, c は 0 と異なる定数倍を除いて決定される．

(I–b)　方程式 $ax + by + c = 0$ $((a,b) \neq (0,0))$ は少なくとも 3 つの解 (x, y) をもつ．

(I–c)　$ax + by + c \neq 0$ $((a,b) \neq (0,0))$ となる (x, y) が存在する．

これらがすべて正しいことは，代数的方法で容易に確かめることができる．以下，このほかの幾何学の公理系をモデルの言葉で言い直してみよう．

順序公理については，異なる 3 点 $A(x_1, y_1), B(x_2, y_2), C(x_3, y_3)$ について，次の性質を満たすとき $A \mid B \mid C$ とすればよい．

（1）　$(x_1, y_1), (x_2, y_2), (x_3, y_3)$ はすべて同一の方程式

$$ax + by + c = 0 \quad ((a,b) \neq (0,0))$$

の解．

（2）　x_1, x_2, x_3 または y_1, y_2, y_3 がこの順序で増加しているか減少している．

$A(x_1, y_1), B(x_2, y_2)$ が直線 $ax + by + c = 0$ に関して同じ側にあることを

$$(ax_1 + by_1 + c)(ax_2 + by_2 + c) > 0$$

を満たすこととすれば（言い換えれば $ax_1 + by_1 + c, \ ax_2 + by_2 + c$ が同符号），**平面公理**を満たすことは容易に証明される．

線分の合同については，$A = (x_1, y_1), \ B = (x_2, y_2)$ に対して，$d(A, B) = \{(x_1 - x_2)^2 + (y_1 - y_2)^2\}^{1/2}$ とおいて，

$$AB \equiv CD \iff d(A, B) = d(C, D)$$

とする．

例題 7.3　線分についての合同公理(IV–A–b)($\S 2.3$)が成り立つことを示

§7.2 ユークリッド平面のモデルと連続公理————*281*

せ.

[解] $A(x_1, y_1), B(x_2, y_2)$ と, $A'(x_0, y_0)$ を通る直線 $l = \{(x, y) \mid ax + by + c = 0\}$ に対して,

$$ax + by + c = 0,$$
$$(x - x_0)^2 + (y - y_0)^2 = (x_1 - x_2)^2 + (y_1 - y_2)^2$$

を満たす (x, y) を求めると,

$$x = x_0 \pm \frac{br}{\sqrt{a^2 + b^2}}, \quad y = y_0 \mp \frac{ar}{\sqrt{a^2 + b^2}} \quad (複号同順)$$

である. ここで, $r^2 = (x_1 - x_2)^2 + (y_1 - y_2)^2$ $(r > 0)$ とおいた. これは, 直線 l 上に $A'B' \equiv AB$ となる点 $B'(x, y)$ がちょうど 2 つ存在することを意味している. それらが A' に関して異なる側にあることは定義から明らかである. ∎

問 1 直線 $ax + by + c = 0$ に関する線対称変換 τ は

$$\tau(x, y) = \left(x - \frac{2a}{a^2 + b^2}(ax + by + c), \ y - \frac{2b}{a^2 + b^2}(ax + by + c)\right)$$

により与えられることを示せ.

角の合同については, $O(x_0, y_0), A(x_1, y_1), B(x_2, y_2), O'(x'_0, y'_0), A'(x'_1, y'_1), B'(x'_2, y'_2)$ とするとき,

$$\angle AOB \equiv \angle A'O'B' \iff \frac{(x_1 - x_0)(x_2 - x_0) + (y_1 - y_0)(y_2 - y_0)}{d(O, A) \cdot d(O, B)}$$
$$= \frac{(x'_1 - x'_0)(x'_2 - x'_0) + (y'_1 - y'_0)(y'_2 - y'_0)}{d(O', A') \cdot d(O', B')}$$

により定める ($\boldsymbol{a} = \overrightarrow{OA}, \ \boldsymbol{a'} = \overrightarrow{O'A'}, \ \boldsymbol{b} = \overrightarrow{OB}, \ \boldsymbol{b'} = \overrightarrow{O'B'}$ とすると, この等式は

$$\frac{\langle \boldsymbol{a}, \boldsymbol{b} \rangle}{\|\boldsymbol{a}\| \|\boldsymbol{b}\|} = \frac{\langle \boldsymbol{a'}, \boldsymbol{b'} \rangle}{\|\boldsymbol{a'}\| \|\boldsymbol{b'}\|}$$

と表される).

定理 7.4 角についての合同公理(IV–B–b),(IV–C)(§2.3)が成り立つ.

[証明] $O(x_0, y_0), A(x_1, y_1), B(x_2, y_2)$ および, $O'(x'_0, y'_0), A'(x'_1, y'_1)$ に対し

282———第 7 章　公理系とモデル

て

$$\frac{(x_1-x_0)(x_2-x_0)+(y_1-y_0)(y_2-y_0)}{d(O,A)\cdot d(O,B)}$$
$$=\frac{(x_1'-x_0')(x_2'-x_0')+(y_1'-y_0')(y_2'-y_0')}{d(O',A')\cdot d(O',B')}$$

を満たす $B'(x_2',y_2')$ を求める．$d(O,A)=d(O,B)=d(O',A')=d(O',B')=1$
として一般性を失わない．上式の左辺を c とおき，さらに

$$a=x_1'-x_0',\quad b=y_1'-y_0',\quad x=x_2'-x_0',\quad y=y_2'-y_0'$$

とすると条件式は

$$ax+by=c$$
$$x^2+y^2=1$$

となる（$|c|\leqq 1$ に注意）．これを解けば

$$x=ac\pm b\sqrt{1-c^2},\quad y=bc\mp a\sqrt{1-c^2}\quad（複号同順）$$

となるから，$\angle AOB$ と半直線 $O'A'$ が与えられたとき，$\angle AOB\equiv\angle A'O'B'$ となる半直線はちょうど 2 つあることになって，公理(IV–B–b)が成り立つことがわかる．

公理(IV–C)については，ベクトルの言葉で表すと次のようになる：

$$\|\boldsymbol{a}\|=\|\boldsymbol{a}'\|,\quad \|\boldsymbol{b}\|=\|\boldsymbol{b}'\|,\quad \langle\boldsymbol{a},\boldsymbol{b}\rangle=\langle\boldsymbol{a}',\boldsymbol{b}'\rangle$$

を満たす $\boldsymbol{a},\boldsymbol{b}$ および $\boldsymbol{a}',\boldsymbol{b}'$ が与えられたとき，

$$\frac{\langle-\boldsymbol{a},\boldsymbol{b}-\boldsymbol{a}\rangle}{(\|-\boldsymbol{a}\|\|\boldsymbol{b}-\boldsymbol{a}\|)}=\frac{\langle-\boldsymbol{a}',\boldsymbol{b}'-\boldsymbol{a}'\rangle}{(\|-\boldsymbol{a}'\|\|\boldsymbol{b}'-\boldsymbol{a}'\|)}$$

が成り立つ．これが正しいことは明らかであろう．　∎

問 2　上の定理の証明において，すべての $x_0,y_0,x_1,y_1,x_2,y_2,x_0',y_0',x_1',y_1'$ がピタゴラス体 $\mathbb{P}$ に属するとき，x_2',y_2' も $\mathbb{P}$ に属することを示せ．

（ヒント．$\alpha_1=x_1-x_0$, $\beta_1=y_1-y_0$, $\alpha_2=x_2-x_0$, $\beta_2=y_2-y_0$ とおくと，

$$c=\frac{\alpha_1\beta_1+\alpha_2\beta_2}{\sqrt{\alpha_1^2+\beta_1^2}\sqrt{\alpha_2^2+\beta_2^2}}\quad(\alpha_i,\beta_i\in\mathbb{P})$$

は $\mathbb{P}$ の元であり，さらに

§7.2 ユークリッド平面のモデルと連続公理──── *283*

$$\sqrt{1-c^2} = \frac{|\alpha_1\beta_2 - \alpha_2\beta_1|}{\sqrt{\alpha_1^2+\beta_1^2}\,\sqrt{\alpha_2^2+\beta_2^2}}$$

も $\mathbb{P}$ の元である).

注意 7.5 一般には $c\in\mathbb{P}$ であっても $\sqrt{1-c^2}\in\mathbb{P}$ とはいえない.

平行線の公理は連立方程式の解についての性質に帰着する. すなわち, 連立方程式

$$a_1 x + b_1 y + c_1 = 0,$$
$$a_2 x + b_2 y + c_2 = 0$$

が解 (x_1, y_1) をもつが

$$a_1 x + b_1 y + c_1 = 0,$$
$$a x + b y + c = 0$$

および

$$a_2 x + b_2 y + c_2 = 0,$$
$$a x + b y + c = 0$$

の両連立方程式が解を持たないとき,

$$a_2 = \lambda a_1, \quad b_2 = \lambda b_1, \quad c_2 = \lambda c_1$$

となる $\lambda \neq 0$ が存在する. これは, 直線 $ax+by+c=0$ に平行な 2 直線 $a_1x+b_1y+c_1=0,\ a_2x+b_2y+c_2=0$ が 1 点を共有するとき, それらは一致することを意味するから, 平行線の公理が成り立つことにほかならない.

アルキメデスの公理と**連続公理**は我々のモデルにおいて明らかに成り立つ. こうして, 数平面とその中の直線の族からなるモデルはすべての公理を満たすことがわかる. また, 前章でみたように, 直交座標系を用いることにより平面幾何学を数平面の言葉ですべて記述できることがわかっているから, 次の定理が証明されたことになる.

定理 7.6 平面幾何学の公理系(直線公理, 順序公理, 平面公理, 合同公理, 平行線の公理, アルキメデスの公理, 連続公理)は範疇的である. また, 実数論が無矛盾であれば, これらの公理系は無矛盾である.   □

284———第7章 公理系とモデル

　実数体 $\mathbb{R}$ の代わりにピタゴラス体 $\mathbb{P}$ を考え，平面のモデルを $\mathbb{P}\times\mathbb{P}$ とすると，連続公理以外のすべての公理を満足する幾何学のモデルが構成できる．実際，これまでの議論を反省してみれば，$\mathbb{R}$ のピタゴラス体としての性質しか使っていないことからこれは明らかである（例えば，連立方程式の理論は，すべて加減乗除の枠内で行われるし，線分や角の合同を述べるときには a^2+b^2 の平方根をとる演算のみを必要とする）．よって次の定理を得る．

　定理 7.7　連続公理は，他の幾何学の公理から独立である．すなわち，連続公理は他の公理系からは証明できない．　　　　　　　　　　　　　　　□

§7.3　平行線の公理の独立性
　　　　——非ユークリッド幾何学の存在

　平行線の公理は満たさないが，他のすべての公理を満足するモデル，すなわち非ユークリッド幾何学のモデルを構成しよう．このモデルの存在により，平行線の公理は他の公理からは証明できないことがわかる．

（a）準　　備

　これから述べるモデルにおいて，線対称変換の役割を担うことになる反転について説明しよう．このため，数平面 $\mathbb{R}_2$ の点を原点 O を始点とする位置ベクトルで表す．

　$\boldsymbol{a}=\overrightarrow{OA}$ に対して，A を中心とする半径 r の円 $C(A,r)$ の上の点 $\boldsymbol{p}$ はベクトル方程式

$$\|\boldsymbol{p}-\boldsymbol{a}\|^2 = r^2$$

により特徴づけられることを思い出そう．

　$C(A,r)$ に関する点 P の**反転**(inversion)は，半直線 AP 上にある点で，$d(O,P)\cdot d(O,P')=r^2$ を満たす点 P' のこととする．$P'=\tau(P)$ とおけば，写像 $\tau:\mathbb{R}_2-\{A\}\longrightarrow\mathbb{R}_2-\{A\}$ が得られる．この写像も反転ということにする．明らかに $C(A,r)$ 上の任意の点 P に対して $\tau(P)=P$ であり，さらに $\tau^2=\tau\circ\tau$ は恒等写像である．

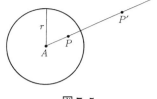

図 7.5

$\overrightarrow{OP} = \boldsymbol{p}$, $\overrightarrow{OP'} = \boldsymbol{p'}$ とおけば
$$\boldsymbol{p'} = r^2 \|\boldsymbol{p}-\boldsymbol{a}\|^{-2}(\boldsymbol{p}-\boldsymbol{a}) + \boldsymbol{a}$$
となることは簡単に確かめられる．記号の節約のために，$\boldsymbol{p'} = \tau(\boldsymbol{p})$ と表すことにする．

反転の性質を調べるのに，円 $C(A, r)$ の中心 A は原点としても一般性を失わないので，以下 $A = O$ としよう．このとき，反転は
$$\tau(\boldsymbol{p}) = r^2 \|\boldsymbol{p}\|^{-2} \boldsymbol{p}$$
により与えられる．

補題 7.8 $C(O, r)$ に関する反転により，O を通る直線はそれ自身に，O を通らない直線は O を通る円(O を除く)に写される．

[証明] 前半は定義から明らか．l を O を通らない直線とする．O から l に下ろした垂線の足を $\boldsymbol{a}$ とし，$\tau(\boldsymbol{a}) = \boldsymbol{a'}$ とする．$\boldsymbol{n}$ を l に平行な単位ベクトルとするとき，l 上の任意の点 $\boldsymbol{p}$ は
$$\boldsymbol{p} = \boldsymbol{a} + s\boldsymbol{n}, \quad s \in \mathbb{R}$$
と表される．$\langle \boldsymbol{a}, \boldsymbol{n} \rangle = 0$ に注意しよう．$\|\boldsymbol{p}\|^2 = \|\boldsymbol{a}\|^2 + s^2$ であるから
$$\left\| \tau(\boldsymbol{p}) - \frac{1}{2}\tau(\boldsymbol{a}) \right\|^2$$
$$= 4^{-1} r^4 \| 2\|\boldsymbol{p}\|^{-2} \boldsymbol{p} - \|\boldsymbol{a}\|^{-2} \boldsymbol{a} \|^2$$
$$= 4^{-1} r^4 \| (2\|\boldsymbol{p}\|^{-2} - \|\boldsymbol{a}\|^{-2}) \boldsymbol{a} + 2s \|\boldsymbol{p}\|^{-2} \boldsymbol{n} \|^2$$
$$= 4^{-1} r^4 \{ (2\|\boldsymbol{p}\|^{-2} - \|\boldsymbol{a}\|^{-2})^2 \|\boldsymbol{a}\|^2 + 4s^2 \|\boldsymbol{p}\|^{-4} \}$$
$$= 4^{-1} r^4 \|\boldsymbol{p}\|^{-4} \|\boldsymbol{a}\|^{-2} \times \{ 4\|\boldsymbol{a}\|^4 - 4\|\boldsymbol{p}\|^2 \|\boldsymbol{a}\|^2 + \|\boldsymbol{p}\|^4 + 4s^2 \|\boldsymbol{a}\|^2 \}$$
$$= 4^{-1} r^4 \|\boldsymbol{a}\|^{-2}$$

286──── 第7章 公理系とモデル

を得る. すなわち, 点 $\tau(\boldsymbol{p})$ は, O と $\tau(\boldsymbol{a})$ を結ぶ線分の中点を中心とする, 半径が $2^{-1}r^2 \cdot d(O,A)^{-1}$ の円周上にある. また $s \to \pm\infty$ のとき

$$\|\tau(\boldsymbol{p})\| = r^2 \|\boldsymbol{p}\|^{-1} = r^2(\|\boldsymbol{a}\|^2 + s^2)^{-1/2}$$

は 0 に収束し, よって $\tau(\boldsymbol{p})$ は零ベクトルに近づくことから, 像 $\tau(l)$ はこの円周から O を除いたものであることがわかる. ∎

補題 7.9 $C(O,r)$ に関する反転により, 点 O を通る円は直線に, O を通らない円は円に写される.

[証明] 前半は τ^2 が恒等写像であることと, 上の補題の後半からただちに導かれる.

後半を証明するため, P_0 を中心とし半径 s の円 $C(P_0,s)$ のベクトル方程式

$$\|\boldsymbol{p} - \boldsymbol{p}_0\|^2 = s^2 \quad (\boldsymbol{p}_0 = \overrightarrow{OP_0}, \quad \boldsymbol{p} = \overrightarrow{OP})$$

を考える. $\tau(\boldsymbol{p}) = \boldsymbol{q}$ とおくと, $\|\boldsymbol{q}\| = r^2 \|\boldsymbol{p}\|^{-1}$ となることに注意.

$$\|\boldsymbol{p}\|^2 - 2\langle \boldsymbol{p}, \boldsymbol{p}_0 \rangle + \|\boldsymbol{p}_0\|^2 = s^2$$

に $\boldsymbol{p} = r^2 \|\boldsymbol{q}\|^{-2}\boldsymbol{q}$ を代入すれば

$$r^4 \|\boldsymbol{q}\|^{-4} \|\boldsymbol{q}\|^2 - 2r^2 \|\boldsymbol{q}\|^{-2} \langle \boldsymbol{q}, \boldsymbol{p}_0 \rangle + \|\boldsymbol{p}_0\|^2 = s^2$$

$$\implies \quad r^4 - 2r^2 \langle \boldsymbol{q}, \boldsymbol{p}_0 \rangle + \|\boldsymbol{p}_0\|^2 \|\boldsymbol{q}\|^2 = s^2 \|\boldsymbol{q}\|^2$$

$$\implies \quad (\|\boldsymbol{p}_0\|^2 - s^2) \|\boldsymbol{q}\|^2 - 2r^2 \langle \boldsymbol{q}, \boldsymbol{p}_0 \rangle + r^4 = 0$$

$$\implies \quad \|\boldsymbol{q} - \boldsymbol{q}_0\|^2 = t^2. \tag{7.1}$$

ここで

$$\boldsymbol{q}_0 = (\|\boldsymbol{p}_0\|^2 - s^2)^{-1} r^2 \boldsymbol{p}_0$$

$$t = |\|\boldsymbol{p}_0\|^2 - s^2|^{-1} r^2 s$$

とおいた (O は $C(P_0,s)$ 上にはないから, $\|\boldsymbol{p}_0\|^2 \neq s^2$ である). $\boldsymbol{q}_0 = \overrightarrow{OQ_0}$ とすると (7.1) は円 $C(Q_0,t)$ のベクトル方程式であるから, 位置ベクトル $\tau(\boldsymbol{q})$ の終点が円 $C(Q_0,t)$ 上にあることがわかる. 逆に, $C(Q_0,t)$ は τ により $C(P_0,s)$ に写されることも同様に確かめることができるから, 主張が証明された. ∎

補題 7.10 $C(O,r)$ に関する反転により, 交わる 2 つの円 (または直線) の

§7.3 平行線の公理の独立性——非ユークリッド幾何学の存在———287

なす角(円の場合は交点における接線のなす角)は変わらない.

[証明] 点 P で交わる円 $C(P_1, s_1)$ と $C(P_2, s_2)$ を考えると,そのなす角 θ $(0 < \theta < \pi)$ は $\angle P_1 P P_2$(またはその補角)に等しい.よって

$$\|\boldsymbol{p} - \boldsymbol{p}_1\| \|\boldsymbol{p} - \boldsymbol{p}_2\| \cos\theta = \langle \boldsymbol{p} - \boldsymbol{p}_1, \boldsymbol{p} - \boldsymbol{p}_2 \rangle$$

$$(\boldsymbol{p} = \overrightarrow{OP}, \quad \boldsymbol{p}_1 = \overrightarrow{OP_1}, \quad \boldsymbol{p}_2 = \overrightarrow{OP_2})$$

である.一方,$\tau(C(P_1, s_1)) = C(Q_1, t_1),\ \tau(C(P_2, s_2)) = C(Q_2, t_2)$ とすると,$C(Q_1, t_1), C(Q_2, t_2)$ の $\tau(P)$ においてなす角 η は

$$\|\tau(\boldsymbol{p}) - \boldsymbol{q}_1\| \|\tau(\boldsymbol{p}) - \boldsymbol{q}_2\| \cos\eta = \langle \tau(\boldsymbol{p}) - \boldsymbol{q}_1, \tau(\boldsymbol{p}) - \boldsymbol{q}_2 \rangle \qquad (7.2)$$

を満たす.上の補題の証明から

$$\boldsymbol{q}_1 = (\|\boldsymbol{p}_1\|^2 - s_1^2)^{-1} r^2 \boldsymbol{p}_1 , \qquad (7.3)$$

$$\boldsymbol{q}_2 = (\|\boldsymbol{p}_2\|^2 - s_2^2)^{-1} r^2 \boldsymbol{p}_2 , \qquad (7.4)$$

$$\|\tau(\boldsymbol{p}) - \boldsymbol{q}_1\| = t_1 = |\|\boldsymbol{p}_1\|^2 - s_1^2|^{-1} r^2 s_1 ,$$

$$\|\tau(\boldsymbol{p}) - \boldsymbol{q}_2\| = t_2 = |\|\boldsymbol{p}_2\|^2 - s_2^2|^{-1} r^2 s_2$$

である.$\tau(\boldsymbol{p}) = r^2 \|\boldsymbol{p}\|^{-2} \boldsymbol{p}$ および $(7.3), (7.4)$ を (7.2) の右辺に代入すると

$$\langle \tau(\boldsymbol{p}) - \boldsymbol{q}_1, \tau(\boldsymbol{p}) - \boldsymbol{q}_2 \rangle$$
$$= r^4 \{ \|\boldsymbol{p}\|^{-2} - \|\boldsymbol{p}\|^{-2} (\|\boldsymbol{p}_1\|^2 - s_1^2)^{-1} \langle \boldsymbol{p}, \boldsymbol{p}_1 \rangle$$
$$- \|\boldsymbol{p}\|^{-2} (\|\boldsymbol{p}_2\|^2 - s_2^2)^{-1} \langle \boldsymbol{p}, \boldsymbol{p}_2 \rangle$$
$$+ (\|\boldsymbol{p}_1\|^2 - s_1^2)^{-1} (\|\boldsymbol{p}_2\|^2 - s_2^2)^{-1} \langle \boldsymbol{p}_1, \boldsymbol{p}_2 \rangle \}$$

を得る.$\|\boldsymbol{p} - \boldsymbol{p}_1\| = s_1,\ \|\boldsymbol{p} - \boldsymbol{p}_2\| = s_2$ から導かれる等式

$$\langle \boldsymbol{p}, \boldsymbol{p}_1 \rangle = 2^{-1} (\|\boldsymbol{p}_1\|^2 - s_1^2 + \|\boldsymbol{p}\|^2) ,$$

$$\langle \boldsymbol{p}, \boldsymbol{p}_2 \rangle = 2^{-1} (\|\boldsymbol{p}_2\|^2 - s_2^2 + \|\boldsymbol{p}\|^2)$$

をこの最後の式に代入して整理すると

$$\langle \tau(\boldsymbol{p}) - \boldsymbol{q}_1, \tau(\boldsymbol{p}) - \boldsymbol{q}_2 \rangle = r^4 (\|\boldsymbol{p}_1\|^2 - s_1^2)^{-1} (\|\boldsymbol{p}_2\|^2 - s_2^2)^{-1}$$
$$\times \{ -2^{-1} (\|\boldsymbol{p}_1\|^2 - s_1^2 + \|\boldsymbol{p}_2\|^2 - s_2^2) + \langle \boldsymbol{p}_1, \boldsymbol{p}_2 \rangle \} .$$

今度は,これに

288———第7章　公理系とモデル

$$\|\boldsymbol{p}_1\|^2 - s_1^2 = 2\langle \boldsymbol{p}, \boldsymbol{p}_1 \rangle - \|\boldsymbol{p}\|^2,$$
$$\|\boldsymbol{p}_2\|^2 - s_2^2 = 2\langle \boldsymbol{p}, \boldsymbol{p}_2 \rangle - \|\boldsymbol{p}\|^2$$

を代入すれば

$$\langle \tau(\boldsymbol{p}) - \boldsymbol{q}_1, \tau(\boldsymbol{p}) - \boldsymbol{q}_2 \rangle$$
$$= r^4 (\|\boldsymbol{p}_1\|^2 - s_1^2)^{-1} (\|\boldsymbol{p}_2\|^2 - s_2^2)^{-1} \langle \boldsymbol{p} - \boldsymbol{p}_1, \boldsymbol{p} - \boldsymbol{p}_2 \rangle$$

となる．これから

$$|\cos \eta| = t_1^{-1} t_2^{-1} |\langle \tau(\boldsymbol{p}) - \boldsymbol{q}_1, \tau(\boldsymbol{p}) - \boldsymbol{q}_2 \rangle|$$
$$= s_1^{-1} s_2^{-1} \langle \boldsymbol{p} - \boldsymbol{p}_1, \boldsymbol{p} - \boldsymbol{p}_2 \rangle = |\cos \theta|$$

を得る．これは $\theta = \eta$ または $\theta = \pi - \eta$ であることを意味している．よって，$\angle Q_1 P' Q_2$ は $\angle P_1 P P_2$ またはその補角に等しいから主張は正しい．円と直線，直線と直線のなす角の場合も同様である．∎

注意 7.11 $\|\boldsymbol{p}_1\|^2 > s_1^2$, $\|\boldsymbol{p}_2\|^2 > s_2^2$ の場合は，$\cos \eta = \cos \theta$ であるから，$\theta = \eta$ となる．

（b）非ユークリッド平面のモデル

以下構成しようするモデルにおいては，幾何学的対象や概念を括弧で囲んで表すことにする．例えば，「平面」，「点」，「直線」，「合同」という書き方をする．

「**平面**」$\mathbb{X}$ のモデルは，数平面 $\mathbb{R}_2$ の原点を中心とする単位円板（の内部）

$$\mathbb{X} = \{(x, y) \in \mathbb{R}_2 \mid x^2 + y^2 < 1\}$$

である．$\partial \mathbb{X} = C(O, 1) = \{(x, y) \in \mathbb{R}_2 \mid x^2 + y^2 = 1\}$ とおく（$\partial \mathbb{X}$ は「平面」$\mathbb{X}$ には含まれないことに注意．後で見るように，$\partial \mathbb{X}$ は「平面」$\mathbb{X}$ にとって無限遠に当たる）．

「**点**」は $\mathbb{X}$ の点のことと解釈する．「**直線**」は円 $\partial \mathbb{X}$ と垂直に交わる円の，$\mathbb{X}$ に含まれる部分（弧），または，O を通る直線の $\mathbb{X}$ に含まれる部分とする．

読者は，弧を「直線」とよぶことに違和感を持つかもしれない．しかし，何度もいうように，幾何学の公理は集合論を用いて完全に形式化され，我々が直観的にイメージする平面，直線，点の特徴は一切論証の中では用いてい

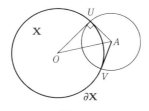

図 7.6

なかったことに注意しよう．ただ公理系が規定するそれらの間の関係のみを使っていたのである．したがって，弧がたとえ具象的な直線からかけ離れていても一切かまわないのであって，問題の本質はこの「直線」が公理系に述べられている諸関係を満たすかどうかにある．

「直線」の性質を調べよう．U, V を円周 $\partial \mathbb{X}$ 上の異なる 2 点とする．U, V が O に関して対称な位置にあるときは，U, V を通る直線の $\mathbb{X}$ に属する部分が「直線」になる．U, V が O に関して対称でないときを考えよう．$C(A, r)$ を U, V において $\partial \mathbb{X}$ と垂直に交わる円とする．
$\overrightarrow{OA} = \boldsymbol{a}$, $\overrightarrow{OU} = \boldsymbol{u}$, $\overrightarrow{OV} = \boldsymbol{v}$ とするとき
$$\boldsymbol{a} = t(\boldsymbol{u} + \boldsymbol{v}) \quad (t \in \mathbb{R})$$
と表される．実際，直線 OA は線分 UV の垂直 2 等分線であることから，これは明らかである．
$$\langle \boldsymbol{a}, \boldsymbol{u} \rangle = t(\langle \boldsymbol{u}, \boldsymbol{u} \rangle + \langle \boldsymbol{v}, \boldsymbol{u} \rangle) = t(1 + \langle \boldsymbol{u}, \boldsymbol{v} \rangle).$$
一方，$\boldsymbol{u} - \boldsymbol{a}$ と $\boldsymbol{u}$ は垂直であることから
$$0 = \langle \boldsymbol{u} - \boldsymbol{a}, \boldsymbol{u} \rangle = \|\boldsymbol{u}\|^2 - \langle \boldsymbol{a}, \boldsymbol{u} \rangle = 1 - \langle \boldsymbol{a}, \boldsymbol{u} \rangle \implies \langle \boldsymbol{a}, \boldsymbol{u} \rangle = 1$$
となり，$t = (1 + \langle \boldsymbol{u}, \boldsymbol{v} \rangle)^{-1}$ を得る（$|\langle \boldsymbol{u}, \boldsymbol{v} \rangle| < 1$ に注意）．半径については
$$\begin{aligned}
r^2 &= \|\boldsymbol{u} - \boldsymbol{a}\|^2 = \|\boldsymbol{u}\|^2 - 2\langle \boldsymbol{u}, \boldsymbol{a} \rangle + \|\boldsymbol{a}\|^2 \\
&= -1 + \|\boldsymbol{a}\|^2 \\
&= -1 + (1 + \langle \boldsymbol{u}, \boldsymbol{v} \rangle)^{-2} \|\boldsymbol{u} + \boldsymbol{v}\|^2 \\
&= (1 - \langle \boldsymbol{u}, \boldsymbol{v} \rangle)(1 + \langle \boldsymbol{u}, \boldsymbol{v} \rangle)^{-1}
\end{aligned}$$

となるから，次の補題が成り立つ．

290——第 7 章　公理系とモデル

補題 7.12　円周 $\partial\mathbb{X}$ 上の異なる 2 点 U, V に対して，$\partial\mathbb{X}$ と垂直に交わるような直線または円 $C(A, r)$ がただ 1 つ存在し，

$$\overrightarrow{OA} = \boldsymbol{a} = (1 + \langle \boldsymbol{u}, \boldsymbol{v} \rangle)^{-1}(\boldsymbol{u} + \boldsymbol{v}),$$
$$r^2 = (1 - \langle \boldsymbol{u}, \boldsymbol{v} \rangle)(1 + \langle \boldsymbol{u}, \boldsymbol{v} \rangle)^{-1} \, (= \|\boldsymbol{a}\|^2 - 1)$$

である。　　　　　　　　　　　　　　　　　　　　　　　　　　□

　我々のモデルについて，直線公理(I–b),(I–c)が成り立つことは明らかである．

定理 7.13　$\mathbb{X}$ の異なる 2「点」P, Q に対して，P, Q を通る「直線」がただ 1 つ存在する(直線公理(I–a))．　　　　　　　　　　　　□

　[証明]　O, P, Q が同一直線上にあるときは明らかだから，それ以外の場合を考える．

　$C(A, r)$ を P, Q を通り円周 $\partial\mathbb{X}$ に垂直に交わる円とする．$\overrightarrow{OP} = \boldsymbol{p}$, $\overrightarrow{OQ} = \boldsymbol{q}$, $\overrightarrow{OA} = \boldsymbol{a}$ とすると，上の補題により

$$\|\boldsymbol{p} - \boldsymbol{a}\|^2 = \|\boldsymbol{q} - \boldsymbol{a}\|^2 = \|\boldsymbol{a}\|^2 - 1$$

が成り立つから，これからただちに

$$\langle \boldsymbol{p}, \boldsymbol{a} \rangle = 2^{-1}(1 + \|\boldsymbol{p}\|^2) \tag{7.5}$$

$$\langle \boldsymbol{q}, \boldsymbol{a} \rangle = 2^{-1}(1 + \|\boldsymbol{q}\|^2) \tag{7.6}$$

を得る．よって $\boldsymbol{a}$ は $\boldsymbol{p}, \boldsymbol{q}$ により一意的に定まり(§6.2 例題 6.19)，P, Q を通る「直線」はたかだか 1 つしか存在しないことがわかる．

　逆に，$\boldsymbol{a}$ を(7.5),(7.6)を満たすようにとり，$\overrightarrow{OA} = \boldsymbol{a}$, $r^2 = \|\boldsymbol{a}\|^2 - 1$ とすれば，$C(A, r) \cap \mathbb{X}$ が P, Q を通る「直線」であることは容易に確かめられる．　　■

定理 7.14　$\mathbb{X}$ の「点」P_0 と P_0 を通る通常の意味の直線 m に対して，P_0 を通る円 $C(A, r)$ で，P_0 における接線が m と一致し，しかも $\partial\mathbb{X}$ と垂直に交わるものがただ 1 つ存在する．

　[証明]　m のベクトル方程式が $\boldsymbol{p} = \boldsymbol{p}_0 + t\boldsymbol{n}$ により与えられているものとする($\overrightarrow{OP} = \boldsymbol{p}$, $\overrightarrow{OP_0} = \boldsymbol{p}_0$)．$C(A, r)$ についての条件は

§7.3　平行線の公理の独立性——非ユークリッド幾何学の存在———*291*

$$\langle \boldsymbol{n}, \boldsymbol{p}_0 - \boldsymbol{a} \rangle = 0 \quad (\Longleftrightarrow \quad m \text{ が } C(A, r) \text{ の接線})$$

$$\Longrightarrow \quad \langle \boldsymbol{a}, \boldsymbol{n} \rangle = \langle \boldsymbol{p}_0, \boldsymbol{n} \rangle. \tag{7.7}$$

さらに定理 7.13 の証明を見れば

$$\langle \boldsymbol{a}, \boldsymbol{p}_0 \rangle = 2^{-1}(1 + \|\boldsymbol{p}_0\|^2)$$

$$(\Longleftrightarrow \quad C(A, r) \text{ が } \partial\mathbb{X} \text{ と垂直に交わる})$$

である. これと (7.7) から, $\boldsymbol{a}$ はただ 1 つ定まり (例題 6.19), 逆にこのような $\boldsymbol{a}$ について $\overrightarrow{OA} = \boldsymbol{a}$, $r^2 = \|\boldsymbol{a}\|^2 - 1$ とすると, $C(A, r)$ が求める円になることは明らかである. ▊

「直線」$l = C(A, r) \cap \mathbb{X}$ 上の 3 「点」P, Q, R について

$$Q \text{ が } P \text{ と } R \text{ の間にある} \quad \Longleftrightarrow \quad Q \text{ が弧 } \widehat{PR} \text{ 上にある}$$

と定義すれば, この関係に関して順序公理を満たすことは容易に確かめられる.

「線分」AB が順序公理により定義されるが, これは「直線」l に含まれる弧 $\widehat{AB}$ にほかならない.

2 「点」P, Q が「直線」$l = C(A, r) \cap \mathbb{X}$ に関して同じ側にあることを, P, Q がともに円 $C(A, r)$ の内部にあるかまたは外部にあることとして定義すれば (言い換えれば

$$(\|\boldsymbol{p} - \boldsymbol{a}\| - r)(\|\boldsymbol{q} - \boldsymbol{a}\| - r) > 0$$

が成り立つこととして定義すれば), 平面公理を満たすことは明らかである.

「線分」の合同を定義するため,「線分」の長さを次のように定義しよう. $P, Q \in \mathbb{X}$ に対して, その間の「距離」$[d](P, Q)$ を

$$[d](P, Q) = \log\left(\frac{d(P, U) \cdot d(Q, V)}{d(Q, U) \cdot d(P, V)} \right)$$

により定義する. ここで d は $\mathbb{R}_2$ のユークリッド距離, U, V は P, Q を通る「直線」を定める円(または直線)$C(A, r)$ と $\partial\mathbb{X}$ の交点であり, 弧 $C(A, r) \cap \mathbb{X}$ 上 V, P, Q, U の順に並ぶものとする. $d(P, U) \geqq d(Q, U)$, $d(Q, V) \geqq d(P, V)$ であるから, $[d](P, Q) \geqq 0$. さらに, $[d](P, Q) = 0 \Longleftrightarrow P = Q$ であることも

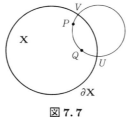

図 7.7

定義から明らかである．

問 3　$[d](P,Q) = [d](Q,P)$ を示せ．

例題 7.15　P, Q, R が同一「直線」上にあり，Q が「線分」PR 上にあれば
$$[d](P,R) = [d](P,Q) + [d](Q,R)$$
が成り立つことを示せ．

[証明]　U, V を上のようにとる．
$$\frac{d(P,U) \cdot d(R,V)}{d(R,U) \cdot d(P,V)} = \frac{d(P,U) \cdot d(Q,V)}{d(Q,U) \cdot d(P,V)} \cdot \frac{d(Q,U) \cdot d(R,V)}{d(R,U) \cdot d(Q,V)}$$
であるから両辺の対数をとれば主張が得られる． ∎

「直線」$l = PQ$ を考え，この「直線」上で「点」R を（ユークリッド距離に関して）U に近づけると，$d(R,U) \longrightarrow 0$，$d(R,V) \longrightarrow d(U,V)$ であるから，$[d](P,R)$ は無限大に発散する．これは，「距離」$[d]$ に関して $\partial \mathbb{X}$ が無限遠にあるものとみなせることを意味している．逆に R について $[d](P,R)$ が無限大に発散するとき，R はユークリッド距離に関して $\partial \mathbb{X}$ に近づくことも容易に確かめることができる．

「線分」の「合同」は，距離関数 $[d]$ を用いて次のように定義する：
$$PQ \equiv RS \iff [d](P,Q) = [d](R,S).$$

問 4 今説明した「合同」の概念を使って，線分の合同公理，アルキメデスの公理，および連続公理を満たすことを示せ．

「角」の「合同」については，次のように定める．l_1, l_2 を「点」P を始点とする「半直線」とする．C_1, C_2 をそれぞれ l_1, l_2 を弧として含む円周とし，P における C_1, C_2 の接線をそれぞれ m_1, m_2 とする．m_i ($i = 1, 2$) において，P で分けられる 2 つの側のうち，C_i の中心と l_i 上の P と異なる点を結んだ直線が m_i と交わる点を含む方を考え，P を始点とするこの側の半直線を m_i' とする．このとき，$\angle(l_1, l_2)$ の角度を $\angle(m_1', m_2')$ の角度として定義する．この通常の角度の概念を使って「角」の「合同」の定義を行う．

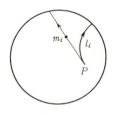

図 7.8

定理 7.14 を使えば，公理 (IV–B) が成り立つことをみるのは容易である（通常の角に対する公理に帰着）．公理 (IV–C) を示すには次の定理が必要である．

定理 7.16 $C(A, r)$ を $\mathbb{X}$ の「直線」を弧として含む円周とする．$C(A, r)$ に関する反転 τ について次の事柄が成り立つ．

(i) $\tau(\mathbb{X}) = \mathbb{X}$．

(ii) τ は「直線」を「直線」に写す．

(iii) τ は「距離」$[d]$ を不変にする．

(iv) τ は「角」の大きさを不変にする．

[証明] (i) と (iii) を証明すれば十分である ((ii) は補題 7.8 と 7.9，(iv) は補題 7.10 とその下の注意による)．(i) を示すには $\tau(\mathbb{X}) \subset \mathbb{X}$ を示せばよい（実際，τ^2 が恒等写像であることから，$\tau(\mathbb{X}) \subset \mathbb{X} \implies \mathbb{X} \subset \tau^{-1}(\mathbb{X}) \implies \mathbb{X} \subset \tau(\mathbb{X})$）．$P \in \mathbb{X}$ として，$\tau(P) = Q$，$\overrightarrow{OP} = \boldsymbol{p}$，$\overrightarrow{OQ} = \boldsymbol{q}$ とすると

294——第7章　公理系とモデル

$$q = r^2\|p-a\|^{-2}(p-a)+a$$

であるから,

$$\|q\|^2 - 1 = (\|p\|^2-1)(\|a\|^2-1)\|p-a\|^{-2} < 0.$$

これにより，$\tau(P) \in \mathbb{X}$ である.

(iii) を証明しよう. $P'=\tau(P)$, $Q'=\tau(Q)$, $\overrightarrow{OP}=p$, $\overrightarrow{OQ}=q$, $\overrightarrow{OP'}=p'$, $\overrightarrow{OQ'}=q'$ とおく. P,Q を通る「直線」を定める円 $C(A,r)$ と $\partial\mathbb{X}$ の交点を U,V とすると，P',Q' を通る「直線」を定める円と $\partial\mathbb{X}$ の交点は $U'=\tau(U)$, $V'=\tau(V)$ である. $\overrightarrow{OU'}=u'$, $\overrightarrow{OV'}=v'$ とおこう.

$$p' = r^2\|p-a\|^{-2}(p-a)+a\,,$$
$$q' = r^2\|q-a\|^{-2}(q-a)+a\,,$$
$$u' = r^2\|u-a\|^{-2}(u-a)+a\,,$$
$$v' = r^2\|v-a\|^{-2}(v-a)+a$$

であるから

$$\begin{aligned}
d(P',U')^2 &= \|p'-u'\|^2 = r^4\|(\|p-a\|^{-2}(p-a)-\|u-a\|^{-2}(u-a))\|^2 \\
&= r^4\|p-a\|^{-2}\|u-a\|^{-2}(\|u-a\|^2-2\langle p-a,u-a\rangle+\|p-a\|^2) \\
&= r^4\|p-a\|^{-2}\|u-a\|^{-2}(\|p\|^2-2\langle a,p\rangle+1) \\
&= r^4\|p-a\|^{-2}\|u-a\|^{-2}\|p-u\|^2\,.
\end{aligned}$$

よって

$$d(P',U') = r^2\|p-a\|^{-1}\|u-a\|^{-1}d(P,U)$$

となる. まったく同様な計算を行えば

$$d(Q',U') = r^2\|q-a\|^{-1}\|u-a\|^{-1}d(Q,U),$$
$$d(Q',V') = r^2\|q-a\|^{-1}\|v-a\|^{-1}d(Q,V),$$
$$d(P',V') = r^2\|p-a\|^{-1}\|v-a\|^{-1}d(P,V)$$

を得るから

$$\frac{d(P',U')\cdot d(Q',V')}{d(Q',U')\cdot d(P',V')} = \frac{d(P,U)\cdot d(Q,V)}{d(Q,U)\cdot d(P,V)}$$

§7.3 平行線の公理の独立性——非ユークリッド幾何学の存在——295

が成り立つ. よって $[d](P', Q') = [d](P, Q)$ となる.

原点 O を通る「直線」は通常の直線と $\mathbb{X}$ の共通部分であるから, τ をこの直線に関する通常の線対称変換とすれば, 上の定理に述べたすべての性質が成り立つことは容易に確かめることができる. この場合も含めて, τ を「直線」に関する「線対称」変換ということにする.

$\mathbb{X}$ の恒等変換および有限個の「線対称」変換の合成で表される $\mathbb{X}$ の変換を「合同」変換とよぶことにしよう(§5.3 の定理 5.45 に因んでいる). 明らかに,「合同」変換の全体からなる集合は合成による演算により群をなす.「合同」変換は「距離」と「角」の大きさを不変にする.

補題 7.17 $[d](A, B) = [d](A', B')$ であるとき, $\varphi(A) = A'$, $\varphi(B) = B'$ となる「合同」変換 φ が存在する.

[証明] まず $\varphi_1(A) = O$ となる「線対称」変換が存在することをいう. 実際,「線分」OA の「中点」を M として, M を通り「直線」OA に垂直な「直線」を考え, この「直線」に関する「線対称」変換を φ_1 とすれば, $\varphi_1(A) = O$ となる. 同様に, $\varphi_2(A') = O$ となる「線対称」変換 φ_2 を選ぶ. 「半直線」$O\varphi_1(B), O\varphi_2(B')$(原点を通るから通常の半直線でもある)のなす角の 2 等分線を考え, これを $\mathbb{X}$ の「直線」と考えてその「線対称」変換を φ_3 とすると, $\varphi_3(\varphi_1(B)) = \varphi_2(B')$ である. $\varphi = \varphi_2 \circ \varphi_3 \circ \varphi_1$ とおくと,

$$\varphi(A) = \varphi_2 \circ \varphi_3(O) = \varphi_2(O) = A',$$
$$\varphi(B) = B'$$

が成り立つ.

定理 7.18 非ユークリッド平面のモデル $\mathbb{X}$ は公理(IV–C)を満たす.

[証明] 「3 角形」$\triangle ABC, \triangle A'B'C'$ において,「線分」$AB, A'B'$ および $AC, A'C'$ は「合同」とし,「角」$\angle A, \angle A'$ も「合同」とする. 上の補題により $\varphi(A) = A'$, $\varphi(B) = B'$ となる「合同」変換 φ が存在する. $\varphi(C) = C''$ とおこう. $C'' = C'$ であるときは,「角」$\angle C$ は φ により $\angle C'$ に写るから, $\angle C$ と $\angle C'$ は「合同」である. $C'' \neq C'$ であるときは,「直線」$A'B'$ に関する「線対称」変換 τ を考えれば, $\tau(C'') = C'$ であるから,「合同」変換 $\tau \circ \varphi$ を使うことにより $\angle C$ と $\angle C'$ は「合同」であることがわかる.

こうして，我々のモデルは平行線の公理以外のすべての公理を満足することがわかった．最後に，我々のモデルでは平行線の公理が成り立たないことをみよう．

原点 O を通る「直線」l を考え，P を l 上にはない点とする．直線 l と $\partial \mathbb{X}$ の交点 U, V に対して直線 PU, PV を引き，P においてこれらに接する「直線」l_1 と l_2 を考える．すると，P を通る「直線」l_1, l_2 は l と交わらない．よって平行線の公理は成り立たない．

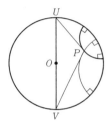

図 7.9

このようにして，平行線の公理のみを満たさないモデルの存在がいえたから，平行線の公理は他の公理系から独立であることが証明された．

注意 7.19 幾何学の他の公理の独立性についても，モデルを構成することにより証明できる(ヒルベルト)．

§7.4 非ユークリッド幾何学の発見の歴史

古代ギリシャに源をもつ古典幾何学から出発した幾何学の旅も，平行線の公理の独立性を確かめるという目標を達成して，その行程のほとんどを終えたことになる．さらに幾何学の大河は続くのだが，それを辿る旅は本シリーズの『曲面の幾何』に譲ろう．ここでは，非ユークリッド幾何学の発見にまつわる簡単な歴史を紹介する．

第 1 章 §1.7 において述べたように，サッケリは非ユークリッド幾何学の発見に肉薄してはいたが，残念ながら平行線の公理の証明にこだわり，

§7.4 非ユークリッド幾何学の発見の歴史 —— 297

第一発見者としての栄誉を得ることはできなかった. その後, スイスの数学者ランベルト(J. H. Lambert, 1728–77)とフランスの数学者ルジャンドル(A. M. Legendre, 1752–1833)は平行線の公理の証明の試みの中でサッケリの結果を再発見し, いくつかの新しい知見を加えた. 例えば

「合同でない相似 3 角形が存在すれば, 平行線の公理が成り立つ(ランベルト)」.

「与えられた角の内部の任意の点を通り, 角の両辺と交わる直線が存在すれば平行線の公理が成り立つ(ルジャンドル)」

などがそうである. このほか, ダランベール(J. le R. d'Alembert, 1717–83), ウォルフガング・ボーヤイ(W. Bolyai, 1775–1856)(後で述べるヤノス・ボーヤイの父), ティボー(B. F. Thibaut, 1775–1832)などが平行線の公理の証明を試みたがすべて失敗に帰した.

このように, 2000 年の長きにわたる「証明」の努力はまったく報われることなく, 19 世紀の初頭には悲観的な雰囲気が漂い始めていた. ここで登場するのがガウス(C. F. Gauss, 1777–1855), ロシアのロバチェフスキー(N. I. Lobachevskiĭ, 1793–1856), ハンガリーのヤノス・ボーヤイ(J. Bolyai, 1802–60)である. 彼らの仕事は偶然にも同じような時期にまったく独立になされたものであるが, ある意味では時代が新しい幾何学の登場を待望していたのであろう. ウォルフガング・ボーヤイが彼の息子ヤノスへの手紙の中で述べているように,「春には花がいたるところで咲くように, 物事には時期というものがあり, あちらこちらで同時に発見される」ということが現実に起こったのである.

ガウスは平行線の公理を仮定しない幾何学について, 明確な考え方をもっていた. 実際, 1813 年から始まった数人の数学者との手紙のやりとりの中に, 非ユークリッド幾何学が矛盾を含まないことをガウスが確信していたことがみてとれる. しかし, 非ユークリッド幾何学の存在を明言することにより引き起こされるであろう世間の否定的な反応を恐れて, 50 年以上その考えを公にはしなかったのである.

ロバチェフスキーとボーヤイは, ガウスとはそれぞれ独立に非ユークリッ

298──── 第7章 公理系とモデル

ド平面における「3角法」を確立することにより, 非ユークリッド幾何学が矛盾なく成立することを示した.

ロバチェフスキーは, 最初は平行線の公理の証明が可能であると信じていたが, 1823年から1825年にかけて, 平行線の公理とは独立な幾何学に注意を向け始めた. そして今でいう絶対幾何学の諸定理を確立したあと, 非ユークリッド平面における平行線の理論を作りあげたのである. 1829年に出版した論文において非ユークリッド幾何学の存在を初めて公に宣言したのだが, ロシア語で書かれたせいもあって注目を集めなかった. その後, 1840年になってドイツ語で発表した論文がガウスの注意を引き, その画期的内容が次第に理解されるようになった.

ヤノス・ボーヤイもロバチェフスキーとほぼ同じ考え方で非ユークリッド平面の発見に至った. 父ウォルフガングは, 上でも述べたように平行線の公理の証明に努力を傾けていた数学者であるだけに, 息子がこの問題にのめり込むことの危険さを人一倍心配していたのだが, ヤノスはこの挑戦的問題の虜になってしまった. そして, 1823年までに, 多大の努力の末, 彼自身がいうように「無から新しい世界を創造する」ことにより非ユークリッド幾何学を完成したのである. その結果は, 父親の出版した本の付録として発表された. そして, ウォルフガングは手紙を通して親交のあったガウスに息子の仕事について感想を求めたのであるが, すでに非ユークリッド幾何学の構想をもっていたガウスは, ヤノスの業績に賛辞を送るとともに「私がこれまで30数年にわたって考察してきたことと一致する」と述べて第一発見者としての栄光を与えられるものと信じていたヤノスの気持ちを挫いたという. このようなエピソードはあるものの, 非ユークリッド幾何学の創始者としてのヤノス・ボーヤイの名前は, ガウス, ロバチェフスキーとともに永久に歴史に刻まれることになったのである.

ロバチェフスキーとボーヤイが確立した基本的な事柄は次のように述べることができる.

平行線の公理を満たさない平面上の直線 l とその上にはない点 A に対して, A から l に垂線を下ろしその足を B とする. B が分ける l の1つの側を選

び，その上の点 P を動かして ∠PAB の大きさの上限を Π とする．Π ≦ π/2 であることは容易にわかる．A を通る直線 m で，A において線分 AB となす角が Π に等しいようなものを考えると m は l と交わらない．平行線の公理が成り立たないと仮定したから Π < π/2 である．

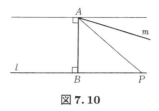

図 7.10

さらに Π が線分 AB の長さ x にのみよることは簡単に証明される．よって Π = Π(x) という関数が得られるが，

$$\tan(\Pi(x)/2) = e^{-x/k} \quad (k は x によらない正定数)$$

が成立するというのが，彼らの証明したことである．そして，この公式をもとに非ユークリッド平面における「3 角法」を確立したのである．

その後，非ユークリッド幾何学の内容は次第に整備され，その具体的モデルもポアンカレ（H. Poincaré, 1854–1912）やクライン（F. Klein, 1849–1925）により構成された．§7.2 で与えた非ユークリッド平面の円板モデルは，ポアンカレによるものである．そして，非ユークリッド平面は現代幾何学の標準的なモデルの 1 つとして重要な役割を果たすばかりではなく，さらに数論などにも予期せぬ形で関連することが知られており，20 世紀数学の華々しい展開に大きな刺激を与えたのである．

《まとめ》

7.1 公理系の上に構築される数学理論に対して，既知の数学理論を使って具体的方法により作られる集合とその部分集合族，およびそれらの間の関係を具体的に規定したものが公理系に述べられている言明をすべて満たしているとき，これを数学理論の**モデル**という．

300——— 第7章 公理系とモデル

7.2

（1）公理系の**独立性**：1つの公理（公理A）を除き他の公理を満たすモデルで，公理Aを満たさないものが存在すれば，公理Aは他の公理から独立である．

（2）公理系の**無矛盾性**：公理系全体を満たすモデルが存在すれば，公理系は無矛盾である．

（3）公理系の**範疇性**：与えられた数学理論のモデルが同型を除いてただ1つであるとき，公理系は範疇的である．

7.3 ユークリッド幾何学（ユークリッド平面に関する幾何学）の公理系は範疇的である．実際，座標を用いることによりユークリッド平面は数平面 $\mathbb{R}_2 = \mathbb{R} \times \mathbb{R}$ と同一視される．

7.4 連続公理は他の公理からは独立である．実際，ピタゴラス体 $\mathbb{P}$ に対して，$\mathbb{X} = \mathbb{P} \times \mathbb{P}$ を平面のモデルとする幾何学が構成できる．

7.5 平行線の公理は他の公理からは独立である．実際，単位円板の内部を「平面」とし，「直線」はその境界に垂直に交わる円弧（または直線）となるような非ユークリッド平面のモデルを構成できる．

——————— 演習問題 ———————

7.1 ペアノの公理系（§4.1）における公理(i),(ii),(iii)は独立であることを示せ．

7.2 集合 $\mathbb{L}$ と，$\mathbb{L}$ 上の線形順序 $\leqq$，および積集合 $\mathbb{L} \times \mathbb{L}$ 上の同値関係 $\equiv$ について次の公理系を考える．

（ⅰ） $(a,b) \in \mathbb{L} \times \mathbb{L}$ と $a' \in \mathbb{L}$ が与えられたとき，$(a,b) \equiv (a',b')$ となる $\mathbb{L}$ の元 b' がただ1つ存在する．

（ⅱ） $(a,b) \equiv (a',b')$ ならば，$(a,a') \equiv (b,b')$.

（ⅲ） $(a,b) \equiv (a',b')$ かつ $a < b$ ならば，$a' < b'$. $(a,b) \equiv (a',b')$ かつ $a > b$ ならば $a' > b'$.

この公理系を満足するモデルを与え，さらに公理(i),(ii),(iii)は独立であることを示せ．

7.3 座標平面の原点 O を中心とする単位円 $C(O,1)$ を考え，その内部の2点 P, Q を通る直線が $C(O,1)$ と交わる点を U, V とする．U, Q, P, V がこの順に直

線上に並ぶとき，次の問に答えよ．
(1) $\overrightarrow{OP}=\boldsymbol{p}$, $\overrightarrow{OQ}=\boldsymbol{q}$, $\overrightarrow{OU}=\boldsymbol{u}$, $\overrightarrow{OV}=\boldsymbol{v}$ とするとき
$$\frac{1}{2}\log\left\{\frac{d(Q,U)}{d(P,U)}\cdot\frac{d(P,V)}{d(Q,V)}\right\}=\cosh^{-1}\frac{1-\langle\boldsymbol{p},\boldsymbol{q}\rangle}{(1-\|\boldsymbol{p}\|^2)^{1/2}(1-\|\boldsymbol{q}\|^2)^{1/2}}$$
となることを示せ．ここで $\cosh^{-1}$ は双曲線余弦関数
$$\cosh x=(e^x+e^{-x})/2$$
の逆関数を表す．

(2) U,V を通り $C(O,1)$ と垂直に交わる円 C と半直線 OP が交わる点を P' とするとき，$\overrightarrow{OP'}=\boldsymbol{p}'$ とおけば
$$\boldsymbol{p}'=\{1+(1-\|\boldsymbol{p}\|^2)^{1/2}\}^{-1}\boldsymbol{p}$$
となることを示せ．

(3) U,V を通り $C(O,1)$ と垂直に交わる円 C と半直線 OP, OQ が交わる点をそれぞれ P', Q' とするとき，
$$\log\left\{\frac{d(P',U)}{d(Q',U)}\cdot\frac{d(Q',V)}{d(P',V)}\right\}=\frac{1}{2}\log\left\{\frac{d(Q,U)}{d(P,U)}\cdot\frac{d(P,V)}{d(Q,V)}\right\}$$
となることを示せ．

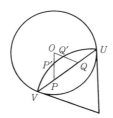

(4) §7.3 で考察した非ユークリッド平面のモデル $\mathbb{X}(C(O,1)$ の内部)において，「点」A, B の距離 $[d](A,B)$ は次のように与えられることを示せ．
$$\cosh^{-1}\left\{1+\frac{2\|\boldsymbol{a}-\boldsymbol{b}\|^2}{(1-\|\boldsymbol{a}\|^2)(1-\|\boldsymbol{b}\|^2)}\right\}$$
ここで，$\overrightarrow{OA}=\boldsymbol{a}$, $\overrightarrow{OB}=\boldsymbol{b}$ とする．

現代数学への展望

　平面において定義した距離は，2点間の遠近を表す量である．すなわち，$d(A, B)$ が小さければ，A, B は互いに「近く」，$d(A, B)$ が大きければ A, B は互いに「遠い」のである．遠近の考え方は，実は平面ばかりではなく，まったく異なる状況下でも生じる．例えば，2つの英単語

　　confirmation（確認）

　　conformation（形状）

は，5番目の字(i と o)のみが違っているが，

　　confirmation

　　congregation（集合）

においては，4文字(f と g，i と r，r と e，m と g)が異なり，前者の場合が後者の場合に比べて，単語の形として「近い」と考えることができる（意味が近いのではない）．このような遠近の概念は，後でみるように情報理論で有効に使われる．ここでは幾何学に登場する距離ばかりではなく，様々な場面に現れる「遠近」の概念を一般的な立場から展望しよう．そして，幾何学において育まれた概念が抽象的な対象に昇華していくさまを見る．読者は抽象的なものというと無味乾燥な世界を想像するかもしれないが，実は様々な小世界(具体例)を一挙に見渡せる高みに上ることを意味しているのである．

距離空間の定義

　平面や空間のユークリッド距離を抽象化した概念を考えよう．X を集合，d を直積集合 $X \times X$ 上で定義された実数値関数とする．d が次の性質を満たすとき，X 上の距離関数，あるいは単に**距離**(distance, metric)といい，(X, d)（または単に X）を**距離空間**(metric space)という．

　（i）　すべての $x, y \in X$ に対して，$d(x, y) \geqq 0$.

(ii) すべての $x, y \in X$ に対して, $d(x, y) = d(y, x)$.
(iii) $d(x, y) = 0 \iff x = y$.
(iv) すべての $x, y, z \in X$ に対して,
$$d(x, y) + d(y, z) \geqq d(x, z).$$

(iv)を **3角不等式** とよぶ.

3角不等式は，3角形の2辺の和が他の1辺よりも大きいという性質を抽象化したものである．ユークリッド距離により平面は距離空間になる(定理 5.29).

平面や空間の場合にならって，距離空間 X の元を**点**ということにする.

例題 次式を示せ.
$$|d(x, z) - d(y, z)| \leqq d(x, y)$$
($z = x$ または $z = y$ のときに等号が成り立つ.)

[解] 3角不等式から
$$d(x, z) - d(y, z) \leqq d(x, y),$$
$$-(d(x, z) - d(y, z)) \leqq d(x, y)$$
が成り立つことに注意すればよい． ∎

例 Ω を集合，X を Ω の部分集合全体からなる集合とする．$A, B \in X$ に対して，A, B の**対称差** $A \triangle B$ を
$$A \triangle B = (A \cup B) \setminus (A \cap B)$$
により定義する(下図参照). $A \triangle B = (A \setminus B) \cup (B \setminus A) = B \triangle A$ に注意.

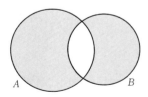

Ω を有限集合とする．$A \in X$ に対し，$\sharp A$ により A に含まれる元の個数を表すことにして,
$$d(A, B) = \sharp(A \triangle B)$$

とおく. d は X の距離関数である. d は距離の性質 (i), (ii), (iii) は明らかに満たす. 3 角不等式 (iv) を示すために, まず次の包含関係を証明しよう.

$$A \Delta C \subset (A \Delta B) \cup (B \Delta C),$$

$$x \in A \Delta C \iff x \in A \backslash C \text{ または } x \in C \backslash A.$$

（a） $x \in A \backslash C$ のときは, $x \in A$, $x \notin C$. $x \in B$ であれば, $x \in B$, $x \notin C$. よって $x \in B \Delta C$. $x \notin B$ であれば, $x \in A$, $x \notin B$. よって $x \in A \Delta B$.

（b） $x \in C \backslash A$ のときは, $x \in C$, $x \notin A$. $x \in B$ であれば, $x \in B$, $x \notin A$. よって $x \in A \Delta B$. $x \notin B$ であれば, $x \in C$, $x \notin B$. よって $x \in B \Delta C$.

いずれにしても, $x \in (A \Delta B) \cup (B \Delta C)$ となり, 包含関係が示されたことになる.

3 角不等式を証明しよう. $\sharp(A \cup B) \leqq \sharp A + \sharp B$ であるから,

$$\begin{aligned} d(A, C) = \sharp(A \Delta C) &\leqq \sharp\{(A \Delta B) \cup (B \Delta C)\} \\ &\leqq \sharp(A \Delta B) + \sharp(B \Delta C) \\ &= d(A, B) + d(B, C). \end{aligned}$$

これは 3 角不等式にほかならない. □

n 次元ユークリッド数空間

§6.1 で述べたように, 連続公理と平行線の公理を満足する平面と空間は, 斜交座標系を用いてそれぞれ 2 次元数空間 $\mathbb{R}_2 = \mathbb{R} \times \mathbb{R}$ あるいは 3 次元数空間 $\mathbb{R}_3 = \mathbb{R} \times \mathbb{R} \times \mathbb{R}$ と同一視されることが分かった. とくに直交座標系では, ピタゴラスの定理の応用として平面の 2 点 $P = P(x_1, y_1)$, $Q = Q(x_2, y_2)$ の 2 点の距離は

$$d(P, Q) = \{(x_1 - y_1)^2 + (x_2 - y_2)^2\}^{1/2}$$

に等しいことも学んだ.

n 次元数空間 $\mathbb{R}_n$ は, $\mathbb{R}$ の n 個の直積 $\mathbb{R} \times \mathbb{R} \times \cdots \times \mathbb{R}$ のことである. 2, 3 次元との類似を考えて, $\mathbb{R}_n$ にも次のような距離関数 d を定義しよう. $\mathbb{R}_n$ の 2 点 $x = (x_1, x_2, \cdots, x_n)$, $y = (y_1, y_2, \cdots, y_n)$ に対して

$$d(x, y) = \{(x_1 - y_1)^2 + (x_2 - y_2)^2 + \cdots + (x_n - y_n)^2\}^{1/2}$$

とおく. 下で示すように, この d は実際に距離関数である. これを $\mathbb{R}_n$ のユ

306——— 現代数学への展望

ークリッド距離という. そして, ユークリッド距離をもつ数空間を, **ユーク
リッド数空間**という.

上で定義した d が, 実際の距離関数の性質を満足することをみよう. 3角
不等式のみが問題である. $z = (z_1, z_2, \cdots, z_n)$ について,

$$\{(x_1 - y_1)^2 + (x_2 - y_2)^2 + \cdots + (x_n - y_n)^2\}^{1/2}$$
$$+ \{(y_1 - z_1)^2 + (y_2 - z_2)^2 + \cdots + (y_n - z_n)^2\}^{1/2}$$
$$\geqq \{(x_1 - z_1)^2 + (x_2 - z_2)^2 + \cdots + (x_n - z_n)^2\}^{1/2}$$

を示すために, $a_i = x_i - y_i, \ b_i = y_i - z_i \ (i = 1, 2, \cdots, n)$ とおいて, 両辺を2乗
したものを考えることにより

$$a_1^2 + a_2^2 + \cdots + a_n^2 + b_1^2 + b_2^2 + \cdots + b_n^2 + 2(a_1^2 + a_2^2 + \cdots + a_n^2)^{1/2}(b_1^2 + b_2^2 + \cdots + b_n^2)^{1/2}$$
$$\geqq (a_1 + b_1)^2 + (a_2 + b_2)^2 + \cdots + (a_n + b_n)^2$$

を示せばよい. 整理すると

$$(a_1^2 + a_2^2 + \cdots + a_n^2)^{1/2}(b_1^2 + b_2^2 + \cdots + b_n^2)^{1/2}$$
$$\geqq a_1 b_1 + a_2 b_2 + \cdots + a_n b_n \tag{$*$}$$

に帰着する. この不等式を証明するには, 変数 t に関する2次関数
$$f(t) = (a_1 t + b_1)^2 + (a_2 t + b_2)^2 + \cdots + (a_n t + b_n)^2$$
$$= (a_1^2 + a_2^2 + \cdots + a_n^2)t^2 + 2(a_1 b_1 + a_2 b_2 + \cdots + a_n b_n)t + (b_1^2 + b_2^2 + \cdots + b_n^2)$$
を考える. すべての t について $f(t) \geqq 0$ となることから, 判別式
$$\frac{D}{4} = (a_1 b_1 + a_2 b_2 + \cdots + a_n b_n)^2 - (a_1^2 + a_2^2 + \cdots + a_n^2)(b_1^2 + b_2^2 + \cdots + b_n^2)$$
が0または負となることがわかる. これは求める不等式にほかならない.

注意 $(*)$ は, シュワルツの不等式とよばれるものである.

数空間 $\mathbb{R}_n$ において d と異なる距離を考えることもある. $x = (x_1, x_2, \cdots, x_n)$,
$y = (y_1, y_2, \cdots, y_n)$ に対して,
$$d_{tc}(x, y) = |x_1 - y_1| + |x_2 - y_2| + \cdots + |x_n - y_n|,$$

$$d_{\mathrm{m}}(x,y) = \max\{|x_1-y_1|, |x_2-y_2|, \cdots, |x_n-y_n|\}$$

とおくと，$d_{\mathrm{tc}}, d_{\mathrm{m}}$ は $\mathbb{R}_n$ の距離関数である（証明は，読者に委ねる）．特に $n=1$ の場合，すなわち数直線 $\mathbb{R}_1 = \mathbb{R}$ においては，これらの距離は一致し

$$d(x,y) = d_{\mathrm{tc}}(x,y) = d_{\mathrm{m}}(x,y) = |x-y| \quad (x,y \in \mathbb{R})$$

である．

$d, d_{\mathrm{tc}}, d_{\mathrm{m}}$ の間に，次の関係がある．

$$d(x,y) \leqq n^{1/2} d_{\mathrm{m}}(x,y) \leqq n^{1/2} d_{\mathrm{tc}}(x,y) \leqq n d(x,y).$$

これを見るには左の不等式から順に，

$$(a_1^2 + a_2^2 + \cdots + a_n^2)^{1/2} \leqq n^{1/2} \max(|a_1|, |a_2|, \cdots, |a_n|),$$
$$\max(|a_1|, |a_2|, \cdots, |a_n|) \leqq |a_1| + |a_2| + \cdots + |a_n|,$$
$$(|a_1| + |a_2| + \cdots + |a_n|)^2 \leqq (a_1^2 + a_2^2 + \cdots + a_n^2)(1^2 + \cdots + 1^2)$$
$$= n(a_1^2 + a_2^2 + \cdots + a_n^2)$$

（シュワルツの不等式の特別な場合）

を使えばよい．

d_{tc} は taxi-cab の距離とよばれる．その理由は，$n=2$ のとき，すなわち平面の場合を考えるとわかりやすい．ニューヨークや京都のように，碁盤の目のように道路が張り巡らされた都会で，ある地点 x から，他の地点 y にタクシーで向かうのに，距離としては図のように計るのが自然だからである．

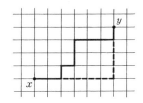

問 $x=(0,0), z=(1,1)$ とするとき，集合
$$\{y \in \mathbb{R}_2 \mid d_{\mathrm{tc}}(x,y) + d_{\mathrm{tc}}(y,z) = d_{\mathrm{tc}}(x,z)\}$$
を図示せよ．

308——— 現代数学への展望

ハミングの距離

W を任意の集合（無限集合でもよい），$X = W \times \cdots \times W$（$n$ 個の Ω の直積）とする．X の2つの元

$$\boldsymbol{x} = (a_1, \cdots, a_n) \quad (a_i \in W)$$
$$\boldsymbol{y} = (b_1, \cdots, b_n) \quad (b_i \in W)$$

に対して

$$d(\boldsymbol{x}, \boldsymbol{y}) = \sharp\{i \in \{1, 2, \cdots, n\}; \, a_i \neq b_i\}$$

とおく．例えば，$n = 12$ とし，W を英語のアルファベットの集合とする．

$$\boldsymbol{x} = (\text{c}, \text{o}, \text{n}, \text{f}, \text{i}, \text{r}, \text{m}, \text{a}, \text{t}, \text{i}, \text{o}, \text{n})$$
$$\boldsymbol{y} = (\text{c}, \text{o}, \text{n}, \text{f}, \text{o}, \text{r}, \text{m}, \text{a}, \text{t}, \text{i}, \text{o}, \text{n})$$
$$\boldsymbol{z} = (\text{c}, \text{o}, \text{n}, \text{g}, \text{r}, \text{e}, \text{g}, \text{a}, \text{t}, \text{i}, \text{o}, \text{n})$$

とすると，

$$d(\boldsymbol{x}, \boldsymbol{y}) = 1, \quad d(\boldsymbol{x}, \boldsymbol{z}) = 4$$

である．

明らかに，d は距離の性質のうち(i), (ii), (iii)は満たす．3角不等式(iv)は次のように示される．

$$\boldsymbol{x} = (a_1, \cdots, a_n), \quad \boldsymbol{y} = (b_1, \cdots, b_n), \quad \boldsymbol{z} = (c_1, \cdots, c_n)$$

に対して

$$A = \{i; \, a_i = b_i\}, \quad B = \{j; \, b_j = c_j\}, \quad C = \{k; \, a_k = c_k\}$$

とおくと，$A \cap B \subset C$．補集合を考えることにより $A^c \cup B^c \supset C^c$（ここで A^c は A の $\{1, 2, \cdots, n\}$ における補集合を表す）．d の定義から，

$$d(\boldsymbol{x}, \boldsymbol{y}) = \sharp A^c, \quad d(\boldsymbol{y}, \boldsymbol{z}) = \sharp B^c, \quad d(\boldsymbol{x}, \boldsymbol{z}) = \sharp C^c$$

であるから

$$d(\boldsymbol{x}, \boldsymbol{z}) = \sharp C^c \leqq \sharp(A^c \cup B^c) \leqq \sharp A^c + \sharp B^c = d(\boldsymbol{x}, \boldsymbol{y}) + d(\boldsymbol{y}, \boldsymbol{z}).$$

これは3角不等式にほかならない．

この距離は，次の顕著な性質を満足する：$d(\boldsymbol{x}, \boldsymbol{y}) = s$ となる $\boldsymbol{x}, \boldsymbol{y}$ に対して，$\boldsymbol{u}_0, \boldsymbol{u}_1, \cdots, \boldsymbol{u}_s \in X$ で

$$\boldsymbol{u}_0 = \boldsymbol{x}, \quad \boldsymbol{u}_s = \boldsymbol{y},$$
$$d(\boldsymbol{u}_{i-1}, \boldsymbol{u}_i) = 1 \quad (i = 1, 2, \cdots, s)$$

$$d(\boldsymbol{x}, \boldsymbol{u}_i) = i, \quad d(\boldsymbol{u}_i, \boldsymbol{y}) = s - i \quad (i = 1, 2, \cdots, s)$$

となるものが存在する. 実際, $\boldsymbol{x} = (a_1, \cdots, a_n)$ と $\boldsymbol{y} = (b_1, \cdots, b_n)$ が異なる成分をもつ番号を $k_1 < k_2 < \cdots < k_s$ としたとき, $\boldsymbol{u}_i$ は $\boldsymbol{x}$ の k_1 成分から k_i 成分までを $\boldsymbol{y}$ の対応する成分で置き換えたものとすればよい. 例えば,

$$\boldsymbol{x} = (\mathrm{c, o, n, f, i, r, m, a, t, i, o, n})$$
$$\boldsymbol{y} = (\mathrm{c, o, n, g, r, e, g, a, t, i, o, n})$$

に対しては,

$$\boldsymbol{u}_1 = (\mathrm{c, o, n, g, i, r, m, a, t, i, o, n})$$
$$\boldsymbol{u}_2 = (\mathrm{c, o, n, g, r, r, m, a, t, i, o, n})$$
$$\boldsymbol{u}_3 = (\mathrm{c, o, n, g, r, e, m, a, t, i, o, n})$$
$$\boldsymbol{u}_4 = (\mathrm{c, o, n, g, r, e, g, a, t, i, o, n})$$

である. 特に, t を $0 \leqq t \leqq d(\boldsymbol{x}, \boldsymbol{y})$ を満たす任意の整数とすると

$$d(\boldsymbol{x}, \boldsymbol{y}) = d(\boldsymbol{x}, \boldsymbol{z}) + d(\boldsymbol{z}, \boldsymbol{y}), \quad d(\boldsymbol{x}, \boldsymbol{z}) = t$$

を満たす $\boldsymbol{z} \in X$ が存在する.

この距離はハミング(Hamming)の距離とよばれ, 次に見るように情報理論に登場する重要な概念である.

ハミングの距離と情報理論

情報理論の基本的考え方を説明するため, 次のようなモデルを設定しよう. ある人 A が, 離れた所にいる B に何らかのメッセージを伝えようとする. よく使われる手段は, 電話, 無線, あるいは電子メールなどの送信装置を使い, いったん A のメッセージを信号(符号)化して, 電話線や電波などの信号を運ぶ媒体(チャンネル)を通して受信装置に送り, それを元に戻して受信者の B がメッセージを受け取る方法である. その機構のパターンは次のように表される:

送信者 $A \Rightarrow$ 符号化 $\Rightarrow$ チャンネル $\Rightarrow$ 復号化 $\Rightarrow$ 受信者 B
$\uparrow$
雑音

例えば, 符号化の代表的な例は 2 進符号(binary code)を使う方法であるが,

310―――現代数学への展望

これは，メッセージを 0 と 1 からなる列（長さは固定する）に変換したものである．もしチャンネルを通して符号がそのまま伝われば問題は起こらないが，現実には送信の途中で雑音（ノイズ）が加わり，受信したときの符号が，送信したときの符号とは異なることがある．例えば送信した符号が

$$\boldsymbol{x} = (1,1,1,0,1,0,0,0)$$

であっても，受信した符号が

$$\boldsymbol{x}' = (1,1,1,0,1,1,0,0)$$

のようになってしまうことがある（6 番目の 0 が 1 に代わっている）．このとき，元の符号を復元しようとするとき，どのようにすればよいだろうか．あらかじめ送られるメッセージの符号が決められていて，その種類を A, B の両人が知っているとしよう．例えば，4 種類の，長さが 8 の符号

$$\boldsymbol{x}_1 = (1,1,1,0,1,0,0,0)$$
$$\boldsymbol{x}_2 = (1,1,0,1,0,1,0,0)$$
$$\boldsymbol{x}_3 = (1,0,1,1,0,0,1,0)$$
$$\boldsymbol{x}_4 = (1,1,1,1,1,1,1,1)$$

が決められているとする．このうちの 1 つを B が受信したとき，もしそれが $(1,1,1,0,1,1,0,0)$ としたら，元の符号列はそれにハミングの距離の意味で最も近い $(1,1,1,0,1,0,0,0)$ であることが期待できる．もちろん，雑音が激しく数字 0, 1 の入れ替わりが多ければ，このような復号は困難になるが，雑音による数字の変動があまりなければ，あらかじめ決めておく符号のハミングの距離を互いに大きくすることによって，より完全な復号が期待される．

以上のことを念頭において，符号化と復号化の数学的取り扱いを述べよう．M を送りたいメッセージの集合とする．W をアルファベットと呼ばれる q 個の元からなる集合とし（2 進符号のときは $q = 2$），$X = W \times \cdots \times W$（$n$ 個の W の直積）とする．$\sharp X = q^n$ に注意．M の X による長さ n の符号化とは，M から X への単射 $\psi \colon M \longrightarrow X$ のことである．また，$\varphi\psi = I_M$（すなわち，すべてのメッセージ $m \in M$ に対して，$\varphi(\psi(m)) = m$）を満たす写像 $\varphi \colon X \longrightarrow M$ を復号化という．雑音は，X から X 自身へのある特別な性質を満たす写像 $\omega \colon X \longrightarrow X$ からなる集合 Ω により表される．もしすべての $\omega \in$

Ω に対して，$\varphi\omega\psi=I_M$ となるような復号化 φ を持つとき，符号化 ψ は雑音 Ω による**誤りを訂正できる**（error-correcting）という.

符号化 ψ が与えられたとき，雑音 Ω の程度 $e(\psi,\Omega)$ を

$$\max_{m\in M,\,\omega\in\Omega} d(\psi(m),\omega(\psi(m)))$$

により定義しよう.

上の考察でもわかるように，訂正可能な符号化を求めるには，X のハミングの距離を d としたとき

$$d(\psi):=\min_{\substack{m_1,m_2\in M\\ m_1\ne m_2}} d(\psi(m_1),\psi(m_2))$$

を大きくすればよいが，正確には次の定理が成り立つ.

定理 もし $d(\psi)\geqq 2e(\psi,\Omega)+1$ が成り立てば，符号化 ψ の誤りが訂正できる. 逆に，$e(\psi,\Omega)\leqq e$ となるすべての雑音 Ω について，ψ が誤り訂正可能であれば，$d(\psi)\geqq 2e+1$ である.

[証明] M を符号化 ψ による像 $\psi(M)\subset X$ と同一視することによって，M は X の部分集合と思っても一般性を失わない. このとき，符号化は包含写像 $\iota:M\longrightarrow X$ である.

まず前半を示す. $e=e(\psi,\Omega)$ とおこう. $M=\{\boldsymbol{x}_1,\boldsymbol{x}_2,\cdots,\boldsymbol{x}_k\}\subset X$ とする. $B_i(e)=\{\boldsymbol{x}\in X\mid d(\boldsymbol{x},\boldsymbol{x}_i)\leqq e\}$ $(i=1,2,\cdots,k)$ とおくと，任意の $\omega\in\Omega$ に対して $\omega(\boldsymbol{x}_i)\in B_i(e)$ であり，さらに

$$B_i(e)\cap B_j(e)=\varnothing\quad (i\ne j)$$

となる. これは，$\boldsymbol{x}\in B_i(e)\cap B_j(e)$ とすると，3角不等式により

$$d(\boldsymbol{x}_i,\boldsymbol{x})\leqq d(\boldsymbol{x}_i,\boldsymbol{x}_j)+d(\boldsymbol{x},\boldsymbol{x}_j)\leqq 2e$$

となって，仮定 $d(\psi)\geqq 2e+1$ に反することからわかる. 復号化

$$\varphi:X\longrightarrow M$$

を，$\varphi(\boldsymbol{x})=\boldsymbol{x}_i$ $(\boldsymbol{x}\in B_i(e))$ となるように定義すれば（和集合 $\bigcup_{i=1}^{k}B_i(e)$ の外では，φ のとる値はなんでもよい），明らかに $\varphi(\omega(\boldsymbol{x}_i))=\boldsymbol{x}_i$ となって，$\varphi\omega\iota=I_M$ となる. よって誤りは訂正できる.

次に後半を示す. 仮定により，$d(\boldsymbol{x}_i,\omega(\boldsymbol{x}_i))\leqq e$ $(i=1,2,\cdots,k)$ を満たす任

312——— 現代数学への展望

意の $\omega: X \longrightarrow X$ に対して, $\varphi(\omega(\boldsymbol{x}_i)) = \boldsymbol{x}_i$ となる $\varphi: X \longrightarrow M$ が存在する. 特に, $B_i(e) \cap B_j(e) = \emptyset$ $(i \neq j)$ でなければならない(もし $B_i(e) \cap B_j(e)$ に属する元 $\boldsymbol{x}$ が存在すれば,

$$\omega(\boldsymbol{x}_i) = \omega(\boldsymbol{x}_j) = \boldsymbol{x},$$
$$\omega(\boldsymbol{x}_k) = \boldsymbol{x}_k \quad (k \neq i, j)$$

となるような ω は $d(\boldsymbol{x}_i, \omega(\boldsymbol{x}_i)) \leqq e$ $(i = 1, 2, \cdots, k)$ を満たすが, $\boldsymbol{x}_i = \varphi(\omega(\boldsymbol{x}_i))$ $= \varphi(\boldsymbol{x}) = \varphi(\omega(\boldsymbol{x}_j)) = \boldsymbol{x}_j$ となって矛盾). 定理の結論を否定すると $d(\boldsymbol{x}_i, \boldsymbol{x}_j)$ $\leqq 2e$ を満たす $\boldsymbol{x}_i, \boldsymbol{x}_j \in M$ $(i \neq j)$ が存在する. このとき

$$d(\boldsymbol{x}_i, \boldsymbol{x}_j) = d(\boldsymbol{x}_i, \boldsymbol{z}) + d(\boldsymbol{z}, \boldsymbol{x}_j),$$
$$d(\boldsymbol{x}_i, \boldsymbol{z}) \leqq e, \quad d(\boldsymbol{z}, \boldsymbol{x}_j) \leqq e$$

となる元 $\boldsymbol{z}$ が存在するから, $\boldsymbol{z} \in B_i(e) \cap B_j(e)$ となって, $B_i(e) \cap B_j(e) = \emptyset$ であることに矛盾する. ∎

アルファベットの数 q と符号の長さ n, および雑音の程度(の上限)e を固定したとき, どの程度の数のメッセージを, 誤りが訂正できるような符号に直すことができるか考えよう. すなわち, メッセージの数 $\sharp M$ の上限を求めたい.

定理 $e(\psi, \Omega) \leqq e$ となるすべての雑音 Ω について, ψ が誤り訂正可能であれば,

$$\sharp M \cdot \left(\sum_{h=0}^{e} {}_n C_h (q-1)^h \right) \leqq q^n \quad (\text{ハミングの限界式}).$$

[証明] 前の定理の証明と同様, $M = \{\boldsymbol{x}_1, \boldsymbol{x}_2, \cdots, \boldsymbol{x}_k\} \subset X$ とする. 仮定から, 上の定理の後半の主張を使って $d(\psi) \geqq 2e+1$. さらに上の証明から $\{B_i(e)\}_{i=1}^{k}$ は互いに交わらず, $\sharp B_i(e)$ は i によらないから, $\sharp B_i(e) = s$ とおくと, $ks \leqq q^n$ $(k = \sharp M)$ である. 一方

$$B_i(e) = \bigcup_{h=0}^{e} \{\boldsymbol{x} \mid d(\boldsymbol{x}, \boldsymbol{x}_i) = h\}$$

$$\sharp \{\boldsymbol{x} \mid d(\boldsymbol{x}, \boldsymbol{x}_i) = h\} = {}_n C_h (q-1)^h \quad ({}_n C_h \text{は2項係数})$$

となるから($d(\boldsymbol{x}, \boldsymbol{x}_i) = h$ となる $\boldsymbol{x}$ は, $\boldsymbol{x}_i = (w_1, w_2, \cdots, w_n)$ と比べて h 個の成分が異なるアルファベットを有する列である), 求める不等式が得られる. ∎

現代数学への展望――― *313*

　情報理論における重要な問題の 1 つは，♯M ができるだけ大きな符号化を具体的に構成することである(詳しいことは情報理論の専門書を参照してほしい).

p 進距離

　$\mathbb{Q}$ を有理数の集合とする．$\mathbb{Q}$ の通常の距離は，$d(x, y) = |x-y|$ により定義されるが，これ以外にも，ある意味で自然な距離を無限個持っている.

　p を素数としよう(すなわち 1 とそれ自身しか約数を持たない自然数，ただし 1 は素数から除外する)．まず，$x \in \mathbb{Q}$ の p 進絶対値 $|x|_p$ を次のように定義する．$x \neq 0$ のとき $x = p^n \dfrac{b}{a}$($a > 0, b$ は p を素因数としてもたない互いに素な整数で，n は整数)と一意的に書けることに注意(下の例題)．この n を用いて

$$|x|_p = \begin{cases} p^{-n} & (x \neq 0) \\ 0 & (x = 0) \end{cases}$$

とおく.

　例　$p = 3$, $x = \dfrac{63}{54}$ であるとき，$x = 3^{-1}\dfrac{7}{2}$ と書けるから，$|x|_p = 3$.　　　□

　例題　零でない任意の有理数 x は，p を素因数として含まない互いに素な整数 a, b により

$$p^n \frac{b}{a}$$

の形に表されることを示せ．また，n は x により一意的に決まる.

　[解]　$x = \dfrac{\beta}{\alpha}$ (α, β は互いに素)と書いたとき，α, β を素因数分解して，$\alpha = p^h a$, $\beta = p^k b$ (a, b は p を素因数として含まない整数)と書くことができる．このとき $n = k - h$ とおけば，$x = p^n \dfrac{b}{a}$ となる．n の一意性を示すために，2 つの表示

$$x = p^m \frac{b'}{a'} = p^n \frac{b}{a}$$

314—— 現代数学への展望

を考えよう. ただし, a, b, a', b' は p を素因数として含まないと仮定. このとき $p^{m-n}ab' = a'b$. $ab', a'b$ も p を素因数として含まないから, $m = n$ でなければならない. ∎

例題 $x, y \in \mathbb{Q}$ について, 次のことが成り立つことを示せ.

（1） $|xy|_p = |x|_p|y|_p$

（2） $|x+y|_p \leqq \max\{|x|_p, |y|_p\}$

[解] （1）は明らかであるから, （2）を示す. $x = 0$ または $y = 0$ のときは明らか. $x \neq 0$, $y \neq 0$ とする.

$x = p^n\dfrac{b}{a}$, $y = p^m\dfrac{d}{c}$ (a, b, c, d は p を素因数として含まない) とする. $|x|_p \geqq |y|_p$ とすると,

$$x + y = p^n\frac{bc + p^{m-n}ad}{ac} \quad (m \geq n)$$

となり, ac は p を素因数として含まず, $bc + p^{m-n}ad = p^ke$ ($k \geqq 0$, e は p と素) と書けるから, $|x+y|_p = p^{-n-k} \leqq p^{-n} = |x|_p$. $|x|_p \leqq |y|_p$ の場合も同様に $|x+y|_p \leqq |y|_p$. したがって, $|x+y|_p \leqq \max\{|x|_p, |y|_p\}$ が証明された. ∎

p 進距離 $d_p : \mathbb{Q} \times \mathbb{Q} \longrightarrow \mathbb{R}$ を $d_p(x, y) = |x-y|_p$ により定義する. d_p が距離の性質(i), (ii), (iii)を満たすことはすぐわかる. 3角不等式については

$$\begin{aligned}
d_p(x, z) = |x-z|_p &= |x-y+y-z|_p \\
&\leqq \max\{|x-y|_p, |y-z|_p\} \\
&= \max\{d_p(x, y), d_p(y, z)\} \\
&\leqq d_p(x, y) + d_p(y, z)
\end{aligned}$$

となり, d_p は距離関数である.

今みたように, d_p は3角不等式より強い不等式

$$d_p(x, z) \leqq \max\{d_p(x, y), d_p(y, z)\}$$

を満足している. 一般に, 距離関数がこのような不等式を満たすとき, **非アルキメデス的距離**(non-Archimedean distance)という.

$\mathbb{Q}$ 上の通常の距離 $d(x, y) = |x-y|$ に対しては, x を 0 と異なる有理数とす

ると，0 と nx の距離は

$$d(0, nx) = |nx| = n|x|$$

となって，自然数 n を大きくすればこれはいくらでも大きくなる．これは，数直線 $\mathbb{R}$ がアルキメデスの公理を満たしていることに対応する．一方，p 進距離に対しては

$$d_p(0, nx) = |x + x + \cdots + x|_p \leqq |x|_p$$

となり，これは有界である．この違いが，d_p を非アルキメデス的という理由である．

通常の絶対値 $|x|$ を $|x|_\infty$ と書くことがある．

問 $x \in \mathbb{Q}$ が 0 でないとき，有限個の素数を除いて，$|x|_p = 1$ であることを示せ．さらに

$$\prod |x|_p = 1$$

となることを示せ．ただし，積はすべての素数 $2, 3, 5, 7, \cdots$ と ∞ についてとるものとする．

$\mathbb{Q}$ の p 進距離を丁寧に述べたのには理由がある．第 4 章でみたように，実数の集合 $\mathbb{R}$ は有理数の集合の「すき間」を埋めて作られたものである．本シリーズの『曲面の幾何』において説明するように，見方をかえれば通常の絶対値 $|\ |_\infty$ に対する距離関数により**完備化**をして得られるものが $\mathbb{R}$ と考えることができる．同様のことを p 進距離で行うと，**p 進数**の集合なるものが得られる．これは，別の方法で $\mathbb{Q}$ の「すき間」を埋めたものである．数学的な立場から見ると，∞ 進数である実数と，各素数 p に対して構成される p 進数は平等に扱われるべきものである．実際，p 進数の理論は数論で重要な役割を果たしている．しかし，我々のまわりに広がる空間は，∞ 進数を特に好んでいるように思われる．そして現状では，宇宙(空間)の記述に実数は不可欠のものなのである．しかし，これは平面や空間の 1 つの数学的把握の仕方に起因するのであって，宇宙空間を理解するために，p 進数が重要な役割を果たさないとは限らない．

316——— 現代数学への展望

　距離空間がもつ「遠近」の考え方は，さらに抽象化されて「位相」の概念に結実していくことになる．それは，平面や空間の構造を徹底的に換骨奪胎したものである．この「裸」の空間に新たに「局所的」にユークリッド的な構造を付け加えたものが「多様体」というものであり，これを使って平坦ではないもっと一般の空間の概念を適切に表現することができる．それが「曲面の幾何」の主題である．

　　　　　　　　　われらが来たり行ったりするこの世の中，
　　　　　　　　　それはおしまいもなし，はじめもなかった．
　　　　　　　　　答えようとて誰にはっきり答えられよう——
　　　　　　　　　　われらはどこから来てどこへ行くやら？
　　　　　　　　　　——オマル・ハイヤーム『ルバイヤート』
　　　　　　　　　　　　　　　　　　　　　（小川亮作訳）

参 考 書

　本書を執筆するにあたって数多くの文献を参考にした．読者の便宜を考えて，その中から各章ごとに関連する文献を挙げる．

　古典幾何学(第1章)
1.　佐々木重夫，幾何入門，岩波書店，1955.
　　直観と公理的手法の両方の立場から，平面幾何学の全景を解説.
2.　清宮俊雄，幾何学 ―― 発見的研究法――，科学振興社，1968.
　　初等幾何学の定理を発見的な方法で一般化する方法に主眼をおき，幾何学的観点からの数学の研究法を懇切丁寧に解説.
3.　小平邦彦，幾何のおもしろさ，岩波書店，1985.
4.　小平邦彦，幾何への誘い，岩波書店，1991.
　　3,4とも幾何学が中学校・高校の数学で軽く扱われている状況に異議申し立てし，幾何学の教育的意義を前面に出す．簡単な図形の性質から，複雑な定理まで首尾一貫した考え方で解説．本書と併せて読むことを勧める.

　幾何学の現代的理論(第2章，第5章，第6章，第7章)
5.　田代嘉宏，古典幾何学，新曜社，1979.
　　ヒルベルトの公理系に従って平面幾何学を展開し，さらに射影幾何学にも言及している.
6.　彌永昌吉，幾何学序説，岩波書店，1968.
　　現代幾何学の本格的著書.
7.　L. M. Blumenthal, *A modern view of geometry*, Dover, 1961.
　　小冊子ながら，公理的幾何学のエッセンスを知ることができる.
8.　D. ヒルベルト，幾何学の基礎(現代数学の系譜7)，寺阪英孝・大西正男訳，共立出版，1970.
　　幾何学の完全な公理系を与えた歴史的文献．公理系の無矛盾性，独立性，範疇性について詳細な検討を行っている．内容は相当高度である．訳者による解説

318─── 参 考 書

も有益.

9. P. Frankl・前原濶, 幾何学の散歩道, 共立出版, 1991.
　幾何学に関連する広汎な問題を要領よく解説. 幾何学の面白さを堪能できる.

10. V. V. ニクリン・I. R. シャファレヴィッチ, 幾何学と群, 根上生也訳, シュ
プリンガー・フェアラーク東京, 1993.
　変換群の立場から, 現代幾何学を俯瞰する. 本書に引き続いて読むことを勧め
る.

　非ユークリッド幾何学(第1章, 第7章)

11. R. Bonola, *Non-Euclidean geometry*, Dover, 1955.
　非ユークリッド幾何学の歴史を詳説. 付録には, ロバチェフスキーとボーヤイ
の原論文の英訳を掲載.

12. 小林昭七, ユークリッド幾何から現代幾何へ, 日本評論社, 1990.
　幾何学研究の第一人者が, 歴史と理論が交差する幾何学の美しい世界に読者を
導いていく.

13. 中岡稔, 双曲幾何学入門 ──線形代数の応用──, サイエンス社, 1993.
　非ユークリッド幾何学のモデルを多面的に扱っている. §7.3 を読むときの副
読本として最適.

　集合論(第3章)

14. 井関清志, 集合と論理, 新曜社, 1979.
　集合論を論理の立場から見直しつつ, 重要事項を網羅している. 公理的集合論
への入門書としても最適.

15. 彌永昌吉・小平邦彦, 現代数学概説 I, 岩波書店, 1961.
　集合, 代数系, 位相の本格的解説書. 現代数学を系統的に学ぶなら, このよう
な書物も必携である.

　数の理論(第4章)

16. 吉田洋一, 零の発見, 岩波新書, 1939.
　零の概念がいかに発見されたかを歴史的に概観した臨場感溢れる名著.

17. 彌永昌吉, 数の体系(上・下), 岩波新書, 1972, 1978.
　数の構造と, 現代数学における基本的概念を解説.

18.　デデキント，数について，河野伊三郎訳，岩波文庫，1961.
　歴史的文献であるが，現在でも読む価値が十分ある.

　このほか，数学全体の生き生きした流れを知るのに，次の 2 つのシリーズを読むことを勧める.
19.　志賀浩二，数学が生まれる物語(全 6 冊)，岩波書店，1992.
20.　志賀浩二，数学が育っていく物語(全 6 冊)，岩波書店，1994.

演習問題解答

第 1 章

1.1 M を辺 BC の中点とする. $AB \equiv AC$, $BM \equiv CM$, $AM = AM$(共通)であるから, 合同定理 A により $\triangle ABM \equiv \triangle ACM$. したがって $\angle AMB \equiv \angle AMC$ $\equiv \angle R$ となるから AM と BC は垂直である. 定理 1.15 により A から直線 BC への垂線はただ 1 つであるから, M は A から BC への垂線の足である.

1.2 $\triangle ABC$ と $\triangle A'B'C'$ において, $\angle C \equiv \angle C' \equiv \angle R$, $AB \equiv A'B'$, $AC \equiv A'C'$ とする. 辺 BC の延長上に $B'C' \equiv B''C$ となるような点 B'' をとる. このとき
$$\triangle A'B'C' \equiv \triangle AB''C \quad (2 \text{ 辺夾角})$$
よって $A'B' \equiv AB''$, $\angle A'B'C' \equiv \angle AB''C$ となり, $AB \equiv AB''$ が結論されるから $\triangle ABB''$ は 2 等辺 3 角形となる. したがって
$$\angle ABC \equiv \angle AB''C \quad (\text{定理 1.8})$$
$$\angle ABC \equiv \angle A'B'C'.$$
これと $AB \equiv A'B'$, $\angle ACB \equiv \angle A'C'B'$ を合わせて考えると,
$$\triangle ABC \equiv \triangle A'B'C' \quad (\text{定理 1.24})$$
となる.

1.3 BP の延長が AC と交わる点を D とする.
$$PB + PD < AB + AD \quad (\triangle ABD \text{ に対する 3 角不等式})$$
$$PC < PD + DC \quad (\triangle PDC \text{ に対する 3 角不等式}).$$
両辺を足せば, $PB + PC < AB + AC$ を得る.

1.4 線分 AM の延長上に $DM \equiv AM$ となるような点 D を定めれば,
$$\triangle MDC \equiv \triangle MAB \quad (2 \text{ 辺夾角}).$$
よって $\angle CDM \equiv \angle MAB$, $CD \equiv BA$. 仮定により $AB > AC$ であるから $CD > AC$. ここで $\triangle CAD$ に対して補題 1.18 を使えば $\angle CAD > \angle CDA$, すなわち $\angle CAM > \angle CDM \equiv \angle BAM$.

1.5 $\angle B \equiv \angle C$ を示すため, $\angle B < \angle C$ として矛盾を導く. 線分 AN 上に $\angle PCN \equiv \frac{1}{2} \angle B$ となる点 P をとる. さらに辺 AB 上に $BQ \equiv CP$ となる点 Q をとると, $\angle PCB > \angle PBC$ であるから, $BQ \equiv PC < BP$(補題 1.18). $\triangle BMQ \equiv \triangle CNP$ (2 辺夾角)に注意すれば, $\angle CPB \equiv \angle MQB$. よって直線 QM と直線 PC は平行.

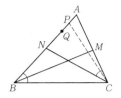

したがって $P = Q$ でなければならないから矛盾.

1.6 $\triangle ABC$ において辺 BC, CA の垂直2等分線は必ず交わる. なぜなら, もし交わらないとすれば, BC, AC は互いに平行な直線に垂直であるから平行であり, しかも点 C を共有するから A, B, C は同一直線上にあることになり矛盾. 辺 BC, CA の垂直2等分線の交点を O としよう. このとき
$$OB \equiv OC, \quad OC \equiv OA \quad (2辺夾角)$$
となるから $OA \equiv OB$. よって $\triangle OAB$ は2等辺3角形である. O から直線 AB に下ろした垂線は辺 AB の中点を通るから(定理 1.26 の証明参照), O は辺 AB の垂直2等分線上にある. (注意. 平行線の公理を満たさない平面では, 辺 BC, CA の垂直2等分線が交わるとは一般には言えない. 問題 1.7 を参照せよ).

1.7 問題 1.6 の証明から, 任意の $\triangle ABC$ に対して辺 BC, CA の垂直2等分線が交わるとき平行線の公理が成り立つことを示せばよい.

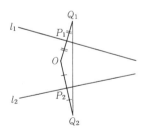

l_1 と l_2 を互いに平行な2直線とする. 図のように, O を l_1 と l_2 に挟まれた部分にある点とする. O から l_1, l_2 に垂線を下ろし, その足をそれぞれ P_1, P_2 とする. 図のように Q_1, Q_2 を $OP_1 \equiv P_1Q_1$, $OP_2 \equiv P_2Q_2$ となるようにとるとき, もし O, P_1, P_2 が同一直線上になければ, l_1, l_2 は $\triangle OQ_1Q_2$ の辺 OQ_1, OQ_2 の垂直2等分線である. よって仮定により l_1 と l_2 は交わらなければならないことになって矛盾. こうして O, P_1, P_2 は同一直線上にあることが結論される. この直線の外の点 O' に対して同様のことを行えば, l_1 上の点 P_1' と l_2 上の点 P_2' で, 直線 $P_1'P_2'$ が

演習問題解答 ——— 323

l_1, l_2 と垂直になるようなものが存在することになり，長方形 $P_1P_2P_2'P_1'$ が得られる．よって平行線の公理が成り立つ(定理 1.53)．

1.8 問題に述べたプロセスを続けても平面の有限の範囲に収まっている．したがって l_1 と l_2 が交わらないとは言えない．この問題はゼノンの逆理「アキレスは亀に追いつけない」の類似と言える．

第2章

2.1 $P = Q$ とすると $A|C|B$, $A|P|C$, $C|P|B$ となり，最初の2つから $P|C|B$ が得られるから矛盾(公理(II–e–2))．

2.2 $A|D|B$ でないとき，$B|D|C$ が成り立つことを示せばよい．公理(II–d)により $D|B|A$, $B|A|D$ のいずれかが成り立つ．

（1） $D|B|A$ であるとき，
$$A|B|D, \quad A|D|C \implies B|D|C \quad 公理(II–e–2).$$

（2） $B|A|D$ であるとき，
$$C|B|A, \quad B|A|D \implies C|A|D \quad 公理(II–e–1).$$

これは $A|D|C$ であることと矛盾するから，この場合は起こらない．
よって $B|D|C$ となる．

2.3 まず4点から3点を選んで S, T, U とし，$S|T|U$ とする．残りの1点を V とすると，S, T, V の位置関係について可能性としてあるのは次の3通りである．

（a） $V|S|T$ のとき，$A = V$, $B = S$, $C = T$, $D = U$ とする．
$$S|T|U \implies B|C|D$$
$$V|S|T \implies A|B|C$$

公理(II–e–1)から $A|C|D$, $A|B|D$ が結論される．

（b） $S|V|T$ のとき，$A = S$, $B = V$, $C = T$, $D = U$ とする．
$$S|T|U \implies A|C|D$$
$$S|V|T \implies A|B|C$$

(a)と同様な結論を得る．

（c） $S|T|V$ のとき，$A = S$, $B = T$, $C = V$, $D = U$ とする．
$$S|T|U \implies A|C|D$$
$$S|T|V \implies A|B|C$$

(a)と同様な結論を得る.

2.4 他は明らかであるから，最後の主張を証明する.

$\angle(\alpha,\beta)$ が l を含めば，$\partial\alpha,\partial\beta$ は l と交わらない．よって，$\angle(\alpha,\beta)$ の頂点を通り l に平行な直線が 2 つあることになり，平行線の公理は成立しない．

逆に点 O を通り，直線 l に平行な 2 直線 l_1, l_2 が存在したとする．半平面 α, β を

$$\alpha : l_1 \text{ を境界とし}, l \text{ を含む半平面}$$
$$\beta : l_2 \text{ を境界とし}, l \text{ を含む半平面}$$

とすれば，$\angle(\alpha,\beta)$ は直線 l を含む．

2.5 (1) A, B, l が同一平面上にある場合．B から l に垂線を引き，その足を C とする．線分 BC の延長上に $BC \equiv CD$ となる点 D をとる(すなわち D は直線 l に関する B の対称点)．線分 AD と直線 l の交点が求める P である．

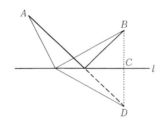

(2) 一般の場合．A を通り l を含む平面を α とする．B から l に垂線を下ろし，その足を C とする．α の中で点 C において l に垂直な直線を引き，l に関して A と異なる側に $DC \equiv BC$ となる点 D をこの直線上にとる．線分 AD と直線 l の交点を P とすれば，これが求めるものである．

2.6 A から α に垂線 l を下ろし，その足を B とする．A においてこの l と垂直な平面 β を考える(補題 2.43(ii))．この β は α と交わらない．なぜなら，もし交わるとすると，$\alpha \cap \beta$ の点 P に対して $\triangle PAB$ は $\angle A \equiv \angle B \equiv \angle R$ となる 3 角形であるから矛盾．

2.7 β_1, β_2 を，A を通り α と交わらない 2 つの平面とする．A から α に垂線 g を下ろし，この g を含む平面で直線 $\beta_1 \cap \beta_2$ と 1 点 A のみを共通にするものを γ とする．

$$\gamma \cap \alpha = l$$
$$\gamma \cap \beta_1 = l_1$$

$$\gamma \cap \beta_2 = l_2$$

とおくと, l, l_1, l_2 は平面 γ の中の直線であり, l_1 と l_2 は A を通る. 仮定から, l_1, l_2 は l と平行である(交わらない)から, γ に対する平行線の公理により $l_1 = l_2$. β_1, β_2 は交わる 2 直線 $\beta_1 \cap \beta_2$, $l_1 = l_2$ を含むから $\beta_1 = \beta_2$ でなければならない(補題 2.39(ii)).

第 3 章

3.1 容易.

3.2 $|A \cup B| = |A| + |B| - |A \cap B|$ である. これを利用して

$$|A \cup B \cup C|$$
$$= |A \cup B| + |C| - |(A \cup B) \cap C|$$
$$= |A| + |B| - |A \cap B| + |C| - |(A \cap C) \cup (B \cap C)|$$
$$= |A| + |B| + |C| - |A \cap B| - |A \cap C| - |B \cap C| + |(A \cap C) \cap (B \cap C)|$$
$$= |A| + |B| + |C| - |A \cap B| - |B \cap C| - |C \cap A| + |A \cap B \cap C|.$$

次の式は帰納法で証明される.

$$|A_1 \cup A_2 \cup \cdots \cup A_n| = |A_1| + |A_2| + \cdots + |A_n| - \sum_{i<j} |A_i \cap A_j|$$
$$+ \sum_{i<j<k} |A_i \cap A_j \cap A_k| + \cdots\cdots$$
$$+ (-1)^{n-1} |A_1 \cap A_2 \cap \cdots \cap A_n|.$$

3.3 特性関数の定義から明らか.

3.4 $f_1: X_1 \longrightarrow Y_1$, $f_2: X_2 \longrightarrow Y_2$ を全単射とするとき,
$$f: X_1 \times Y_1 \longrightarrow X_2 \times Y_2$$
を $f(x_1, x_2) = (f_1(x_1), f_2(x_2))$ により定義すれば, f は全単射である.

3.5 $f: X \longrightarrow Y$ を全射とする. Y の各元 y の原像 $f^{-1}(y)$ から 1 つずつ X の元 x を選び, $g(y) = x$ とおいて写像 $g: Y \longrightarrow X$ を定める. g は単射であるから $X \geqq Y$ となる.

3.6 単に定義の読み替えに過ぎない.

第 4 章

4.1 (1) x についての帰納法による. $x = 1$ のとき $y = 1$ であり, 1 は M の元

326———演習問題解答

であるから正しい. x のとき正しいと仮定する. $x+1 \in M$, $y \leqq x+1$ とすると, 切片の定義により $x \in M$. $y=x+1$ のときは成り立つ. $y < x+1$ のときは $y \leqq x$ であるから帰納法の仮定によりこのときも成り立つ.

（2）もし, x_0 が存在しないとすると, 任意の $y \in M$ に対して $\{x \mid x \leqq y\}$ は M に真に含まれる. 言い換えれば, 任意の y に対して $y < z$ となる $z \in M$ が存在する. $y+1 \leqq z$ であるから $y+1 \in M$. よって帰納法の原理により, $M = \mathbb{N}$.

4.2 （交換律の証明）y が与えられたとき, 任意の x について $xy=yx$ が成り立つことを, x についての帰納法により証明する.

（1） $x=1$ のとき, (m–1), (m–3) により $1 \cdot y = y \cdot 1 = y$.

（2） $xy=yx$ が成り立つと仮定するとき,
$$
\begin{aligned}
(x+1)y &= xy+y && \text{(m–4)} \\
&= yx+y && \text{（帰納法の仮定）} \\
&= y(x+1) && \text{(m–2)}.
\end{aligned}
$$

よって, $x+1$ に対しても成り立つから, すべての x について $xy=yx$ が成り立つ.

（分配律の証明）y と z が与えられたとき, 任意の x について $x(y+z)=xy+xz$ が成り立つことを, x についての帰納法で証明する.

（1） $x=1$ のとき(m–3)により $1 \cdot (y+z) = y+z = 1 \cdot y + 1 \cdot z$.

（2） $x(y+z)=xy+xz$ が成り立つと仮定するとき,
$$
\begin{aligned}
(x+1)(y+z) &= x(y+z)+(y+z) && \text{(m–4)} \\
&= (xy+xz)+(y+z) && \text{（帰納法の仮定）} \\
&= (xy+y)+(xz+z) && \text{（加法の交換律と結合律）} \\
&= (x+1)y+(x+1)z && \text{(m–4)}.
\end{aligned}
$$

よって, $x+1$ に対しても成り立つから, すべての x について $x(y+z)=xy+xz$ が成り立つ.

（結合律の証明）x と z が与えられたとき, 任意の y について $(xy)z=x(yz)$ が成り立つことを, y についての帰納法で証明する.

（1） $y=1$ のとき(m–1), (m–3)により $(x \cdot 1)z = xz = x(1 \cdot z)$.

（2） $(xy)z=x(yz)$ が成り立つと仮定するとき,
$$
(x(y+1))z = (xy+x)z \qquad \text{(m–2)}
$$

$$= z(xy + x) \qquad \text{(乗法の交換律)}$$
$$= z(xy) + zx \qquad \text{(分配律)}$$
$$= (xy)z + xz \qquad \text{(乗法の交換律)}$$
$$= x(yz) + xz \qquad \text{(帰納法の仮定)}$$
$$= x(yz + z) \qquad \text{(分配律)}$$
$$= x((y+1)z) \qquad \text{(m--4)}.$$

よって，$y+1$ に対しても成り立つから，すべての y について $(xy)z = x(yz)$ が成り立つ.

4.3 (1) m に関する帰納法で示す. $m=1$ のとき
$$y^{1+n} = f(S(n)) = \varphi(f(n)) = y^n y = y y^n$$
であるから正しい. m のとき正しいとすると
$$y^{m+1+n} = y^m y^{1+n} = y^m y y^n = y y^m y^n = y^{1+m} y^n$$
であるから，$m+1$ のときも正しい.

(2) n に関する帰納法で示す. $n=1$ のときは明らかに正しい. n のとき正しいとすると
$$(xy)^{n+1} = (xy)^n xy = x^n y^n xy = x^n x y^n y = x^{n+1} y^{n+1}$$
となるから，$n+1$ のときも正しい.

4.4 A を $P(x)$ が真であるような x の全体とする. (1)により A は空ではない. A が上に有界でないことを示せばよい. もし有界とすると，上限 $b = \sup A$ が存在するが，$x < b$ なる x について $P(x)$ は真であるから，(2)により $b < c$ である実数 c が存在して，$x < c$ となるすべての x に対して $P(x)$ が真であることになって，b が上限であることに反する.

4.5 $\{a_n\}$ は上に有界，$\{b_n\}$ は下に有界であるから，
$$\sup\{a_1, a_2, \cdots\}$$
$$\inf\{b_1, b_2, \cdots\}$$
が存在するが，(4)によりこれらは一致する. この共通の値を α とすれば，明らかに $a_n \leqq \alpha \leqq b_n$ がすべての n に対して成り立つ. 一意性も (4) により明らか.

4.6 $a_1 = 0$, $b_1 = [a]+1$（$[a]$ は a をこえない最大の整数を表す）とすれば，$a_1{}^m \leqq a < b_1{}^m$ が成り立つ. 次のようにして a_n, b_n を帰納的に作る. a_n, b_n が決まったとき，

328——— 演習問題解答

$$a_n{}^m \leqq a < \{a_n + (a_n + b_n)/2\}^m \qquad \cdots\cdots ①$$

$$\{a_n + (a_n + b_n)/2\}^m \leqq a < b_n{}^m \qquad \cdots\cdots ②$$

のどちらか1つが成り立つが，①が成り立つときは

$$a_{n+1} = a_n, \quad b_{n+1} = a_n + (a_n + b_n)/2$$

とおき，②が成り立つときは

$$a_{n+1} = a_n + (a_n + b_n)/2, \quad b_{n+1} = b_n$$

とおく．このとき $\{a_n\}, \{b_n\}$ および $\{a_n{}^m\}, \{b_n{}^m\}$ が4.5の条件を満たすことは容易に確かめられるから，α を $\{a_n\}, \{b_n\}$ から定まる実数，γ を $\{a_n{}^m\}, \{b_n{}^m\}$ から定まる実数とすると，一意性により $a = \gamma = \beta^m$ となる．β の一意性も容易に確認できる．

上の証明は，区間縮小法の典型的適用例である．

第5章

5.1 (1) $f_t(A) - f_s(A) = t - s + d(P_s, A) - d(P_t, A) = d(P_t, P_s) + d(P_t, A) - d(P_t, A) \geqq 0$（3角不等式）．

(2) $f_t(A) = d(O, P_t) - d(P_t, A) \leqq d(O, A)$（3角不等式）．

(3) 任意の正数 ε に対して，

$$f(A) - \varepsilon < f_t(A) \leqq f(A), \quad f(B) - \varepsilon < f_t(B) \leqq f(B)$$

がすべての $t \geqq t_0$ に対して成り立つような t_0 が存在する．$t \geqq t_0$ に対して

$$f(A) - f(B) \leqq f_t(A) + \varepsilon - f_t(B) = d(P_t, B) - d(P_t, A) + \varepsilon \leqq d(A, B) + \varepsilon$$

が成り立つから，$f(A) - f(B) \leqq d(A, B) + \varepsilon$ を得る．この不等式は任意の正数 ε について満足されるから，結局

$$f(A) - f(B) \leqq d(A, B) \qquad \cdots\cdots ①$$

となる．A, B を交換すれば

$$-(f(A) - f(B)) \leqq d(A, B) \qquad \cdots\cdots ②$$

となるから，①, ②を合わせて求める不等式を得る．

5.2 地球を A，月を B，太陽を C とすると，$\triangle ABC$ は $\angle B$ が直角であるような直角3角形である．よって

$$\frac{d(A, C)}{d(A, B)} = (\cos A)^{-1} = 1/0.002618 = 381.97$$

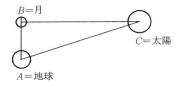

図 1

となって，約 400 倍となる(アリスタルコスの計算では約 28 倍)．

5.3 7.2 度は 360 度の 50 分の 1 であるから，925 km×50 = 46250 km である(これは現在知られている値と 16% しか違わない)．

5.4 記号の簡略化のため，$d(A,B)$ を AB で表す．

(1)は明らか．

(2)を示すため，図 2 において，CD を外接正 n 角形の 1 辺とすると
$$CE = s'_n/2n, \quad AH = s_n/2n,$$
$$AF = FE = s'_{2n}/4n, \quad KE = s_{2n}/4n.$$

$\triangle FCA \backsim \triangle OCE$ であるから
$$FC : FA = OC : OE = OC : OA.$$

さらに $CE \parallel AH$ であるから
$$OC : OA = CE : AH \implies FC : FA = CE : AH.$$

よって
$$\{(s'_n/2n) - (s'_{2n}/4n)\} : (s'_{2n}/4n) = (s'_n/2n) : s_n/2n$$
$$\implies s'_{2n} = \frac{2s_n s'_n}{s_n + s'_n}.$$

次に，$\triangle FKE \backsim \triangle EHA$ を使えば
$$FE : KE = EA : AH \implies s'_{2n} : s_{2n} = s_{2n} : s_n \implies s_{2n} = \sqrt{s_n s'_{2n}}.$$

(3)を証明しよう．このためには
$$(s'_{2n})^2 - (s_{2n})^2 \leqq (2/3)\{(s'_n)^2 - (s_n)^2\}$$

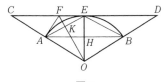

図 2

330——— 演習問題解答

を示せば十分である. $s_n = a,\ s'_n = b$ とおくと，(2)により

$$(s'_{2n})^2 - (s_{2n})^2 = \frac{4a^2b^2}{(a+b)^2} - \frac{2a^2b}{a+b} = \frac{2a^2b}{(a+b)^2}(b^2 - a^2).$$

$\dfrac{2a^2b}{(a+b)^2} < \dfrac{2}{3}$ であるから求める不等式を得る.

5.5 φ を相似変換とするとき，φ が角を角に写すことは定理 5.35 の(iv)による. また，角の大小関係も保つのをみるのは容易である. さらに任意の角 $\angle A$ の 2 等分線は φ により $\angle A$ の φ による像 $\varphi(\angle A)$ の 2 等分線に写ることも簡単に確かめられる. 平角は φ により平角に写るから，特に直角は φ により直角に写る. すると，直角の 2^n 等分(θ_n と表す)も φ により同じものに写る. 任意の角 $\angle A$ に対して，適当に自然数 k_1, k_2, n_1, n_2 を選べば

$$k_1\theta_{n_1} < \angle A < k_2\theta_{n_2}$$

とできる(ここで，角に対するアルキメデスの公理の類似を利用している). 上で述べたことから，$k_1\theta_{n_1} < \varphi(\angle A) < k_2\theta_{n_2}$. このことから $\varphi(\angle A) \equiv \angle A$ となることがわかる(たとえば $\varphi(\angle A) < \angle A$ とすると，$\varphi(\angle A) < k\theta_n < \angle A$ となる自然数 k, n を選んで矛盾を導く).

5.6 倍率が 1 と異なる相似変換をもつ平面は，平行線の公理を満たさなければならないことを証明すればよい.

φ を倍率 λ が 1 より小さい相似変換とし(大きいときは φ^{-1} を考える)，$\triangle ABC$ を φ で写したものを $\triangle A'B'C'$ とする. 辺 AB, AC 上に $AD \equiv A'B'$，$AE \equiv A'C'$ となるように点 D, E をとる. 上で示したことにより $\angle A \equiv \angle A'$ であるから，$\triangle ADE \equiv \triangle A'B'C'$. よって

$$\angle B \equiv \angle B' \equiv \angle ADE, \quad \angle C \equiv \angle C' \equiv \angle AED.$$

よって，4 辺形 $BCDE$ において

$$\angle B + \angle C + \angle E + \angle D \equiv \angle B + \angle C + (2\angle R - \angle ADE) + (2\angle R - \angle AED)$$
$$\equiv 4\angle R.$$

これから $\triangle BCD$(および $\triangle CBE$)の内角の和が $2\angle R$ に等しいことになり，平面は平行線の公理を満たす(§1.4).

第 6 章

6.1 A, H, K の位置ベクトルを，それぞれ $\boldsymbol{a}, \boldsymbol{h}, \boldsymbol{k}$ とする. 直線 l 上にベクトル $\boldsymbol{u}\ (\neq \boldsymbol{0})$ をとる. $AH \perp \alpha$，$HK \perp l$ から

$$\langle \boldsymbol{h}-\boldsymbol{a}, \boldsymbol{u}\rangle = 0, \quad \langle \boldsymbol{k}-\boldsymbol{h}, \boldsymbol{u}\rangle = 0\,.$$

よって

$$\langle \boldsymbol{h}, \boldsymbol{u}\rangle = \langle \boldsymbol{a}, \boldsymbol{u}\rangle, \quad \langle \boldsymbol{k}, \boldsymbol{u}\rangle = \langle \boldsymbol{h}, \boldsymbol{u}\rangle\,.$$

ゆえに

$$\langle \boldsymbol{a}, \boldsymbol{u}\rangle = \langle \boldsymbol{k}, \boldsymbol{u}\rangle,$$
$$\langle \boldsymbol{a}-\boldsymbol{k}, \boldsymbol{u}\rangle = \langle \boldsymbol{a}, \boldsymbol{u}\rangle - \langle \boldsymbol{k}, \boldsymbol{u}\rangle = 0\,.$$

これは $AK \perp l$ であることを示している.

6.2 $\angle BAP = \angle CAP,\quad \angle CBP = \angle ABP,\quad \angle ACP = \angle BCP$ を示せばよい. $\angle BAP = \angle CAP$ を証明しよう（他の等式も同様である）.

$$(a+b+c)\overrightarrow{AP} = (a+b+c)(\overrightarrow{OP}-\overrightarrow{OA}) = a\overrightarrow{OA}+b\overrightarrow{OB}+c\overrightarrow{OC}-(a+b+c)\overrightarrow{OA}$$
$$= b(\overrightarrow{OB}-\overrightarrow{OA})+c(\overrightarrow{OC}-\overrightarrow{OA}) = b\overrightarrow{AB}+c\overrightarrow{AC}$$

であるから

$$(a+b+c)\|\overrightarrow{AP}\|\,\|\overrightarrow{AB}\|\cos\angle BAP = \langle(a+b+c)\overrightarrow{AP}, \overrightarrow{AB}\rangle = \langle b\overrightarrow{AB}+c\overrightarrow{AC}, \overrightarrow{AB}\rangle$$
$$= b\|\overrightarrow{AB}\|^2 + c\langle\overrightarrow{AC}, \overrightarrow{AB}\rangle\,.$$

$c = \|\overrightarrow{AB}\|$ で割れば,

$$(a+b+c)\|\overrightarrow{AP}\|\cos\angle BAP = bc + \langle\overrightarrow{AC}, \overrightarrow{AB}\rangle\,.$$

今の計算で, B, C を交換すれば

$$(a+b+c)\|\overrightarrow{AP}\|\cos\angle CAP = cb + \langle\overrightarrow{AB}, \overrightarrow{AC}\rangle$$

よって

$$\cos\angle BAP = \cos\angle CAP,$$
$$\angle BAP = \angle CAP\,.$$

6.3 $\boldsymbol{a}, \boldsymbol{b}, \boldsymbol{c}$ を O を始点とする有向線分で表し, $\boldsymbol{a}$ の終点が $(1, 0, 0)$, $\boldsymbol{b}$ の終点が $(x, y, 0)$, $\boldsymbol{c}$ の終点が (u, v, w) となるように直交座標をとる. $\boldsymbol{a}, \boldsymbol{b}, \boldsymbol{c}$ は長さ 1 だから

$$x^2+y^2 = 1, \quad u^2+v^2+w^2 = 1,$$
$$\cos\alpha = \langle\boldsymbol{b}, \boldsymbol{c}\rangle = xu+yv, \quad \cos\beta = \langle\boldsymbol{c}, \boldsymbol{a}\rangle = u, \quad \cos\gamma = \langle\boldsymbol{a}, \boldsymbol{b}\rangle = x\,.$$

これを代入して

332———演習問題解答

$$\cos^2\alpha+\cos^2\beta+\cos^2\gamma-2\cos\alpha\cos\beta\cos\gamma$$
$$= (xu+yv)^2+u^2+x^2-2(xu+yv)ux$$
$$= x^2u^2+2xuyv+y^2v^2+u^2+x^2-2x^2u^2-2yvux$$
$$= -x^2u^2+y^2v^2+u^2+x^2 = (1-x^2)u^2+y^2v^2+x^2$$
$$= y^2(u^2+v^2)+x^2 \geqq 0\,.$$

また $u^2+v^2=1-w^2\leqq 1$ だから $y^2(u^2+v^2)+x^2\leqq y^2+x^2=1$. こうして
$$0 \leqq \cos^2\alpha+\cos^2\beta+\cos^2\gamma-2\cos\alpha\cos\beta\cos\gamma \leqq 1\,.$$
左側の等号が成り立つのは, $x=0$, $y^2(u^2+v^2)=0$ のときである. $y=\pm 1$ でなければならないから, $u^2+v^2=0$, すなわち $u=0$, $v=0$. したがって
$$\boldsymbol{a} = (1,0,0),\quad \boldsymbol{b} = (0,\pm 1,0),\quad \boldsymbol{c} = (0,0,\pm 1)\,.$$
言い換えれば, $\boldsymbol{a},\boldsymbol{b},\boldsymbol{c}$ が互いに垂直なときである.

右の等号が成り立つのは, $1-w^2=1$, すなわち $w=0$ のときである. したがって
$$\boldsymbol{a} = (1,0,0),\quad \boldsymbol{b} = (x,y,0),\quad \boldsymbol{c} = (u,v,0)\,.$$
言い換えれば, $\boldsymbol{a},\boldsymbol{b},\boldsymbol{c}$ が同一平面(xy 平面)にあるときである.

6.4 (1) 円の中心を O とし, $\overrightarrow{OA}=\boldsymbol{a}$, $\overrightarrow{OB}=\boldsymbol{b}$, $\overrightarrow{OC}=\boldsymbol{c}$ とおく. 円の半径が 1 だから, $\|\boldsymbol{a}\|=\|\boldsymbol{b}\|=\|\boldsymbol{c}\|=1$. さらに
$$AB^2 = \|\boldsymbol{b}-\boldsymbol{a}\|^2,\quad BC^2 = \|\boldsymbol{c}-\boldsymbol{b}\|^2,\quad CA^2 = \|\boldsymbol{a}-\boldsymbol{c}\|^2$$
であるから
$$AB^2+BC^2+CA^2 = \|\boldsymbol{b}-\boldsymbol{a}\|^2+\|\boldsymbol{c}-\boldsymbol{b}\|^2+\|\boldsymbol{a}-\boldsymbol{c}\|^2$$
$$= 2(\|\boldsymbol{a}\|^2+\|\boldsymbol{b}\|^2+\|\boldsymbol{c}\|^2-\langle\boldsymbol{a},\boldsymbol{b}\rangle-\langle\boldsymbol{b},\boldsymbol{c}\rangle-\langle\boldsymbol{c},\boldsymbol{a}\rangle)$$
$$= 6-2(\langle\boldsymbol{a},\boldsymbol{b}\rangle+\langle\boldsymbol{b},\boldsymbol{c}\rangle+\langle\boldsymbol{c},\boldsymbol{a}\rangle)\,.$$

一方, 等式
$$\|\boldsymbol{a}+\boldsymbol{b}+\boldsymbol{c}\|^2 = \|\boldsymbol{a}\|^2+\|\boldsymbol{b}\|^2+\|\boldsymbol{c}\|^2+2(\langle\boldsymbol{a},\boldsymbol{b}\rangle+\langle\boldsymbol{b},\boldsymbol{c}\rangle+\langle\boldsymbol{c},\boldsymbol{a}\rangle)$$
$$= 3+2(\langle\boldsymbol{a},\boldsymbol{b}\rangle+\langle\boldsymbol{b},\boldsymbol{c}\rangle+\langle\boldsymbol{c},\boldsymbol{a}\rangle)$$
から
$$\langle\boldsymbol{a},\boldsymbol{b}\rangle+\langle\boldsymbol{b},\boldsymbol{c}\rangle+\langle\boldsymbol{c},\boldsymbol{a}\rangle = \frac{1}{2}\|\boldsymbol{a}+\boldsymbol{b}+\boldsymbol{c}\|^2-\frac{3}{2} \geqq -\frac{3}{2}\,.$$

ここで等号は $\|\boldsymbol{a}+\boldsymbol{b}+\boldsymbol{c}\|=0$, すなわち $\boldsymbol{a}+\boldsymbol{b}+\boldsymbol{c}=\boldsymbol{0}$ のときのみ成り立つ. したがって

$$AB^2 + BC^2 + CA^2 \le 6 - 2\left(-\frac{3}{2}\right) = 9.$$

等号は，$\overrightarrow{OA} + \overrightarrow{OB} + \overrightarrow{OC} = \boldsymbol{0}$，すなわち $\triangle ABC$ の重心が円の中心と一致するときのみ成立することがわかる．

（2）$\triangle ABC$ の重心が円の中心と一致するとき，$\triangle ABC$ が正3角形になることを示せばよい．$\|\boldsymbol{a}\|^2 = \|\boldsymbol{b}\|^2 = \|\boldsymbol{c}\|^2 = 1$ を利用して

$$\langle \boldsymbol{a}, \boldsymbol{a} + \boldsymbol{b} + \boldsymbol{c} \rangle = \|\boldsymbol{a}\|^2 + \langle \boldsymbol{a}, \boldsymbol{b} \rangle + \langle \boldsymbol{a}, \boldsymbol{c} \rangle = 1 + \langle \boldsymbol{a}, \boldsymbol{b} \rangle + \langle \boldsymbol{a}, \boldsymbol{c} \rangle,$$
$$\langle \boldsymbol{b}, \boldsymbol{a} + \boldsymbol{b} + \boldsymbol{c} \rangle = \|\boldsymbol{b}\|^2 + \langle \boldsymbol{a}, \boldsymbol{b} \rangle + \langle \boldsymbol{b}, \boldsymbol{c} \rangle = 1 + \langle \boldsymbol{a}, \boldsymbol{b} \rangle + \langle \boldsymbol{b}, \boldsymbol{c} \rangle,$$
$$\langle \boldsymbol{c}, \boldsymbol{a} + \boldsymbol{b} + \boldsymbol{c} \rangle = \|\boldsymbol{c}\|^2 + \langle \boldsymbol{a}, \boldsymbol{c} \rangle + \langle \boldsymbol{b}, \boldsymbol{c} \rangle = 1 + \langle \boldsymbol{a}, \boldsymbol{c} \rangle + \langle \boldsymbol{b}, \boldsymbol{c} \rangle.$$

$\boldsymbol{a} + \boldsymbol{b} + \boldsymbol{c} = \boldsymbol{0}$ だから左辺はすべて零．こうして

$$\langle \boldsymbol{a}, \boldsymbol{b} \rangle = \langle \boldsymbol{b}, \boldsymbol{c} \rangle = \langle \boldsymbol{c}, \boldsymbol{a} \rangle = -\frac{1}{2}.$$

$\langle \boldsymbol{a}, \boldsymbol{b} \rangle = \|\boldsymbol{a}\| \|\boldsymbol{b}\| \cos \angle AOB = \cos \angle AOB$ だから $\angle AOB = \pi/3$．同様に，$\angle BOC = \pi/3$，$\angle COA = \pi/3$ となって，$\triangle ABC$ が正3角形になることが示された．

6.5 D, E, F を I から BC, CA, AB に下ろした垂線の足とし，$\overrightarrow{IA} = \boldsymbol{a}$，$\overrightarrow{IB} = \boldsymbol{b}$，$\overrightarrow{IC} = \boldsymbol{c}$，$\overrightarrow{ID} = \boldsymbol{x}$，$\overrightarrow{IE} = \boldsymbol{y}$，$\overrightarrow{IF} = \boldsymbol{z}$ とおく．$\boldsymbol{a} = s(\boldsymbol{y} + \boldsymbol{z})$ と書けるから，$\|\boldsymbol{z}\| = 1$ および AF と IF が垂直なことを使って

$$\langle \boldsymbol{a} - \boldsymbol{z}, \boldsymbol{z} \rangle = \langle s\boldsymbol{y} + (s-1)\boldsymbol{z}, \boldsymbol{z} \rangle = s\langle \boldsymbol{y}, \boldsymbol{z} \rangle + s - 1 = 0.$$

よって

$$s = \frac{1}{1 + \langle \boldsymbol{y}, \boldsymbol{z} \rangle}, \quad \boldsymbol{a} = \frac{1}{1 + \langle \boldsymbol{y}, \boldsymbol{z} \rangle}(\boldsymbol{y} + \boldsymbol{z}).$$

同様に

$$\boldsymbol{b} = \frac{1}{1 + \langle \boldsymbol{z}, \boldsymbol{x} \rangle}(\boldsymbol{z} + \boldsymbol{x}), \quad \boldsymbol{c} = \frac{1}{1 + \langle \boldsymbol{x}, \boldsymbol{y} \rangle}(\boldsymbol{x} + \boldsymbol{y}).$$

こうして

$$\|\boldsymbol{a}\|^2 = \frac{1}{(1 + \langle \boldsymbol{y}, \boldsymbol{z} \rangle)^2} \|\boldsymbol{y} + \boldsymbol{z}\|^2 = \frac{1}{(1 + \langle \boldsymbol{y}, \boldsymbol{z} \rangle)^2}(\|\boldsymbol{y}\|^2 + 2\langle \boldsymbol{y}, \boldsymbol{z} \rangle + \|\boldsymbol{z}\|^2)$$
$$= \frac{1}{(1 + \langle \boldsymbol{y}, \boldsymbol{z} \rangle)^2}(2 + 2\langle \boldsymbol{y}, \boldsymbol{z} \rangle) = \frac{2}{1 + \langle \boldsymbol{y}, \boldsymbol{z} \rangle}.$$

同様に

334——演習問題解答

$$\|\boldsymbol{b}\|^2 = \frac{2}{1+\langle \boldsymbol{z}, \boldsymbol{x} \rangle}, \quad \|\boldsymbol{c}\|^2 = \frac{2}{1+\langle \boldsymbol{x}, \boldsymbol{y} \rangle}$$

となるから

$$\frac{1}{\|\boldsymbol{a}\|^2} + \frac{1}{\|\boldsymbol{b}\|^2} + \frac{1}{\|\boldsymbol{c}\|^2} = \frac{1}{2}(3 + \langle \boldsymbol{x}, \boldsymbol{y} \rangle + \langle \boldsymbol{y}, \boldsymbol{z} \rangle + \langle \boldsymbol{z}, \boldsymbol{x} \rangle)$$

を得る. ここで等式

$$\|\boldsymbol{x}+\boldsymbol{y}+\boldsymbol{z}\|^2 = \|\boldsymbol{x}\|^2 + \|\boldsymbol{y}\|^2 + \|\boldsymbol{z}\|^2 + 2(\langle \boldsymbol{x}, \boldsymbol{y} \rangle + \langle \boldsymbol{y}, \boldsymbol{z} \rangle + \langle \boldsymbol{z}, \boldsymbol{x} \rangle)$$
$$= 3 + 2(\langle \boldsymbol{x}, \boldsymbol{y} \rangle + \langle \boldsymbol{y}, \boldsymbol{z} \rangle + \langle \boldsymbol{z}, \boldsymbol{x} \rangle)$$

を利用して $\|\boldsymbol{x}+\boldsymbol{y}+\boldsymbol{z}\|^2 \geqq 0$ に注意すれば

$$\frac{1}{\|\boldsymbol{a}\|^2} + \frac{1}{\|\boldsymbol{b}\|^2} + \frac{1}{\|\boldsymbol{c}\|^2} \geqq \frac{3}{4}.$$

これが求める不等式である. 等号は $\|\boldsymbol{x}+\boldsymbol{y}+\boldsymbol{z}\|^2=0$, すなわち $\boldsymbol{x}+\boldsymbol{y}+\boldsymbol{z}=\boldsymbol{0}$ のときのみ成立することがわかる.

$$\boldsymbol{x}+\boldsymbol{y}+\boldsymbol{z}=\boldsymbol{0} \quad \Longleftrightarrow \quad \triangle DEF \text{ が正3角形} \quad \Longleftrightarrow \quad \triangle ABC \text{ が正3角形}$$

だから, 等号は $\triangle ABC$ が正3角形のときのみ成立する.

第7章

7.1 (i)の独立性: $\mathbb{N}=\{1\}$, $S:\mathbb{N}\longrightarrow\mathbb{N}$ を $S(1)=1$ として定義すれば, $(\mathbb{N}, 1, S)$ は(ii),(iii)を満たすが(i)を満たさないモデルである.

(ii)の独立性: $\mathbb{N}=\{1,2\}$, $S:\mathbb{N}\longrightarrow\mathbb{N}$ を $S(1)=1$, $S(2)=2$ と定義すれば, $(\mathbb{N},1,S)$ は(i),(iii)を満たすが(ii)を満たさないモデルである.

(iii)の独立性: $\mathbb{N}$ を自然数全体の集合とし, $S:\mathbb{N}\longrightarrow\mathbb{N}$ を $S(x)=2x$ と定義すれば, $(\mathbb{N},1,S)$ は(i),(ii)を満たすが(iii)を満たさないモデルである. 例えば, $A=\{1,2,2^2,\cdots\}$ とすれば, $1\in A$ かつ

$$x \in A \quad \Longrightarrow \quad S(x) \in A$$

であるから, $A \neq \mathbb{N}$ である.

7.2 モデルとして, $\mathbb{L}=\mathbb{R}$, 順序は $\mathbb{R}$ の通常の順序, 同値関係 $\equiv$ は,

$$(a,b) \equiv (a',b') \quad \Longleftrightarrow \quad a-b=a'-b'$$

とすればよい.

(i)の独立性: $f:\mathbb{R}\longrightarrow\mathbb{R}$ を, 次の性質を満たす連続関数とする.

（1） $a<b \Longleftrightarrow f(a)<f(b)$

（2） $|f(a)| < 1$　$(a \in \mathbb{R})$

（3）　$f(0) = 0$

（4）　$\displaystyle\lim_{a \to \infty} f(a) = 1$,　$\displaystyle\lim_{a \to -\infty} f(a) = -1$

$\mathbb{L} = \mathbb{R}$ とし，順序は $\mathbb{R}$ の普通の順序，同値関係は

$$(a, b) \equiv (a', b') \quad \Longleftrightarrow \quad f(a) - f(b) = f(a') - f(b')$$

により定義する．このとき $(\mathbb{L}, \leqq, \equiv)$ は(i)を満たさないが，他の公理はすべて満たすことをみよう．

$0 < \varepsilon < 1/2$ とすると $f(a) = 1 - \varepsilon$, $f(b) = -1 + \varepsilon$ となる a, b が存在する（中間値の定理）．$a' = 0$ として，$(a, b) \equiv (a', b')$ となる b' が存在したと仮定する．

$$f(a) - f(b) = f(a') - f(b')$$

において，左辺は $2 - 2\varepsilon$ でこれは 1 より大きい．一方右辺は $-f(b')$ に等しいから，$f(b') < -1$ となって矛盾である．

(ii)の証明．

$$\begin{aligned} (a, b) \equiv (a', b') \quad &\Longleftrightarrow \quad f(a) - f(b) = f(a') - f(b') \\ &\Longleftrightarrow \quad f(a) - f(a') = f(b) - f(b') \\ &\Longleftrightarrow \quad (a, a') \equiv (b, b') \end{aligned}$$

(iii)の証明．

$$\begin{aligned} (a, b) \equiv (a', b'),\ a < b \quad &\Longrightarrow \quad f(a) - f(b) = f(a') - f(b'), \\ &\qquad\qquad f(a) < f(b) \\ &\Longrightarrow \quad f(a') < f(b') \\ &\Longrightarrow \quad a' < b' \end{aligned}$$

$(a, b) \equiv (a', b'),\ a > b \Longrightarrow a' > b'$ についても同様．

(ii)の独立性：$f : \mathbb{R} \longrightarrow \mathbb{R}$ を，$f(a) > 0$ がすべての $a \in \mathbb{R}$ に対して成り立つ関数とし，$f(0) = f(1) \neq f(2)$ と仮定する．$\mathbb{L} = \mathbb{R}$ とし，順序は $\mathbb{R}$ の普通の順序，同値関係は

$$(a, b) \equiv (a', b') \quad \Longleftrightarrow \quad f(a)(a - b) = f(a')(a' - b')$$

により定義する．このとき $(\mathbb{L}, \leqq, \equiv)$ は(ii)を満たさないが，他の公理はすべて満たすことをみよう．

$f(1)(1 - 2) = f(0)(0 - 1)$ であるから $(1, 2) \equiv (0, 1)$. もし(ii)を満たせば $(1, 0) \equiv (2, 1)$ でなければならないが，$f(1)(1 - 0) \neq f(2)(2 - 1)$. これは矛盾である．

(i)の証明．(a, b) と a' が与えられたとき

$$f(a)(a - b) = f(a')(a' - b')$$

336——— 演習問題解答

を満たす b' がただ 1 つ存在するから，$(a,b) \equiv (a',b')$ を満たす b' がただ 1 つ存在する．

（iii）の証明．
$$(a,b) \equiv (a',b'),\ a < b \implies f(a)(a-b) = f(a')(a'-b'),\ a < b$$
$$\implies a' < b'$$
$(a,b) \equiv (a',b'),\ a > b \implies a' > b'$ についても同様．

（iii）の独立性：$\mathbb{L}$ を 0 と異なる実数全体からなる集合とし，順序は通常の実数の順序，同値関係 $\equiv$ は，
$$(a,b) \equiv (a',b') \iff ab' = a'b$$
により定義されるものを考える．このモデルが(i),(ii)を満たすことは容易に確かめることができる．$a = -1$, $b = 1$, $a' = 1$, $b' = -1$ とすると，$(a,b) \equiv (a',b')$ かつ $a < b$ であるが，$a' > b'$ となって(iii)を満たさない．

7.3　(1) $\boldsymbol{u} = (1-t_1)\boldsymbol{p} + t_1\boldsymbol{q}$, $\boldsymbol{v} = (1-t_2)\boldsymbol{p} + t_2\boldsymbol{q}$ と表すと，$t_1 > 1$, $t_2 < 0$ である．$\|\boldsymbol{u}\| = \|\boldsymbol{v}\| = 1$ であるから，$t = t_1, t_2$ は次の方程式を満足する．
$$1 = \|(1-t)\boldsymbol{p} + t\boldsymbol{q}\|^2.$$
これを整理すると
$$\|\boldsymbol{p}-\boldsymbol{q}\|^2 t^2 - 2\langle \boldsymbol{p}, \boldsymbol{p}-\boldsymbol{q}\rangle t + \|\boldsymbol{p}\|^2 - 1 = 0$$
となるから，根と係数の関係により
$$t_1 + t_2 = 2\|\boldsymbol{p}-\boldsymbol{q}\|^{-2}\langle \boldsymbol{p}, \boldsymbol{p}-\boldsymbol{q}\rangle \qquad \cdots\cdots①$$
$$t_1 t_2 = \|\boldsymbol{p}-\boldsymbol{q}\|^{-2}(\|\boldsymbol{p}\|^2 - 1) \qquad \cdots\cdots②$$
を得る．
$$d(Q,U) = \|\boldsymbol{u}-\boldsymbol{q}\| = (t_1-1)\|\boldsymbol{p}-\boldsymbol{q}\|$$
$$d(P,U) = \|\boldsymbol{u}-\boldsymbol{p}\| = t_1\|\boldsymbol{p}-\boldsymbol{q}\|$$
$$d(P,V) = \|\boldsymbol{v}-\boldsymbol{p}\| = -t_2\|\boldsymbol{p}-\boldsymbol{q}\|$$
$$d(Q,V) = \|\boldsymbol{v}-\boldsymbol{q}\| = (1-t_2)\|\boldsymbol{p}-\boldsymbol{q}\|$$
であるから，証明したい等式の左辺を L とおくと
$$e^L = \left\{ \frac{(t_1-1)t_2}{(t_2-1)t_1} \right\}^{1/2}$$
となる．よって
$$\cosh L = \frac{1}{2}\left[\left\{ \frac{(t_1-1)t_2}{(t_2-1)t_1} \right\}^{1/2} + \left\{ \frac{(t_2-1)t_1}{(t_1-1)t_2} \right\}^{1/2} \right]$$

$$= \frac{t_1 + t_2 - 2t_1 t_2}{2\{t_1 t_2 (1 - t_1 - t_2 + t_1 t_2)\}^{1/2}} .$$

これに①, ②を代入すれば

$$\cosh L = \frac{1 - \langle \boldsymbol{p}, \boldsymbol{q} \rangle}{(1 - \|\boldsymbol{p}\|^2)^{1/2} (1 - \|\boldsymbol{q}\|^2)^{1/2}}$$

となるから求める等式を得る.

(2) $\boldsymbol{p} = \alpha \boldsymbol{p}' = (1-s)\boldsymbol{u} + s\boldsymbol{v}$ となる α, s が存在する ($s = t_2(t_2 - t_1)^{-1}$ である). 円 C の中心を A として, $\overrightarrow{OA} = \boldsymbol{a}$ とおくと, $\langle \boldsymbol{u}, \boldsymbol{a} \rangle = \langle \boldsymbol{v}, \boldsymbol{a} \rangle = 1$ であるから

$$\alpha \langle \boldsymbol{p}', \boldsymbol{a} \rangle = \langle (1-s)\boldsymbol{u} + s\boldsymbol{v}, \boldsymbol{a} \rangle = (1-s)\langle \boldsymbol{u}, \boldsymbol{a} \rangle + s\langle \boldsymbol{v}, \boldsymbol{a} \rangle = 1 .$$

一方,

$$\|\boldsymbol{p}' - \boldsymbol{a}\|^2 = \|\boldsymbol{a}\|^2 - 1$$

であるから,

$$\langle \boldsymbol{p}', \boldsymbol{a} \rangle = (1/2)(1 + \|\boldsymbol{p}'\|^2)$$

を得る. よって

$$\boldsymbol{p} = 2(1 + \|\boldsymbol{p}'\|^2)^{-1} \boldsymbol{p}'$$

となる. これから求める式が得られる.

(3)

$$\frac{d(P', U)^2}{d(P', V)^2} = \frac{d(P, U)}{d(P, V)}, \quad \frac{d(Q', U)^2}{d(Q', V)^2} = \frac{d(Q, U)}{d(Q, V)}$$

を示せばよい. 前者を示せば十分である. 線分 UV が y 軸に平行であり, U の x 座標 u は正と仮定しても一般性を失わない. P の座標を (u, p) とするとき

$$z = (1 - u^2)^{1/2}, \quad w = (1 - u^2 - p^2)^{1/2}$$

とおけば, U, V, P' の座標はそれぞれ

$$(u, z), \ (u, -z), \ (u(1+w)^{-1}, p(1+w)^{-1})$$

であるから,

$$\frac{d(P', U)^2}{d(P', V)^2} = \frac{u^2 w^2 + (p - z - zw)^2}{u^2 w^2 + (p + z + zw)^2} = \frac{z - p}{z + p} = \frac{d(P, U)}{d(P, V)} .$$

(4) (1), (2), (3) の結果をあわせて計算すればよい.

索　引

cos　*242*

cosec　*243*

cot　*243*

k 進法　*182*

n 項関係　*136*

n を法として合同　*136*

p 進距離　*314*

p 進数　*315*

p 進絶対値　*313*

S–4 辺形　*37*

sec　*243*

sin　*242*

tan　*242*

ア 行

アフィン関数　*212*

アーベル群　*225*

アルキメデスの公理　*48, 56, 88, 104, 283*

位相　*2*

1 対 1 の対応　*117*

位置ベクトル　*263*

一般実線形群　*226*

一般射影平面の公理系　*276*

上に有界　*139*

鋭角　*15*

鋭角仮説　*39, 53*

円　*231*

　——の周と直径の比　*2*

演繹法　*7*

演算記号　*111*

円周　*231*

円周率　*240*

円積問題　*89*

延長　*63*

円板　*232*

同じ側　*61, 69*

同じ向き　*66, 98*

カ 行

開円板　*232*

外角　*52, 81*

外心　*53*

外部　*60, 70*

外分　*212*

下界　*139*

可換群　*225*

角　*55, 72, 104*

拡大変換　*223*

角の合同　*281*

角の合同公理　*82*

角の差　*88*

角の 3 等分問題　*89*

角の 2 等分線　*23, 52*

　——の存在　*23*

角の和　*86*

　——の可換性　*87*

　——の結合性　*87*

下限　*140*

可算集合　*125, 141*

仮定　*4*

加法　*154, 183*

関係　*136*

関数　*116*

340―――索　引

カントル–シュレーダー–ベルンシュタ
　インの定理　*122*
完備化　*315*
幾何ベクトル　*259, 269*
基準となる線分　*187*
軌道　*229*
軌道空間　*229*
帰納法の原理　*147*
基本ベクトル　*262*
基本列　*175, 183*
逆　*4*
逆元　*225*
逆写像　*117*
逆数　*167*
逆ベクトル　*260*
境界　*70*
共通部分　*109*
極座標　*255*
曲面　*2*
曲率　*2*
許容写像　*151*
距離　*2, 195, 303*
距離関数　*194*
距離空間　*303*
空間　*104*
　――の平坦性　*1*
　――の向き　*99*
空集合　*109*
区間縮小法の原理　*184*
群　*225*
群の公理　*224*
計量　*2*
結合律　*117*
結論　*4*
元　*108*
弦　*232*

原像　*117*
現代幾何学　*1*
限定作用素　*112*
原点　*251*
元の個数　*108, 121*
減法　*159*
弧　*232*
　――の長さ　*234*
　――の長さの Δ–近似　*233*
　――の分割　*233*
合成　*116*
構成的仮言三段論法　*4, 6*
　――の否定形　*5*
合同　*8, 10, 81, 82, 83*
合同公理　*56, 103*
恒等写像　*116*
合同定理　*2, 52*
恒等変換　*116*
合同変換　*83, 218, 246*
合同変換群　*225*
公理系　*16, 55, 103, 104, 114*
　――の独立性　*273, 300*
　――の範疇性　*273, 300*
　――の無矛盾性　*273, 300*
公理主義　*102*
異なる側　*61, 69*
異なる向き　*66*
弧度法　*241*

サ 行

差　*159*
最小元　*140*
最小上界　*140*
最大下界　*140*
最大元　*140*
細分　*233*

索　引——— *341*

作図問題　　*89*

雑音　*310*

錯角　　*24, 52*

サッケリの4辺形　　*37, 52*

サッケリの定理　　*43*

座標　*258*

座標系　*251*

　空間の———　　*257*

座標軸　*251*

座標平面　*253*

座標変換　*255*

作用　*227*

3角関数　*243*

3角形　　*55, 80, 104*

　———の重心　　*264*

　———の内角の和　　*2, 44, 52*

3角不等式　　*2, 52, 304*

3垂線の定理　　*94, 270*

自然数　　*147, 182*

　———の順序　　*157*

　———の表記法　　*176*

下に有界　*139*

実数　　*170, 183*

4辺形　*55*

射影　*118*

射影写像　*118*

斜交座標　*251*

斜交座標系　　*251, 269*

写像　　*83, 116, 141*

　———の相等　　*116*

斜辺　*20*

集合　　*83, 107, 108, 111, 141*

集合族　*113*

十分条件　*4*

縮小変換　*223*

順序関係　　*69, 122, 139, 141*

順序公理　　*56, 58, 103, 280*

順序集合　*139*

準同型写像　*230*

商　*159*

上界　*139*

上限　*140*

商集合　*137*

乗法　　*155, 183*

情報理論　*309*

初等幾何学　*1*

除法　*159*

真部分集合　*109*

推移的に作用　*229*

推移律　　*136, 139*

垂線　　*15, 52, 92*

　———の足　　*16, 93*

垂直　*15*

垂直2等分線　*53*

推論　*4*

数学的帰納法　　*6, 7*

数直線　*200*

数の体系　*182*

数平面　*253*

正割　*243*

制限　*118*

正弦　*242*

正弦定理　*245*

整数　　*161, 183*

正接　*242*

正の整数　*163*

成分表示　*261*

整列集合　*160*

積　　*155, 162, 183*

接線　*232*

絶対幾何学　　*1, 52*

絶対定数　*241*

342──── 索　引

切断　　169, 183
　　正規の──　　169, 198
切片　　149
線形順序　　139
線形順序集合　　139
線形独立　　263
線形律　　139
全射　　117, 141
全順序　　139
線対称変換　　221
全単射　　117, 141
線分　　55, 60, 104
線分の合同　　280
線分の合同公理　　81
線分の比例　　200
線分の和　　84
　　──の可換性　　85
　　──の結合性　　85
像　　116, 117
相似　　205
相似変換　　218, 246
相似変換群　　225
双対な順序　　139
属する　　108

タ　行

第1合同定理　　12
対角線集合　　120
対角線論法　　131
対偶　　5
第3合同定理　　12
大小関係の推移性　　86
対称差　　304
対称律　　136
代数的数　　133
対頂角　　13, 52, 72

対等　　120, 141
第2合同定理　　12
代表系　　138
代表元　　138
対辺　　31
互いに素　　109, 113
高さ　　133
たかだか可算集合　　125
単位円　　231
単位元　　225
単位ベクトル　　260
単射　　117, 141
端点　　60
中心　　231
中心角　　232
中点　　22, 52
　　──の存在　　22
超越数　　133
頂点　　72
長方形　　33, 52
直積　　114
直線　　55, 58, 104
直線公理　　56, 57, 103, 107, 114, 280
直角　　14, 15, 52
直角仮説　　39, 48, 53
直角3角形　　19
直径　　232
直交座標系　　251, 269
直交変換　　229
定義域　　116, 151
定義関数　　120
定理　　7
デデキントの意味での連続性　　198
デデキントの再帰定理　　150
点　　55, 104
点対称変換　　220

同位角 *24*	反射律 *136, 139*
等化写像 *138*	反対称律 *139*
同型写像 *230*	半直線 *55, 63, 104*
同値 *4*	反転 *284*
同値関係 *63, 66, 82, 83, 136, 141*	半平面 *55, 70, 104*
同値類 *137*	非アルキメデス的距離 *314*
等方群 *229*	非可算集合 *125*
同傍内角 *24*	ピタゴラス *2*
特殊線形群 *226*	ピタゴラス体 *208*
特性関数 *120*	ピタゴラスの定理 *207, 209, 245*
凸 *80*	——の逆 *208*
ド・モルガンの公式 *110*	左側 *96*
鈍角 *15*	必要十分条件 *4*
鈍角仮説 *39, 48, 53*	必要条件 *4*
	等しい *108*
ナ 行	非ユークリッド幾何学 *50, 284, 296*
内角 *52, 81*	非ユークリッド平面 *200, 246, 300*
内積 *264, 269*	標準写像 *138*
内部 *60, 70, 72, 80*	ヒルベルトの注意 *14*
内分 *212*	比例 *196*
長さ *195*	不完全帰納法 *7*
2角夾辺 *52*	復号化 *310*
2項関係 *136*	含む *108*
2等辺3角形 *10, 52*	符号化 *310*
2辺夾角 *10, 52*	ブーゼマン関数 *247*
捩れた位置 *95*	負の整数 *163*
濃度 *120*	部分群 *226*
	部分集合 *108*
ハ 行	部分集合族 *113*
場合分け *6*	部分体 *193*
背理法 *5*	分点 *233*
パッシュの公理 *81*	ペアノの公理 *147, 182*
ハミングの距離 *309*	閉円板 *232*
ハミングの限界式 *312*	平角 *15, 72*
半空間 *91, 104*	平行 *95, 105*
半径 *231*	平行4辺形 *32, 52*

344——索　引

平行線　*52*

平行線の公理　*1, 24, 28, 48, 52, 56,*
　　88, 104, 115, 283, 284, 300

平面　*55, 104*

　──の平坦性　*55*

平面公理　*56, 69, 103, 280*

ベキ集合　*111*

ベクトル　*259, 269, 271*

　──の大きさ　*260*

　──の差　*261*

　──の和　*260*

ベクトル場　*271*

辺　*72, 80*

変換　*116*

変換行列　*255*

変換群　*2, 227*

包含写像　*118*

補角　*13, 52, 72*

補集合　*109*

マ 行

マイナス元　*162*

曲がった空間　*2*

右側　*96*

右手系　*99*

向き　*66, 104*

向きに適合する　*68*

無限　*131, 134*

無限集合　*108*

矛盾　*5*

無定義用語　*56, 104, 107*

無理数　*170, 209*

命題　*3*

メビウスの帯　*97*

目盛関数　*187, 246*

　──の一意性　*191*

面の向き　*97*

モデル　*249, 274, 299*

ヤ 行

有界　*139*

優角　*76*

有限射影平面の公理　*275*

有限集合　*108*

優弧　*232*

有向線分　*259*

有向直線　*96*

有理数　*165, 183*

　──の稠密性　*167*

有理点　*36*

ユークリッド幾何学　*2, 52, 300*

ユークリッド距離　*305*

ユークリッド距離関数　*194, 246*

ユークリッド数空間　*306*

ユークリッド平面　*200, 246, 300*

要素　*108*

余割　*243*

余弦　*242*

余弦定理　*245*

余接　*243*

ラ 行

ラジアン　*241*

ラッセルの逆理　*126*

立方体倍積問題　*89*

類　*137*

類別　*137*

零　*161*

零ベクトル　*260*

劣角　*76*

劣弧　*232*

連続公理　*56, 104, 199, 246, 283, 300*

索　引───*345*

連続体仮説　　*134*
論理　　*111*
論理記号　　*111*
論理的連結詞　　*112*

ワ 行

和　　*154, 183*
和集合　　*109*

砂田利一

1948 年生まれ
1972 年東京工業大学理学部数学科卒業
現在　東北大学名誉教授，明治大学名誉教授
専攻　大域解析学

現代数学への入門 新装版
幾何入門

	2004 年 11 月 5 日　　第 1 刷発行
	2007 年 11 月 5 日　　第 3 刷発行
	2024 年 10 月 17 日　新装版第 1 刷発行

著　者　砂田利一

発行者　坂本政謙

発行所　株式会社 岩波書店
　　　　〒101-8002 東京都千代田区一ツ橋 2-5-5
　　　　電話案内 03-5210-4000
　　　　https://www.iwanami.co.jp/

印刷製本・法令印刷

© Toshikazu Sunada 2024
ISBN978-4-00-029932-9　　Printed in Japan

現代数学への入門 （全 16 冊〈新装版 ＝ 14 冊〉）

高校程度の入門から説き起こし，大学 2〜3 年生までの数学を体系的に説明します．理論の方法や意味だけでなく，それが生まれた背景や必然性についても述べることで，生きた数学の面白さが存分に味わえるように工夫しました．

微分と積分 1——初等関数を中心に	青本和彦	新装版 214 頁	定価 2640 円
微分と積分 2——多変数への広がり	高橋陽一郎	新装版 206 頁	定価 2640 円
現代解析学への誘い	俣野 博	新装版 218 頁	定価 2860 円
複素関数入門	神保道夫	新装版 184 頁	定価 2750 円
力学と微分方程式	高橋陽一郎	新装版 222 頁	定価 3080 円
熱・波動と微分方程式	俣野博・神保道夫	新装版 260 頁	定価 3300 円
代数入門	上野健爾	新装版 384 頁	定価 5720 円
数論入門	山本芳彦	新装版 386 頁	定価 4840 円
行列と行列式	砂田利一	新装版 354 頁	定価 4400 円
幾何入門	砂田利一	新装版 370 頁	定価 4620 円
曲面の幾何	砂田利一	新装版 218 頁	定価 3080 円
双曲幾何	深谷賢治	新装版 180 頁	定価 3520 円
電磁場とベクトル解析	深谷賢治	新装版 204 頁	定価 3080 円
解析力学と微分形式	深谷賢治	新装版 196 頁	定価 3850 円
現代数学の流れ 1	上野・砂田・深谷・神保	品 切	
現代数学の流れ 2	青本・加藤・上野 高橋・神保・難波	岩波オンデマンドブックス 192 頁	定価 2970 円

———— 岩波書店刊 ————

定価は消費税 10% 込です
2024 年 10 月現在

松坂和夫
数学入門シリーズ（全6巻）

松坂和夫著　菊判並製

高校数学を学んでいれば，このシリーズで大学数学の基礎が体系的に自習できる．わかりやすい解説で定評あるロングセラーの新装版．

1	集合・位相入門 現代数学の言語というべき集合を初歩から	340 頁	定価 2860 円
2	線型代数入門 純粋・応用数学の基盤をなす線型代数を初歩から	458 頁	定価 3850 円
3	代数系入門 群・環・体・ベクトル空間を初歩から	386 頁	定価 3740 円
4	解析入門 上	416 頁	定価 3850 円
5	解析入門 中	402 頁	本体 3850 円
6	解析入門 下 微積分入門からルベーグ積分まで自習できる	444 頁	定価 3850 円

――――――― 岩波書店刊 ―――――――

定価は消費税 10% 込です
2024 年 10 月現在

新装版 数学読本（全6巻）

松坂和夫著　菊判並製

中学・高校の全範囲をあつかいながら，大学数学の入り口まで独習できるように構成．深く豊かな内容を一貫した流れで解説する．

1　自然数・整数・有理数や無理数・実数などの諸性質，式の計算，方程式の解き方などを解説．　226頁　定価2310円

2　簡単な関数から始め，座標を用いた基本的図形を調べたあと，指数関数・対数関数・三角関数に入る．　238頁　定価2640円

3　ベクトル，複素数を学んでから，空間図形の性質，2次式で表される図形へと進み，数列に入る．　236頁　定価2750円

4　数列，級数の諸性質など中等数学の足がためをしたのち，順列と組合せ，確率の初歩，微分法へと進む．　280頁　定価2970円

5　前巻にひきつづき微積分法の計算と理論の初歩を解説するが，学校の教科書には見られない豊富な内容をあつかう．　292頁　定価2970円

6　行列と1次変換など，線形代数の初歩をあつかい，さらに数論の初歩，集合・論理などの現代数学の基礎概念へ．　228頁　定価2530円

―――― 岩波書店刊 ――――

定価は消費税10%込です
2024年10月現在

戸田盛和・広田良吾・和達三樹 編
理工系の数学入門コース [新装版]
A5 判並製（全 8 冊）

学生・教員から長年支持されてきた教科書シリーズの新装版．理工系のどの分野に進む人にとっても必要な数学の基礎をていねいに解説．詳しい解答のついた例題・問題に取り組むことで，計算力・応用力が身につく．

微分積分	和達三樹	270 頁	定価 2970 円
線形代数	戸田盛和／浅野功義	192 頁	定価 2860 円
ベクトル解析	戸田盛和	252 頁	定価 2860 円
常微分方程式	矢嶋信男	244 頁	定価 2970 円
複素関数	表 実	180 頁	定価 2750 円
フーリエ解析	大石進一	234 頁	定価 2860 円
確率・統計	薩摩順吉	236 頁	定価 2750 円
数値計算	川上一郎	218 頁	定価 3080 円

戸田盛和・和達三樹 編
理工系の数学入門コース／演習 [新装版]
A5 判並製（全 5 冊）

微分積分演習	和達三樹／十河 清	292 頁	定価 3850 円
線形代数演習	浅野功義／大関清太	180 頁	定価 3300 円
ベクトル解析演習	戸田盛和／渡辺慎介	194 頁	定価 3080 円
微分方程式演習	和達三樹／矢嶋 徹	238 頁	定価 3520 円
複素関数演習	表 実／迫田誠治	210 頁	定価 3410 円

――― 岩波書店刊 ―――

定価は消費税 10% 込です
2024 年 10 月現在

吉川圭二・和達三樹・薩摩順吉 編
理工系の基礎数学［新装版］
A5判並製（全10冊）

理工系大学1～3年生で必要な数学を，現代的視点から全10巻にまとめた．物理を中心とする数理科学の研究・教育経験豊かな著者が，直観的な理解を重視してわかりやすい説明を心がけたので，自力で読み進めることができる．また適切な演習問題と解答により十分な応用力が身につく．「理工系の数学入門コース」より少し上級．

微分積分	薩摩順吉	240頁	定価3630円
線形代数	藤原毅夫	232頁	定価3630円
常微分方程式	稲見武夫	240頁	定価3630円
偏微分方程式	及川正行	266頁	定価4070円
複素関数	松田　哲	222頁	定価3630円
フーリエ解析	福田礼次郎	236頁	定価3630円
確率・統計	柴田文明	232頁	定価3630円
数値計算	髙橋大輔	208頁	定価3410円
群と表現	吉川圭二	256頁	定価3850円
微分・位相幾何	和達三樹	274頁	定価4180円

――――――― 岩波書店刊 ―――――――

定価は消費税10%込です
2024年10月現在